工业和信息化精品系列教材

Office 2019 办公软件高级应用任务式教程

慕课版

宋承继 丁九敏 刘万辉 ◉ 主编

OFFICE 2019 OFFICE SOFTWARE ADVANCED APPLICATION TASK-BASED TUTORIAL

人 民 邮 电 出 版 社

北 京

图书在版编目（CIP）数据

Office 2019办公软件高级应用任务式教程 ：慕课版/
宋承继，丁九敏，刘万辉主编. -- 北京 ：人民邮电出版
社，2024.3
工业和信息化精品系列教材
ISBN 978-7-115-63756-7

Ⅰ. ①O… Ⅱ. ①宋… ②丁… ③刘… Ⅲ. ①办公自
动化－应用软件－高等学校－教材 Ⅳ. ①TP317.1

中国国家版本馆CIP数据核字(2024)第035985号

内容提要

本书基于 Office 2019 办公软件，通过 14 个任务详细介绍了 Word、Excel、PowerPoint 的高级使用方法。主要内容包括制作个人简历、制作特色农产品订购单、制作面试流程图、制作春节贺卡与标签、编辑与排版期刊文章、制作员工信息表、员工社保情况统计、制作销售图表、技能竞赛成绩分析、公司日常费用分析、创客学院演示文稿制作、创业案例介绍演示文稿制作、汽车行业数据图表演示文稿制作、诚信宣传展示动画制作。

本书既可作为各类院校计算机办公自动化专业以及计算机应用等专业的教材，也可作为各类社会培训学校教材，还可供 Office 初学者、办公人员自学使用。

◆ 主　　编　宋承继　丁九敏　刘万辉
　责任编辑　刘　佳
　责任印制　王　郁　焦志炜
◆ 人民邮电出版社出版发行　　北京市丰台区成寿寺路 11 号
　邮编　100164　　电子邮件　315@ptpress.com.cn
　网址　https://www.ptpress.com.cn
　北京市艺辉印刷有限公司印刷
◆ 开本：787×1092　1/16
　印张：13.75　　2024 年 3 月第 1 版
　字数：421 千字　　2024 年 3 月北京第 1 次印刷

定价：52.00 元

读者服务热线：(010)81055256　印装质量热线：(010)81055316
反盗版热线：(010)81055315
广告经营许可证：京东市监广登字 20170147 号

前言 FOREWORD

党的二十大报告指出，全面建设社会主义现代化国家，必须坚持中国特色社会主义文化发展道路，增强文化自信。本书在介绍 Office 2019 办公软件的专业知识技能体系的基础上，特别选取了注重提升读者的综合素养的案例。借助制作个人简历、制作特色农产品订购单、制作面试流程图等案例加强了劳动精神、工匠精神以及科学严谨的态度的培养。借助制作春节贺卡与标签，展示了中国四大传统节日中的春节，使读者体会了中华民族博大精深的历史文化内涵。借助制作员工信息表、员工社保情况统计等案例，提升了读者对数据分析、数据统计、数据展示的能力。借助创业案例演示文稿制作，加强了大学生的创新创业意识。

Office 是目前使用最广泛、最流行的办公软件之一。

本书以“提升学生就业能力”为导向，通过任务的形式，对 Office 2019 系列软件中的 Word、Excel、PowerPoint 的使用进行重点讲解，将知识点融入任务之中，让学习者循序渐进地掌握相关技能。

1. 本书内容

本书分为 Word、Excel、PowerPoint 这 3 篇，采用任务式结构，所选任务均与日常工作密切相关，都是经过作者反复推敲和研究后选定，注重技能的渐进性和学习者的综合应用能力的培养。

Word 篇选择了制作个人简历、制作特色农产品订购单、制作面试流程图、制作春节贺卡与标签、编辑与排版期刊文章 5 个任务；Excel 篇选择了制作员工信息表、员工社保情况统计、制作销售图表、技能竞赛成绩分析、公司日常费用分析 5 个任务；PowerPoint 篇选择了创客学院演示文稿制作、创业案例介绍演示文稿制作、汽车行业数据图表演示文稿制作、诚信宣传展示动画制作 4 个任务。

2. 体系结构

本书采用“任务简介”→“任务实现”→“任务小结”→“经验技巧”→“拓展训练”的结构。

（1）**任务简介**：简要介绍任务的背景、制作要求，并明确知识、技能与素养目标。

（2）**任务实现**：详细介绍任务的完成方法与操作步骤。

（3）**任务小结**：对任务中涉及的知识点进行归纳总结，并对任务中需要特别注意的知识点进行强调和补充。

（4）**经验技巧**：对任务中涉及知识的使用技巧进行提炼。

（5）**拓展训练**：结合任务中的内容为读者提供难易适中的上机操作题目，使读者通过练习，达到强化巩固所学知识的目的。

3. 本书特色

本书内容简明扼要，结构清晰；任务丰富，强调实践；图文并茂，直观明了，帮助读者在完成任务的过程中学习相关的知识和技能，提升自身的综合职业素养和能力。

4. 教学资源

本书配套有书中任务、习题涉及的素材与效果文件、电子课件、电子教案、各任务的讲解视频 85 个。

本书由宋承继、丁九敏、刘万辉任主编，侯丽梅、司艳丽参与了本书的编写。编写分工为：宋承继编写了任务 1～任务 5，侯丽梅编写了任务 6～任务 8，丁九敏编写了任务 9 和任务 10，司艳丽编写了任务 11 和任务 12，刘万辉编写了任务 13 和任务 14。

由于编者水平和能力有限，书中难免存在不足之处，恳请广大读者批评指正。

编　者

2023 年 10 月

目录
CONTENTS

Word 篇

Word 篇

任务 1

制作个人简历

1.1 任务简介

下面展示任务的要求与效果，分析任务完成的学习目标。

1.1.1 任务需求与效果展示

王芳是一名大三的学生，为了增加自己在校期间的企业实践经验，她准备在下一个暑期去一家公司实习。为了获得难得的实习机会，她打算利用 Word 精心制作一份简洁而醒目的个人简历。效果如图 1-1 所示。

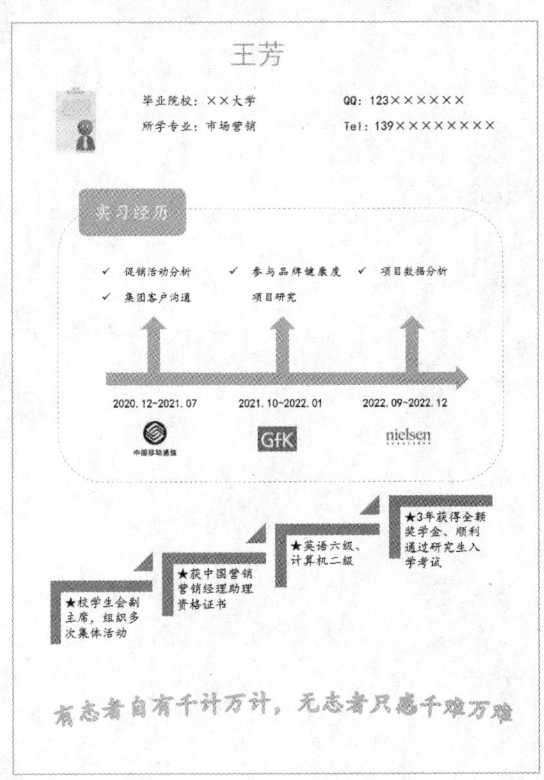

图1–1 “个人简历”效果图

素养小贴士

劳动精神

劳动精神是指崇尚劳动、热爱劳动、辛勤劳动、诚实劳动的精神。

1.1.2　任务目标

知识目标：

- 了解文档的页面设置作用；
- 了解图片、艺术字、文本框、智能图形的作用。

技能目标：

- 掌握文档的创建、保存等基本操作；
- 掌握 Word 文档的页面设置；
- 掌握自选图形的绘制与格式设置；
- 掌握艺术字的插入与格式设置；
- 掌握项目符号和编号的使用方法；
- 掌握文本框的插入与格式设置；
- 掌握 SmartArt 图形的使用方法。

素养目标：

- 培养高效应用 Office 的信息意识；
- 培养劳模精神、劳动精神、工匠精神。

1.2　任务实现

个人简历是求职者提供给招聘单位的一份简要介绍，包含自己的基本信息、自我评价、工作经历、学习经历、荣誉与成就等内容。以简洁扼要为最佳标准。

本任务的案例是王芳为了获得实习机会制作一份个人简历，所以在简历中主要包含个人基本信息、工作经历、荣誉与成就 3 部分内容。

1.2.1　Word 文档的新建

建立新的 Word 文档，首先要启动 Word，启动步骤如下。

（1）执行“开始”→“Word”命令，启动 Word 2019 软件。

（2）选择“空白文档”选项，如图 1-2 所示，创建一个空白 Word 文档。

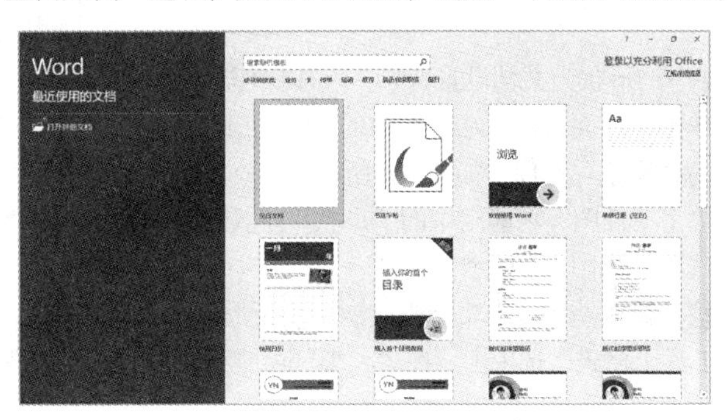

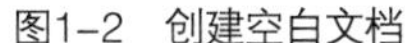

图1–2　创建空白文档

1.2.2 页面设置

由于个人简历中涉及图片、形状、文本框等内容，在插入对象之前需要对文档的页面进行设置。页面设置要求：纸张采用A4纸，纸张方向为“纵向”，上、下页边距为2.5厘米，左、右页边距为3.2厘米。具体操作步骤如下。

（1）切换到“布局”选项卡，单击“页面设置”功能组右下角的对话框启动器按钮，打开“页面设置”对话框。

（2）切换到“纸张”选项卡，从“纸张大小”的下拉列表中选择“A4”。

（3）切换到“页边距”选项卡，将“纸张方向”设置为“纵向”，将“页边距”按要求设置，上、下页边距为2.5厘米，左、右页边距为3.2厘米，如图1-3所示。

（4）单击“确定”按钮，页面设置完成。

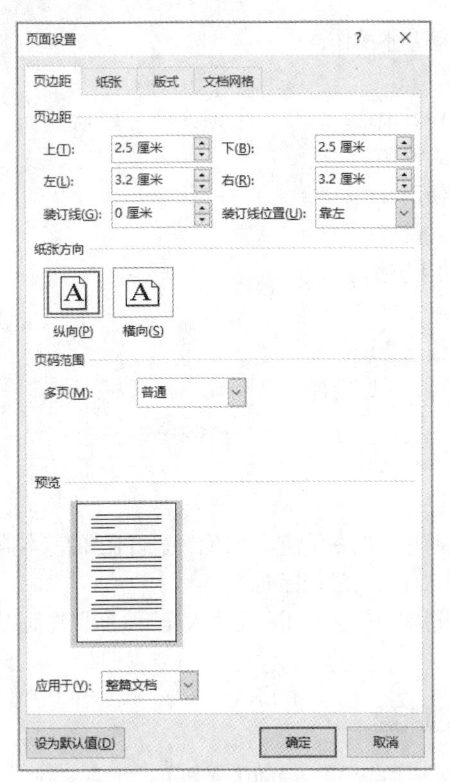

图1-3 页面设置

1.2.3 设置文档背景

页面设置完成以后，利用Word中的形状为文档设置背景，具体操作步骤如下。

（1）切换到“设计”选项卡，单击“页面背景”功能组中的“页面颜色”下拉按钮，在下拉列表中选择“标准色”栏中的“橙色”选项，如图1-4所示。

（2）切换到“插入”选项卡，单击“插图”功能组中的“形状”下拉按钮，从下拉列表中选择“矩形”栏中的“矩形”选项，如图1-5所示。

（3）将鼠标指针移到文档中，按住鼠标左键，在文档中绘制一个矩形。

（4）选中矩形，切换到“绘图工具 | 格式”选项卡，在“大小”功能组中设置矩形的高度与宽度分别为“26厘米”和“18厘米”，如图1-6所示。

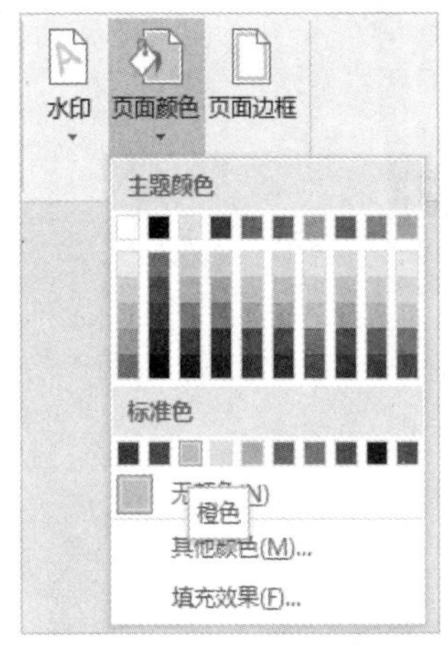

图1-4　选择“橙色”选项

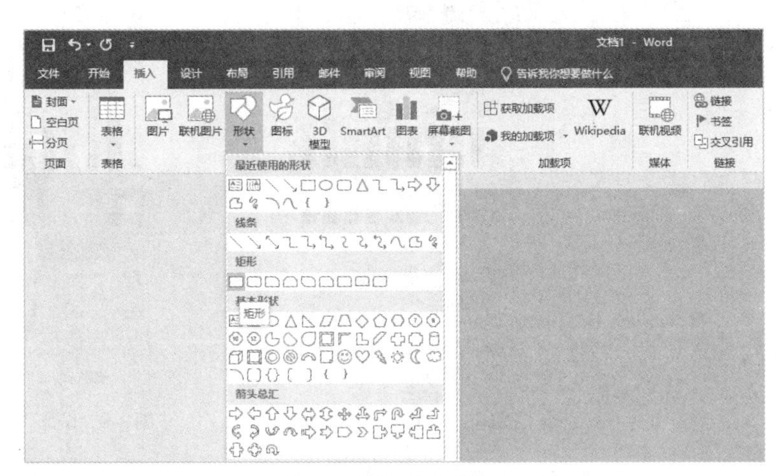

图1-5　选择“矩形”选项

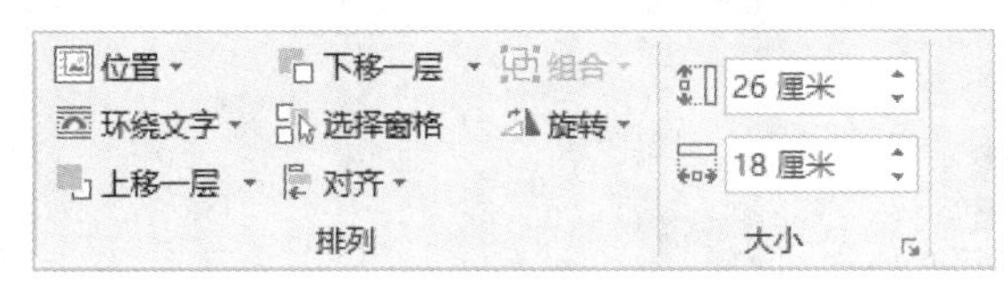

图1-6　设置“大小”

（5）单击“排列”功能组中的“对齐”下拉按钮，选择下拉列表中的“水平居中”选项。再次单击“对齐”下拉按钮，选择下拉列表中的“垂直居中”选项，如图 1-7 所示，完成矩形对齐方式的设置。

图1-7　设置“对齐”

（6）单击“形状样式”功能组中的“形状填充”下拉按钮，从下拉列表中选择“主题颜色”栏中的“白色，背景 1”选项，如图 1-8 所示。

（7）单击“形状轮廓”下拉按钮，从下拉列表中选择“标准色”栏中的“无轮廓”选项，如图 1-9 所示。

（8）单击“排列”功能组中的“环绕文字”下拉按钮，在下拉列表中选择“浮于文字上方”选项，如图 1-10 所示，完成文档背景设置。效果如图 1-11 所示。

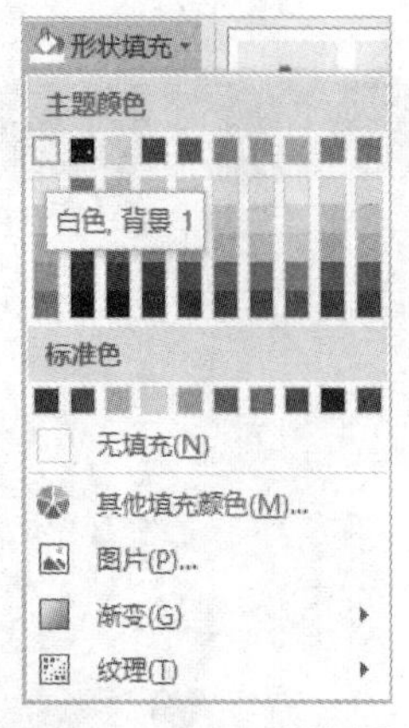

图1–8　设置“形状填充”

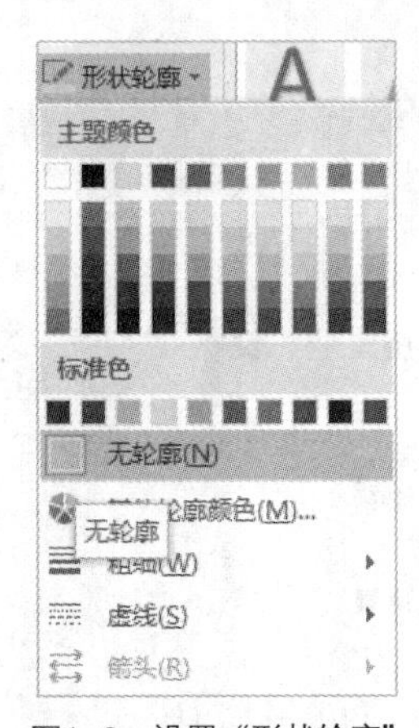

图1–9　设置“形状轮廓”

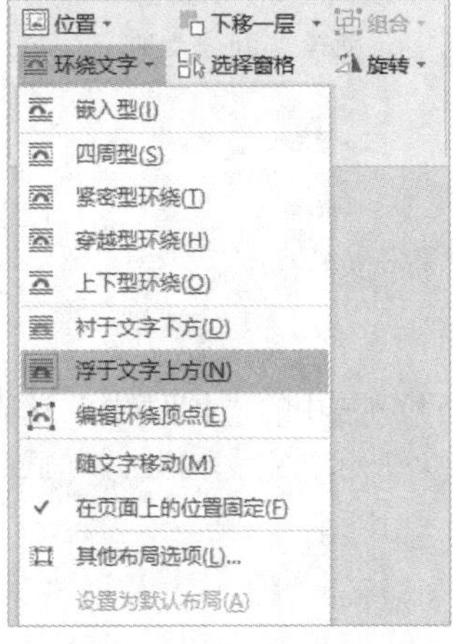

图1–10　设置“环绕文字”

图1–11　文档背景设置完成以后的效果

1.2.4　制作个人基本情况板块

从效果图可以看出，个人简历共分为三个板块，第一个板块为个人基本情况，在此板块中的姓名由 Word 中的艺术字实现，姓名下方的基本信息由 Word 中的文本框实现，在基本信息的左侧利用图片进行装饰。

首先进行艺术字的插入，操作步骤如下。

（1）切换到“插入”选项卡，在“文本”功能组中单击“艺术字”下拉按钮，从下拉列表中选择“填充：金色，主题色 4；软棱台”选项，如图 1-12 所示。

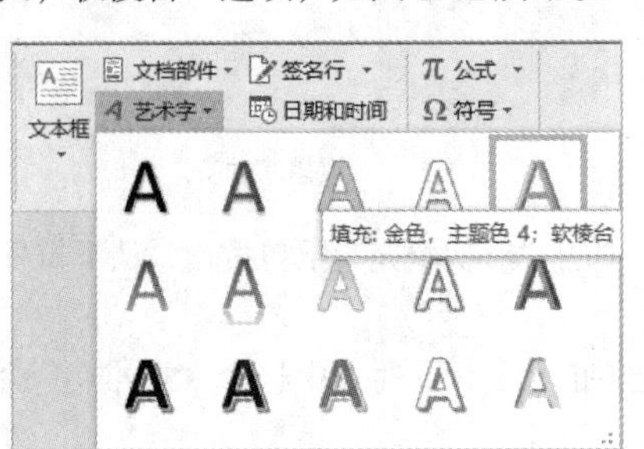

图1–12　“艺术字”下拉列表

（2）选择“请在此放置您的文字”字样，输入文字“王芳”。

（3）选中“王芳”字样，切换到“开始”选项卡，在“字体”功能组中设置其字体为“黑体”，字号为“一号”，取消加粗，如图 1-13 所示。

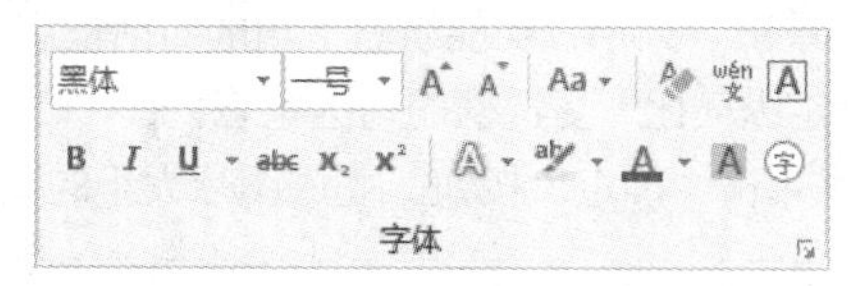

图1-13　设置“字体”

（4）右击艺术字，从弹出的快捷菜单中选择“其他布局选项”选项，如图 1-14 所示，打开“布局”对话框。

（5）在“布局”对话框中，切换到“位置”选项卡，单击“水平”栏的“对齐方式”单选按钮，设置“对齐方式”为“居中”，单击“相对于”右侧的下拉按钮并从下拉列表中选择“页面”选项，如图 1-15 所示，完成艺术字对齐方式的设置。

图1-14　快捷菜单

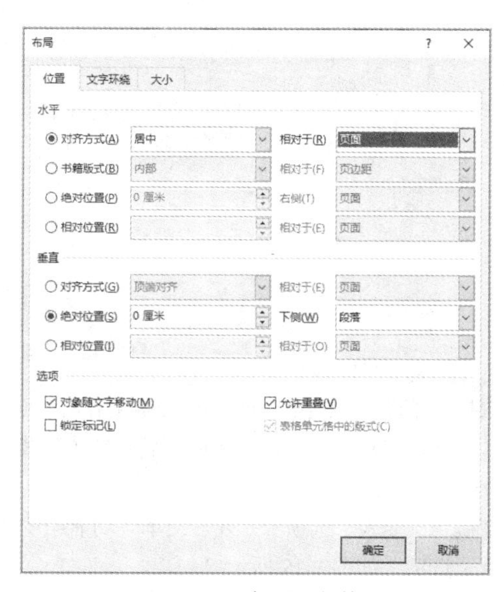

图1-15　“布局”对话框

艺术字设置完成后，进行图片的插入，操作步骤如下。

（1）切换到“插入”选项卡，在“插图”功能组中单击“图片”按钮，打开“插入图片”对话框，选择素材文件夹中的“1.png”，如图 1-16 所示，单击“插入”按钮，完成图片的插入。

图1-16　“插入图片”对话框

（2）切换到“图片工具 | 格式”选项卡，单击“排列”功能组中的“环绕文字”下拉按钮，从下拉列表中选择“浮于文字上方”选项，使被背景图形遮挡的图片显示出来。

（3）使图片处于选中的状态，单击“大小”功能组右下角的对话框启动器按钮，打开“布局”对话框，切换到“大小”选项卡，保持“锁定纵横比”复选框的勾选状态，在“高度”栏“绝对值”右侧的微调框中输入“2.3 厘米”，如图 1-17 所示，单击“确定”按钮，完成图片大小的调整。

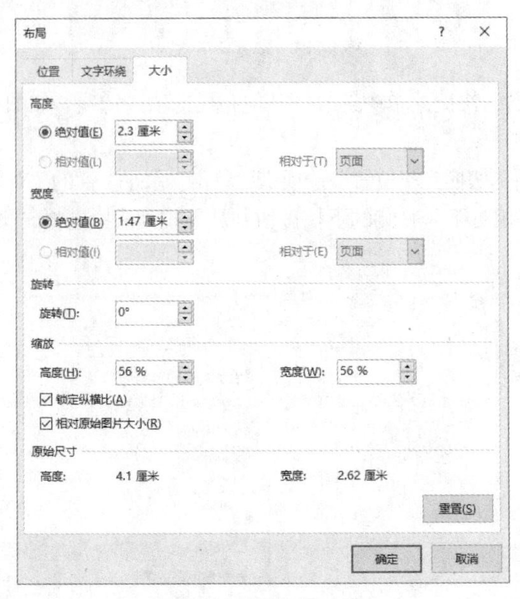

图1-17　调整图片大小

（4）根据效果图，利用鼠标调整图片到姓名艺术字下一行的左侧位置。

在个人基本情况板块，最重要的内容就是个人基本信息的简单介绍，利用 Word 中的文本框实现此部分的制作，操作步骤如下。

（1）切换到“插入”选项卡，在“文本”功能组中单击“文本框”下拉按钮，在下拉列表中选择“绘制横排文本框”选项，如图 1-18 所示。

（2）利用鼠标在图片右侧绘制一个文本框，并在文本框中输入图 1-19 所示的文本内容。

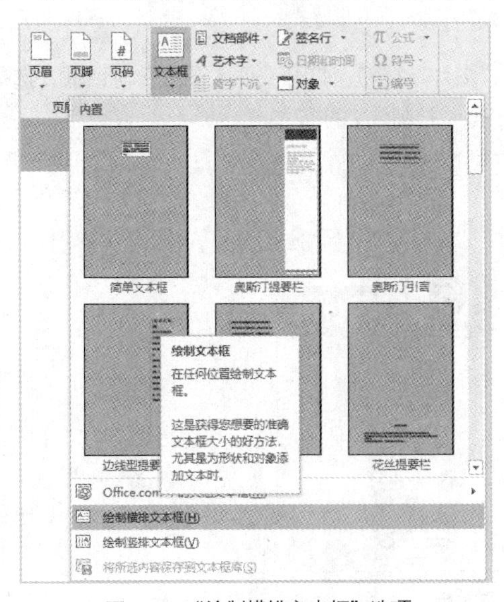

图1-18　“绘制横排文本框”选项

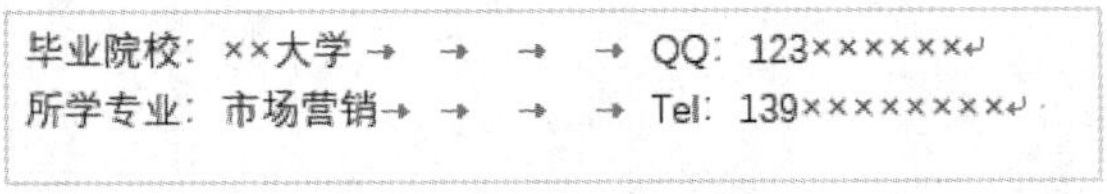

毕业院校：××大学→　→　→　→ QQ：123××××××↵
所学专业：市场营销→　→　→　→ Tel：139××××××××↵

图1-19　个人基本信息

（3）选中文本框，切换到“开始”选项卡，在“字体”功能组中设置文本字体为“楷体”，字号为“小四”。

（4）单击“段落”功能组中的“行和段落间距”下拉按钮，从下拉列表中选择“1.5”选项，如图 1-20 所示。

（5）右击文本框，从弹出的快捷菜单中选择“设置形状格式”选项，打开“设置形状格式”窗格，在“线条”栏中单击“无线条”单选按钮，如图 1-21 所示。关闭“设置形状格式”窗格，完成文本框的格式设置。

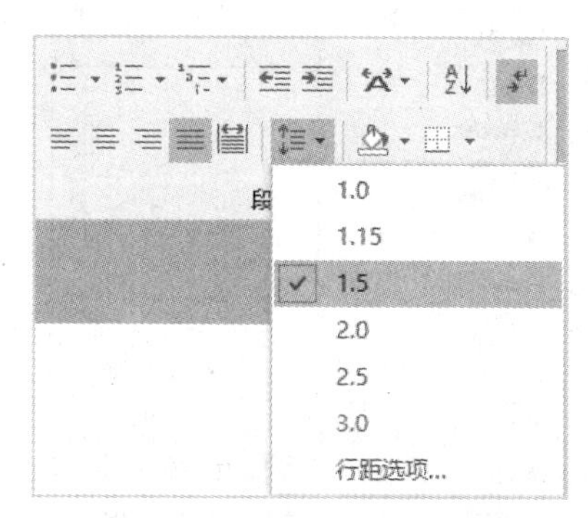

图1-20　设置文本段落间距

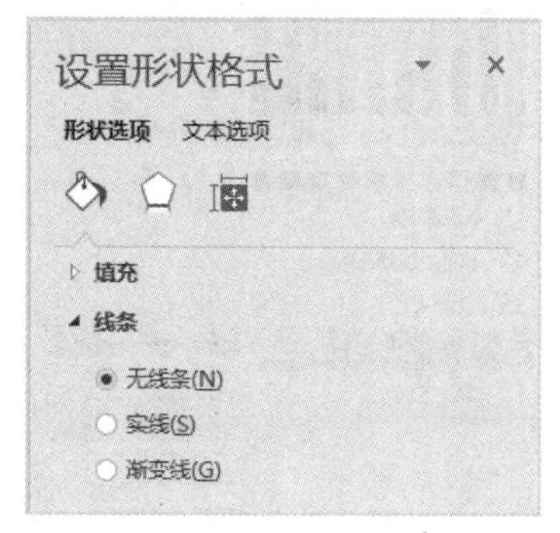

图1-21　设置文本框为“无线条”

至此，个人基本情况板块制作完成，效果如图 1-22 所示。

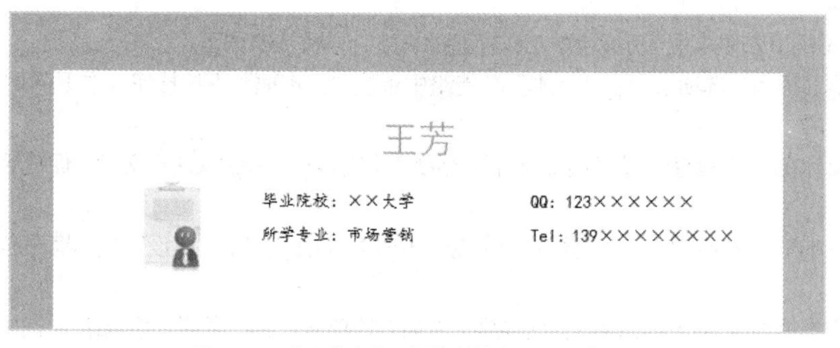

图1-22　个人基本情况板块制作完成后的效果图

1.2.5　制作实习经历板块

为了增加被录用的可能性，可以将个人的实习经历有条理地表达出来。从任务的效果图可以看出，利用形状结合文本框可以将王芳的实习经历清晰、有条理地展现出来。为了增强实习经历板块的整体效果，可以利用形状中的圆角矩形实现此板块的边框效果，操作步骤如下。

（1）切换到“插入”选项卡，在“插图”功能组中单击“形状”下拉按钮，从下拉列表中选择“矩形”栏中的“矩形：圆角”选项，将鼠标指针移到文档中，根据效果图利用鼠标在个人基本情况板块下方合适的位置绘制一个圆角矩形。

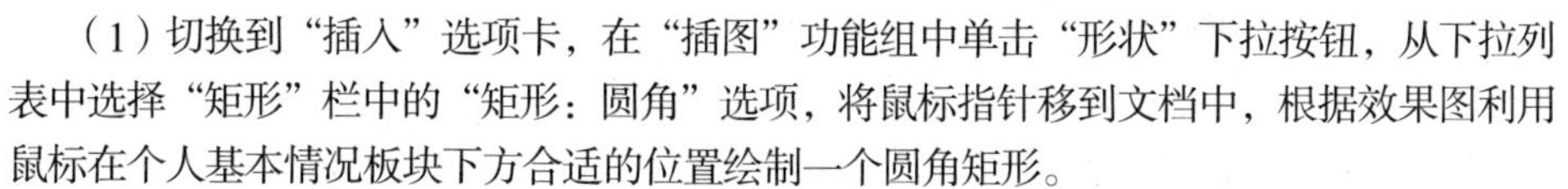

（2）选中刚刚绘制的圆角矩形，切换到“绘图工具 | 格式”选项卡，在“形状样式”功能组中，将“形状填充”和“形状轮廓”颜色都设置为“标准色”栏中的“橙色”。

（3）在选中的圆角矩形中输入文字“实习经历”，并设置输入文字的字体为“楷体”，字号为“小二”。

（4）利用同样的方法，再绘制一个大的圆角矩形，根据效果图调整此圆角矩形的大小和位置。切换到“绘图工具 | 格式”选项卡，在“形状样式”功能组中，设置此圆角矩形的“形状填充”颜色为“无填充颜色”，在“形状轮廓”下拉列表中设置颜色为“标准色”栏中的“橙色”，选择“虚线”级联菜单中的“短划线”

选项，如图 1-23 所示，“粗细”设置为“0.5 磅”。

（5）为了不遮挡文字，右击虚线圆角矩形，从弹出的快捷菜单中选择“置于底层”级联菜单中的“下移一层”选项，如图 1-24 所示。

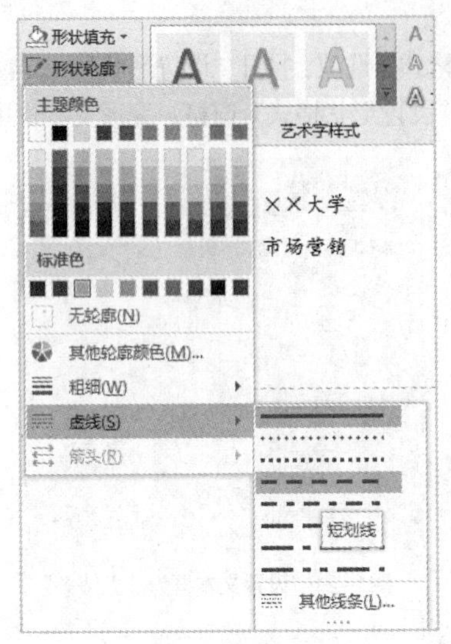

图1-23　设置“形状轮廓”

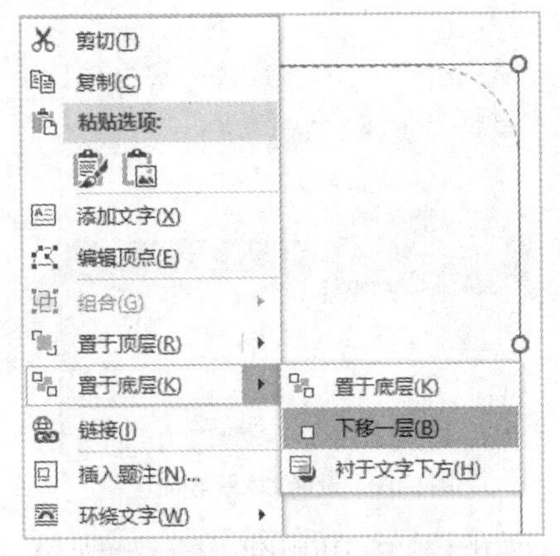

图1-24　选择“下移一层”选项

利用文本框可以实现实习经历板块中工作经验的表述，操作步骤如下。

（1）切换到“插入”选项卡，在“文本”功能组中单击“文本框”下拉按钮，在下拉列表中选择“绘制横排文本框”选项。

（2）利用鼠标在“实习经历”圆角矩形的下方绘制一个文本框，并输入两行文字“促销活动分析”和“集团客户沟通”。

（3）设置文本框中文字字体为“楷体”，字号为“五号”，行距为“1.5”，设置文本框“形状轮廓”为“无轮廓”。

（4）选中文本框中的两行文本内容，切换到“开始”选项卡，在“段落”功能组中单击“项目符号”下拉按钮，从下拉列表中选择图 1-25 所示的项目符号。

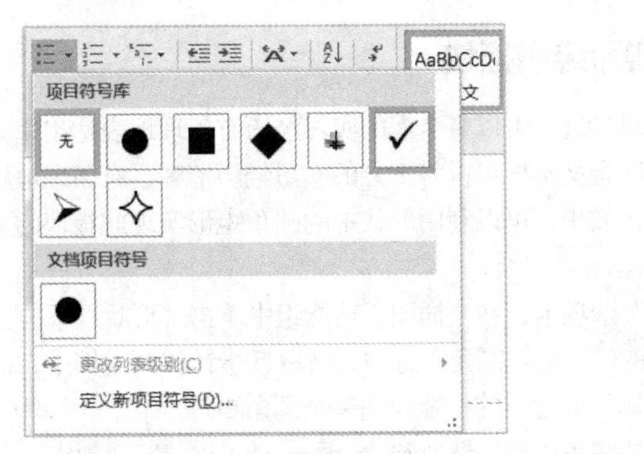

图1-25　选择项目符号

（5）利用同样的方法，再创建两个文本框，并设置其中的文字分别为“参与品牌健康度项目研究”和“项目数据分析”。

（6）按住<Ctrl>键选中 3 个文本框，切换到“绘图工具 | 格式”选项卡，单击“排列”功能组中的“对齐”下拉按钮，从下拉列表中分别选择“顶端对齐”和“横向分布”选项，如图 1-26 所示，调整文本框的对齐方式，调整后效果如图 1-27 所示。

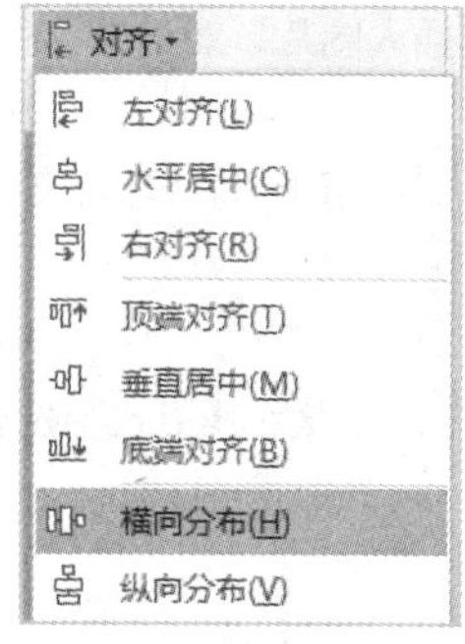

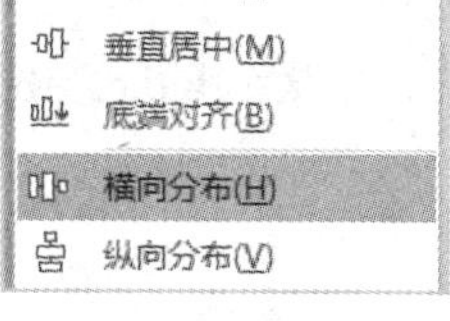

图1-26　设置对齐方式

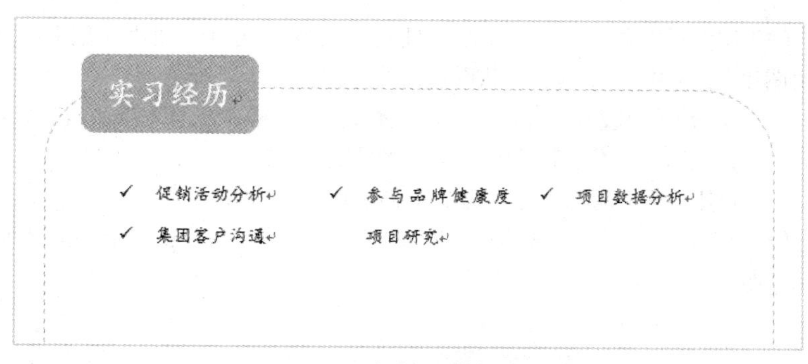

图1-27　文本框调整后效果

利用箭头形状和图片，可以更简洁明了地展示实习时间和实习地点，操作步骤如下。

（1）切换到“插入”选项卡，在“插图”功能组中单击“形状”下拉按钮，从下拉列表中选择“箭头总汇”中的“箭头：右”选项，根据效果图，在对应的位置绘制一个水平向右的箭头。

（2）切换到“绘图工具 | 格式”选项卡，在“形状样式”功能组中设置“形状填充”和“形状轮廓”颜色均为“标准色”栏中的“橙色”。

（3）用同样的方法，绘制三个“箭头：上”，调整箭头的位置并设置“形状填充”和“形状轮廓”颜色均为“标准色”栏中的“橙色”，效果如图 1-28 所示。

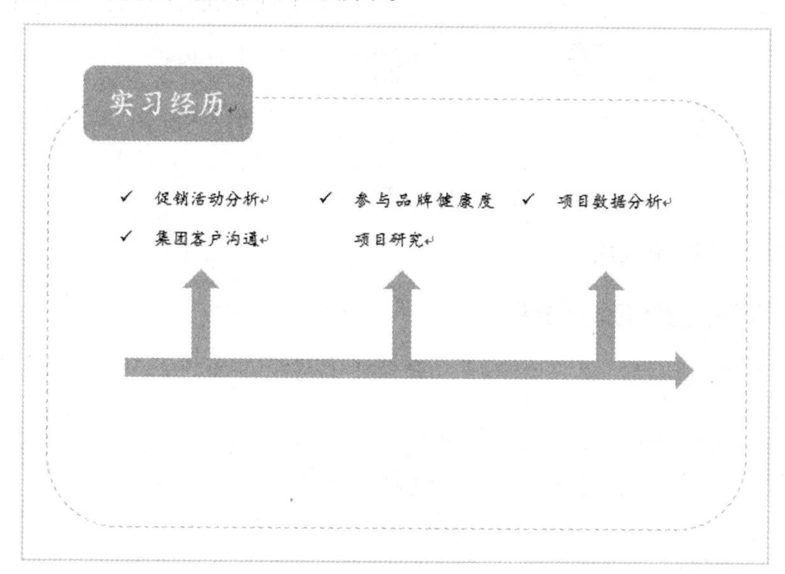

图1-28　箭头添加完成后效果

（4）在水平箭头的下方，对应向上箭头的位置绘制三个文本框，并输入图 1-29 所示的文字，设置文本字体为“楷体”，字号为“五号”。设置文本框的“形状轮廓”为“无轮廓”。

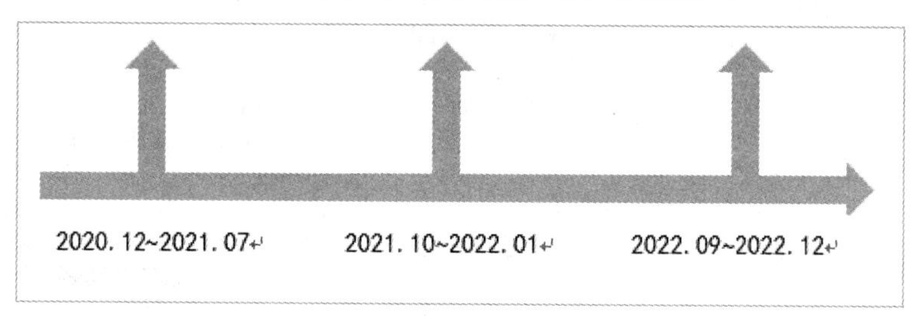

图1-29　文本框添加完成后效果

（5）切换到“插入”选项卡，在“插图”功能组中单击“图片”按钮，打开“插入图片”对话框，选择素材图片文件夹中的“2.png”，将图片插入文档中。

（6）使图片处于选中状态，切换到“图片工具 | 格式”选项卡，单击“排列”功能组中的“环绕文字”下拉按钮，选择“浮于文字上方”选项，使图片显示出来。

（7）利用鼠标拖动图片到“2020.12～2021.07”文本框下方。

（8）利用同样的方法，将素材文件夹中的“3.png”和“4.png”图片插入文档中，并设置其格式与位置，效果如图1-30所示。

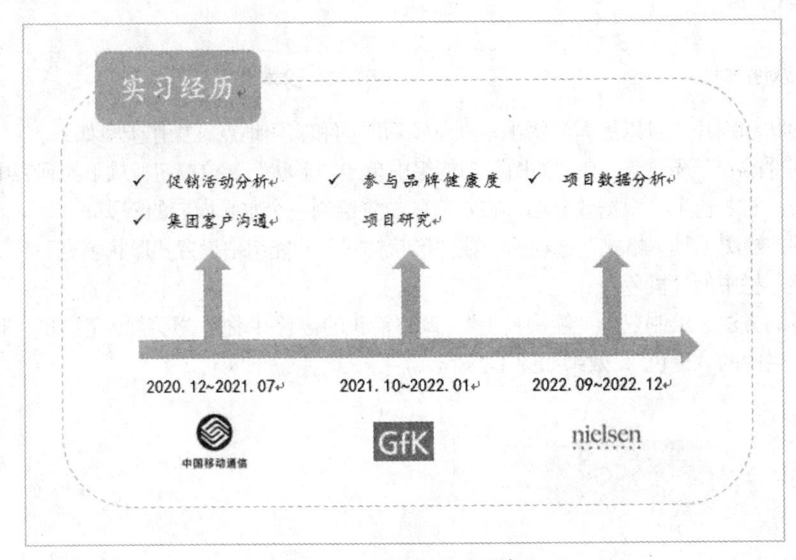

图1-30　图片添加完成后效果

至此，实习经历板块制作完成。

1.2.6　制作荣誉与成就板块

个人所取得的荣誉与成就是个人能力的证明，此板块可以利用Word中的SmartArt图形实现，具体操作如下。

（1）切换到“插入”选项卡，在“插图”功能组中单击“SmartArt”按钮，打开“选择SmartArt图形”对话框，选择“流程”中的“步骤上移流程”选项，如图1-31所示。

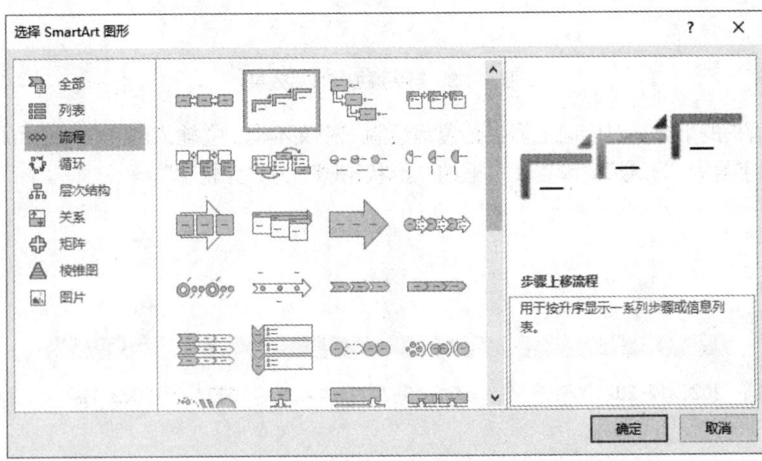

图1-31　“选择SmartArt图形”对话框

（2）切换到“SmartArt 工具 | 格式”选项卡，单击“排列”功能组中的“环绕文字”下拉按钮，从下拉列表中选择“浮于文字上方”选项，使 SmartArt 图形显示出来。调整 SmartArt 图形的大小，并将其移动到“实习经历”板块下方。

（3）切换到“SmartArt 工具 | 设计”选项卡，在“创建图形”功能组中单击“添加形状”下拉按钮，从下拉列表中选择“在后面添加形状”选项，如图 1-32 所示，使当前的 SmartArt 图形拥有四个形状。

（4）在 SmartArt 图形的文本框中输入图 1-33 所示的文本内容。

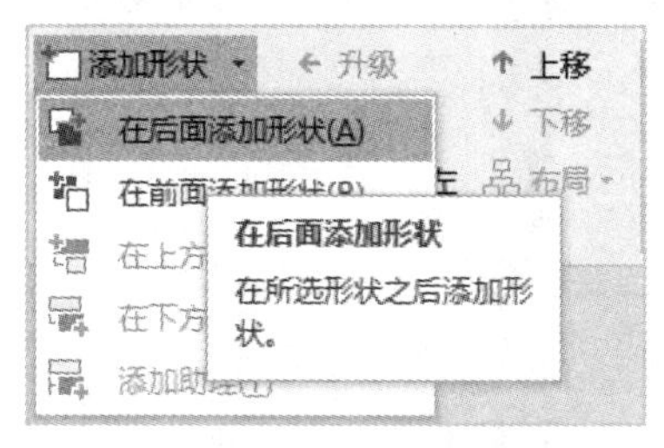

图1-32 “在后面添加形状”选项

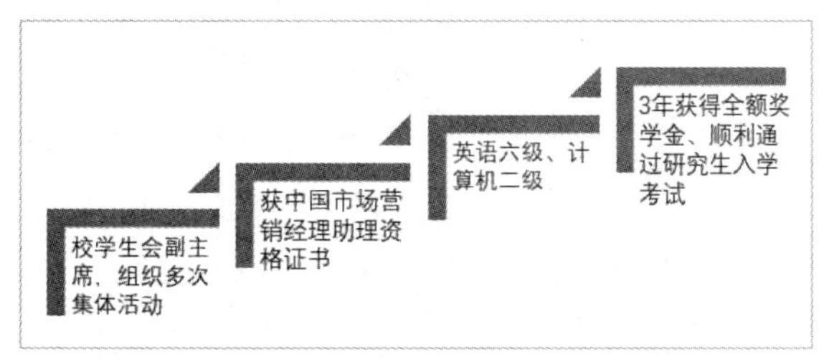

图1-33 SmartArt图形文本内容

（5）选中 SmartArt 图形，切换到“开始”选项卡，在“字体”功能组中，设置文本的字体为“楷体”，字号为“12”。

（6）将光标定位于“校学生会”的起始处，切换到“插入”选项卡，在“符号”功能组中单击“符号”下拉按钮，在下拉列表中选择“其他符号”选项，打开“符号”对话框，在“字体”下拉列表中选择“宋体”选项，“子集”下拉列表中选择“其他符号”选项，选择列表框中的五角星，如图 1-34 所示，单击“插入”按钮，将符号插入文档中。

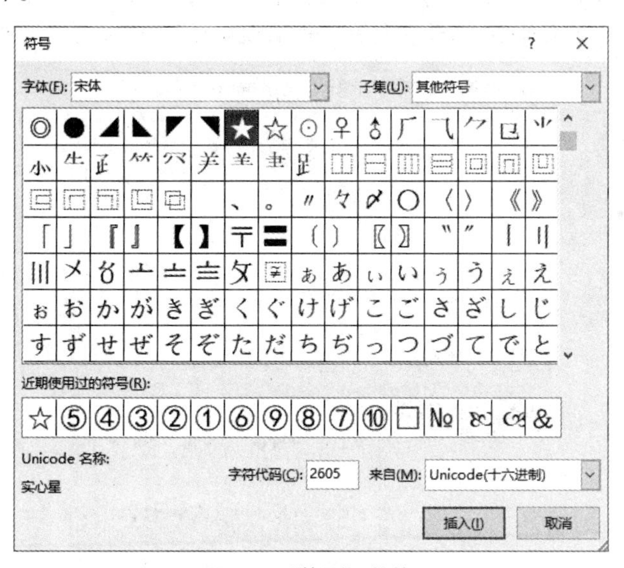

图1-34 “符号”对话框

（7）选中插入的五角星符号，在“开始”选项卡中设置其颜色为“标准色”栏中的“红色”。

（8）用同样的方法在另外三个形状的起始处插入五角星符号。

（9）选中 SmartArt 图形，切换到“SmartArt 工具 | 设计”选项卡，在“SmartArt 样式”功能组中，单击“更改颜色”下拉按钮，从下拉列表中选择“个性色 2”栏中的“彩色填充-个性色 2”选项，如图 1-35 所示。

（10）切换到“插入”选项卡，在“文本”功能组中单击“艺术字”下拉按钮，从下拉列表中选择“渐变填充：金色，主题色 4；边框：金色，主题色 4”选项，在 SmartArt 图形下方插入艺术字。

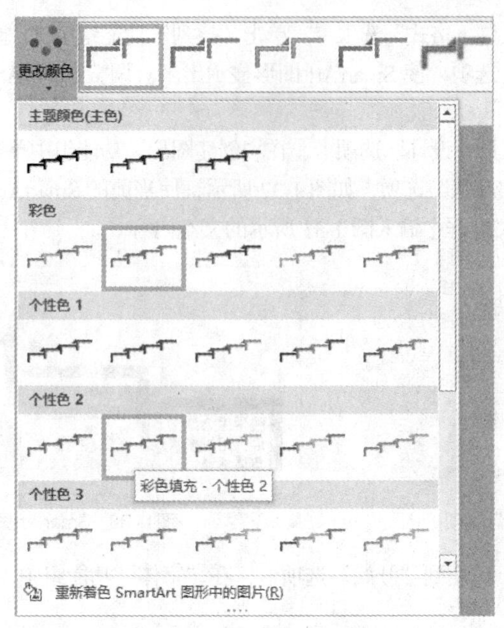

图1–35 “更改颜色”下拉列表

（11）选中艺术字，并输入文字“有志者自有千计万计，无志者只感千难万难”，设置文字字体为“楷体”，字号为“小一”，加粗。

（12）使艺术字处于选中状态，切换到“绘图工具 | 格式”选项卡，在“艺术字样式”功能组中，单击“文本效果”下拉按钮，从下拉列表中选择“转换”→“跟随路径”→“拱形”选项，如图 1-36 所示。

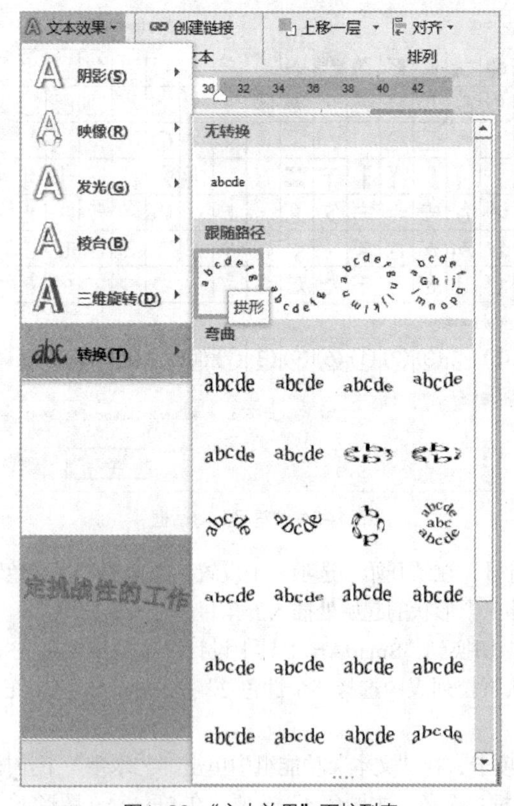

图1–36 “文本效果”下拉列表

1.2.7 保存文档

文档制作完成后，要及时进行保存，具体操作如下。

切换到“文件”选项卡，选择“保存”选项，单击“浏览”按钮，打开“另存为”对话框，设置对话框中的保存路径与文件名，如图 1-37 所示，单击“保存”按钮，完成文档的保存。

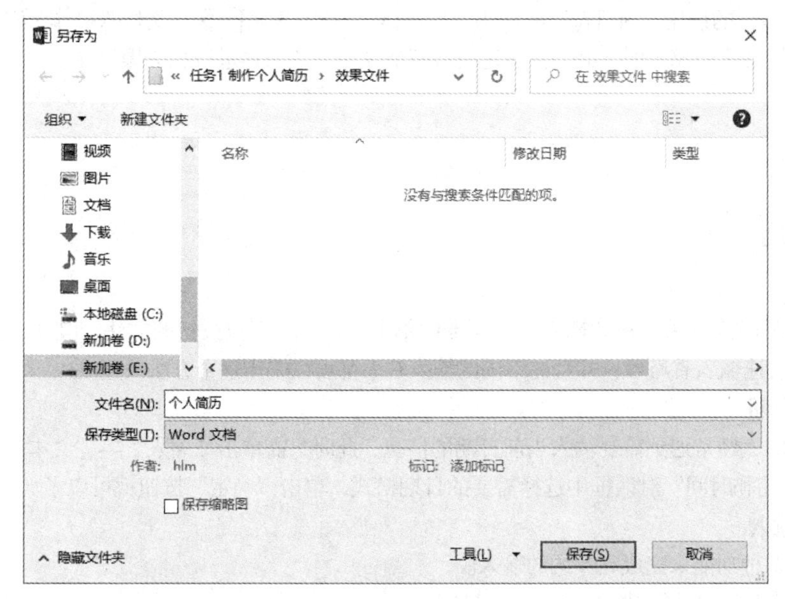

图1–37 “另存为”对话框

在日常工作中，为了避免死机或突然断电造成文档数据丢失，可以开启自动保存功能。具体操作如下。

切换到“文件”选项卡，选择“选项”，弹出“Word 选项”对话框，选择列表中的“保存”，勾选“保存自动恢复信息时间间隔”复选框，并在后面的数值框中输入自动保存的间隔时间，如图 1-38 所示。

图1–38 “Word选项”对话框

至此，案例制作完成。

1.3 任务小结

通过个人简历的制作，我们学习了 Word 2019 文档的新建与保存、文档的页面设置、形状的绘制与格式设置、艺术字的使用、文本框的使用、项目符号的使用、SmartArt 图形的使用、保存文档等操作。实际操作中需要注意：设置 Word 中的文本格式时，必须先选定要设置的文本，之后再进行相关操作。

1.4 经验技巧

1.4.1 录入技巧

1. 快速输入省略号

在 Word 中输入省略号时经常采用在“插入”选项卡中单击“符号”下拉按钮的方法。其实，只要按<Ctrl+Alt+.>组合键便可快速输入省略号，并且在不同的输入法下都可以采用这个方法快速输入。

2. 快速输入当前日期

在 Word 中进行录入时，经常遇到需要输入当前日期的情况，此时只需单击“插入”→“文本”→“日期和时间”按钮，从“日期和时间”对话框中选择需要的日期格式，单击“确定”按钮就可以了。

3. 高频词的巧妙输入

在 Word 中可以利用两种功能来完成高频词的输入。

（1）利用 Word 的“自动图文集”功能。

利用 Word 的“自动图文集”功能有以下两步。

步骤一：建立高频词。如“四川省成都市宏宇商贸有限公司”为这个文档中一个高频词，先选中该词，然后单击快速访问工具栏中的“自动图文集”下拉按钮，从下拉列表中选择“将所选内容保存到自动图文集库”选项，打开“新建构建基块”对话框，然后输入该“自动图文集”词条的名称（可根据实际的词语名称简写，如“hy”），完成后单击“确定”按钮（注：一般情况下，“自动图文集”下拉按钮未显示在窗口工具栏中，需要通过自定义方式将其添加到快速访问工具栏中）。

步骤二：在文档中使用建立的高频词。每次在要输入该类词语的时候，只要单击快速访问工具栏中的“自动图文集”下拉按钮，然后从下拉列表中选择要输入的词汇即可。

（2）采用 Word 的替换功能。

这个频繁出现的词在输入时可以用一个特殊的符号代替，如采用“hy”（双引号不用输入），输入完成后再单击“编辑”→“替换”按钮（或直接利用<Ctrl+H>组合键），在打开的替换对话框中输入查找内容“hy”及替换内容“四川省成都市宏宇商贸有限公司”，最后单击“全部替换”按钮即可快速完成这个词组的替换输入。

4. 英文大小写快速切换

在对文档进行录入时，文档中出现的大、小写英文字母时常需要进行切换。若对已输入的英文词组进行全部大写或小写变换，可以先选中需更改大小写设置的文字，然后重复按<Shift+F3>组合键即可在“全部大写”“全部小写”“首字母大写、其他字母小写”3 种方式下进行切换。

1.4.2 编辑技巧

1. 同时保存所有打开的 Word 文档

在同时编辑多个 Word 文档时，每个文件逐一保存既费时又费力，有没有简单的方法呢？

用以下方法可以快速保存所有打开的 Word 文档。

右击“文件”上的“自定义快速访问工具栏”按钮，在弹出的下拉列表中选择“其他命令”选项，打开“Word 选项”对话框。在“从下列位置选择命令”下拉列表中选择“不在功能区中的命令”选项，自定义添加“全部保存”按钮，并单击“添加”按钮将其添加到快速访问工具栏中，再单击“确定”按钮返回，“全部保存”按钮便出现在快速访问工具栏中了。有了这个“全部保存”按钮，就可以一次保存所有文件了。

2. 关闭拼写错误标记

在编辑 Word 文档时，经常会看到许多红色或绿色的波浪线，怎么取消显示？Word 2019 中有个拼写和语法检查功能，通过它用户可以对输入的文字进行实时检查。系统是采用标准语法检查的，因而在编辑文档时，一些常用语或网络语言会产生红色或绿色的波浪线，有时候会影响用户的工作。这时可以将它隐藏，待编辑完成后再进行检查，方法如下。

（1）右击状态栏上的“拼写和语法状态”按钮，在弹出的快捷菜单中取消勾选“拼写和语法检查”选项后，错误标记便会立即消失。

（2）如果要进行更详细的设定，可以选择“文件”→“选项”选项，打开“Word 选项”对话框，从列表中选择“校对”选项后，对“拼写和语法”进行详细的设置，如拼写和语法检查的方式、自定义词典等。

1.5 拓展训练

某知名企业要举办一场面向高校学生的大型职业生涯规划活动，邀请了许多业内人士和资深媒体人，该活动由职场达人、东方集团的董事长陆达先生担任演讲嘉宾，因此吸引了各高校学生纷纷前来参加讲座。为了此次活动能够顺利进行并能引起各高校毕业生的广泛关注，该企业行政部准备制作一份精美的宣传海报。请根据上述活动的描述，利用素材中的文件和 Word 2019 制作一份宣传海报。效果如图 1-39 所示，具体要求如下。

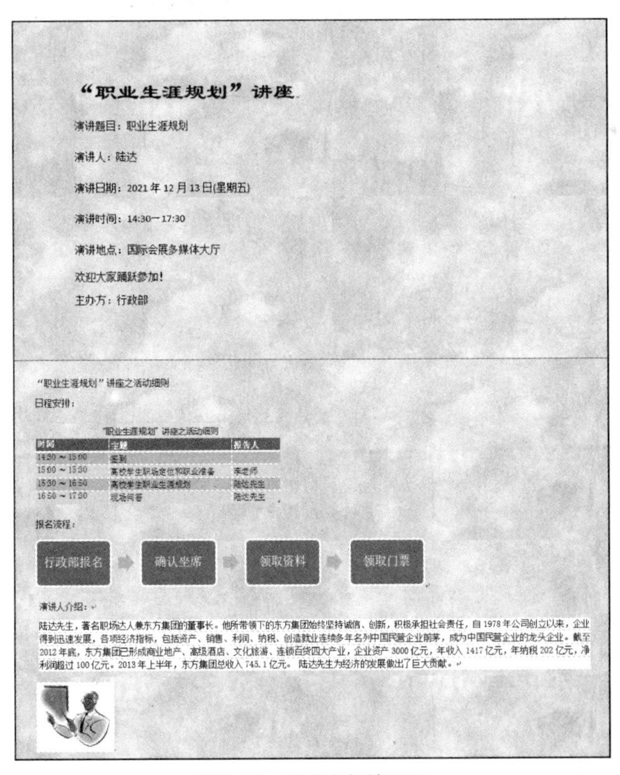

图1-39　宣传海报效果图

（1）调整文档的版面，要求页面高度为 36 厘米，页面宽度为 25 厘米，页边距（上、下）为 5 厘米，页边距（左、右）为 4 厘米。

（2）将素材中的“背景图片.jpg”设置为海报背景。

（3）设置标题文本“‘职业生涯规划’讲座”的字体为“隶书”，字号为“二号”，加粗。

（4）根据页面布局需要，调整海报内容中“演讲题目”“演讲人”“演讲时间”“演讲日期”“演讲地点”信息的段落间距为 1.5 倍行距。

（5）在“演讲人:”位置后面输入报告人“陆达”，在“主办方：行政部”位置后面另起一页，并设置第 2 页的页面纸张大小为 A4 类型，纸张方向设置为“横向”，此页页边距为“常规”。

（6）在第 2 页的“报名流程”下面，利用 SmartArt 制作本次活动的报名流程（行政部报名、确认坐席、领取资料、领取门票）。

（7）更换演讲人照片为素材中的“luda.jpg”照片，并将该照片调整到适当位置，不要遮挡文档中的文字。

任务2

制作特色农产品订购单

2.1 任务简介

下面展示任务的要求与效果，分析任务完成的学习目标。

2.1.1 任务需求与效果展示

李明是西藏某乡镇的一名大学生村官，为了发展乡村特色农业、拓宽农民增收致富渠道，他将所在乡镇的特色农产品进行线上展销推介。为了订购工作更加顺畅，他需要制作一份线上特色农产品订购单。借助Word提供的表格制作功能，他顺利地完成了此次任务，效果如图2-1所示。

特色农产品订购单

订 购 人 信 息				
□会员订购 / □首次订购	会员号码		姓名	联系电话
姓名			联系电话	
身份证号			电子邮箱	
联系地址				邮编：□□□□□□
收 货 人 信 息				
姓名			联系电话	
收货地址				
备注	有特殊要求时请填写			
订 购 产 品 信 息				
产品编号	产品名称	单价/元	数量/个	金额
LH001	牦牛肉干礼盒	233	20	¥4,660.00
LH002	西藏酥油茶	85	30	¥2,550.00
Z035	藏红花	68	15	¥1,020.00
Z037	牦牛奶枣	48	45	¥2,160.00
合计：¥10,390.00				
付 款 与 配 送 信 息				
付款方式	□邮政汇款 □银行转账			
配送方式	□普通包裹 □送货上门			
注 意 事 项				

- 请务必认真填写相关信息，以便我们尽快为您服务。
- 收到订单后，我们的客服人员将会及时与您联系，以确认此订单。
- 订单确认后，请及时付款，付款后订购产品将在2个工作日内发出。
- 如在订单确认后的3个工作日内未收到您的付款，我们将取消订单。
- 如有疑问，请拨打我们的免费咨询电话：010-××××××××。

图2-1 “特色农产品订购单”效果图

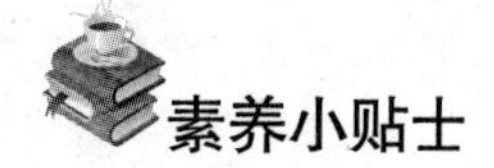

素养小贴士

以产业兴旺带动乡村振兴

产业兴旺是乡村振兴的基石。只有产业兴旺了，农民才能有好的就业、高的收入，农村才有生机和活力，乡村振兴才有强大的物质基础。

2.1.2 任务目标

知识目标：

- 了解表格的作用；
- 了解表格的使用场合。

技能目标：

- 掌握表格的创建；
- 掌握单元格的合并与拆分；
- 掌握表格内容的输入与编辑；
- 掌握表格边框与底纹的设置；
- 掌握特殊符号的插入；
- 掌握表格中数据的计算。

素养目标：

- 提升自身的组织能力；
- 提升信息获取与信息利用的能力。

2.2 任务实现

特色农产品订购单应具备以下的内容和功能。

（1）根据订购人信息、收货人信息、订购产品信息、付款与配送信息等几个部分划分订购单区域。

（2）整个表格的外边框、不同部分之间的边框以双实线来划分；对处于同一区域中的不同内容，可以用虚线等特殊线型来分隔。

（3）重点部分用粗体来注明。

（4）为表明注意事项中提及内容的重要性，用项目符号对其进行组织。

（5）对于选择性的项目，或者填写数字之处，可以插入空心方框作为书写框。

（6）对于重点部分或者不需要填写的单元格填充比较醒目的底色。

（7）可以快速计算出单个商品的金额，以及订购的总金额。

2.2.1 创建表格

在创建表格之前，要先规划好表格的大概结构以及行数和列数。最好先在纸上绘制出表格的草图，再在文档中进行表格绘制。

插入表格之前，先对文档的页面进行设置，具体操作步骤如下。

（1）启动 Word，创建一个空白的 Word 文档，以“特色农产品订购单”命名并保存。

（2）切换到“布局”选项卡，单击“页面设置”功能组中的“页边距”下拉按钮，从下拉列表中选择“自定义页边距”选项，打开“页面设置”对话框。将“页边距”选项卡中的左、右页边距均设置为“2 厘米”，如图 2-2 所示，单击“确定”按钮，完成页面设置。

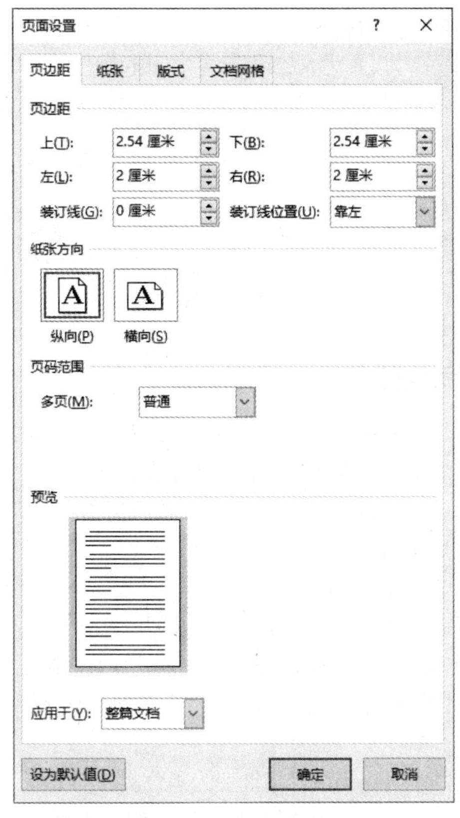

图2-2　设置“页边距”

（3）将光标定位到文档的首行，输入标题“特色农产品订购单”，并按<Enter>键，将光标移到下一行。

（4）切换到“插入”选项卡，单击“表格”功能组中的“表格”下拉按钮，在下拉列表中选择“插入表格”选项，如图 2-3 所示。打开“插入表格”对话框，在“表格尺寸”栏中，将“列数”“行数”分别设置为“5”和“22”，如图 2-4 所示，设置完成后，单击“确定”按钮，完成表格的插入。

图2-3　“插入表格”选项

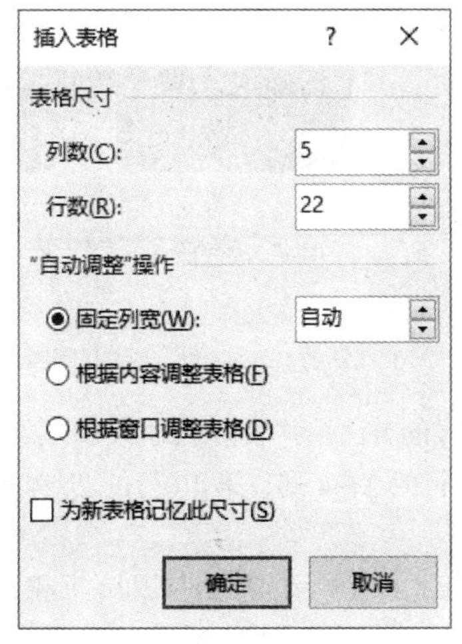

图2-4　“插入表格”对话框

（5）选中标题行文本“特色农产品订购单”，切换到“开始”选项卡，在“字体”功能组中，将选中文本的字体设置为“黑体”，加粗，字号设置为“二号”，字体颜色设置为“标准色”栏中的“蓝色”。在“段落”功能组中，单击“居中”按钮，将文字的对齐方式设置为“居中”，如图 2-5 所示。

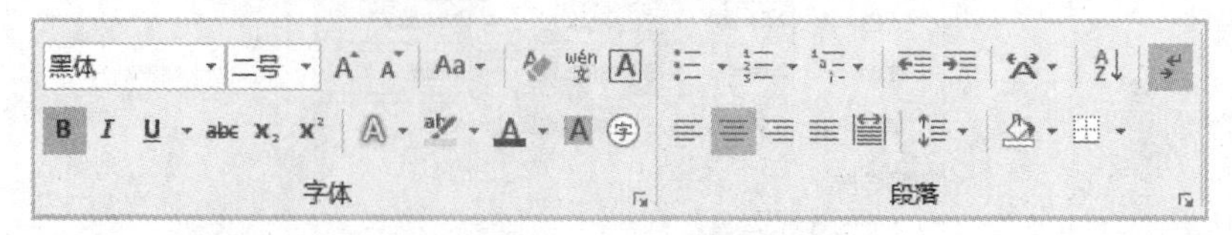

图2-5 标题格式设置

2.2.2 合并和拆分单元格

微课 2-2

合并和拆分单元格

由于插入的表格过于简单，与效果图所示表格相差较大，需要对表格中的单元格进行合并或拆分操作，首先需要调整表格的行高和列宽。具体操作如下。

（1）将鼠标指针移到表格第一行左侧选中区，当鼠标指针变成指向右上的箭头时，单击鼠标左键选中表格的第 1 行，切换到“表格工具 | 布局”选项卡，设置“单元格大小”功能组“高度”的值为“1.1 厘米”，如图 2-6 所示。

（2）使用同样的方法，设置表格第 2～6 行高度为“0.8 厘米”、第 7 行高度为“1.1 厘米”、第 8～9 行高度为“0.8 厘米”、第 10～11 行高度为“1.1 厘米”、第 12～17 行高度为“0.8 厘米”、第 18 行高度为“1.1 厘米”、第 19～20 行高度为“0.8 厘米”、第 21 行高度为“1.1 厘米”、第 22 行高度为“3 厘米”。

（3）将鼠标指针移到第 1 列的上方，当鼠标指针变为黑色实心向下箭头时，单击鼠标左键选中第 1 列，设置“单元格大小”功能组中“宽度”的值为“3.6 厘米”，如图 2-7 所示。

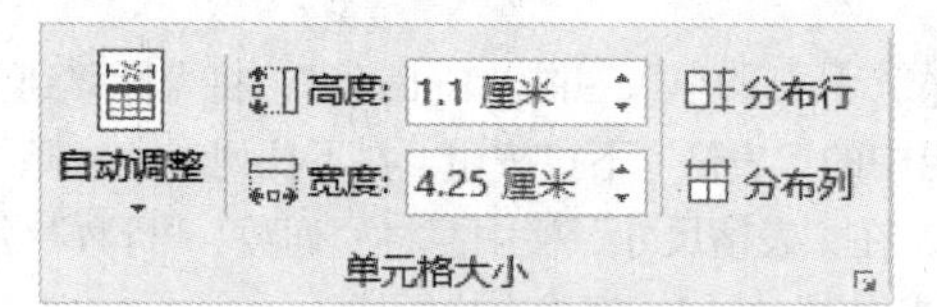

图2-6 设置“高度”

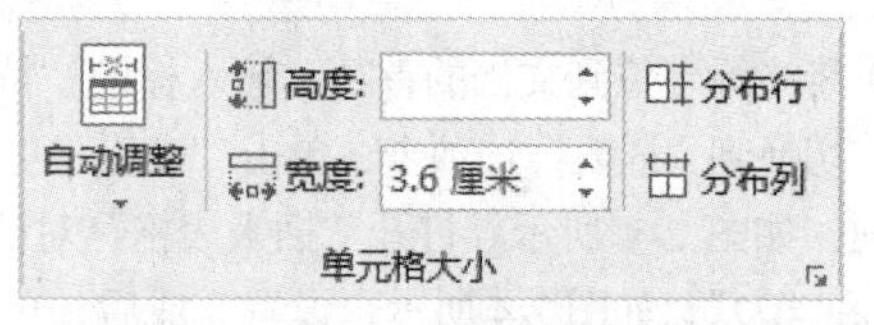

图2-7 设置“宽度”

（4）使用同样的方法，选中表格的 2～4 列，设置其宽度为“4.4 厘米”。

（5）选中表格第 1 行，切换到“表格工具 | 布局”选项卡，单击“合并”功能组中的“合并单元格”按钮，如图 2-8 所示，实现第 1 行单元格的合并操作。

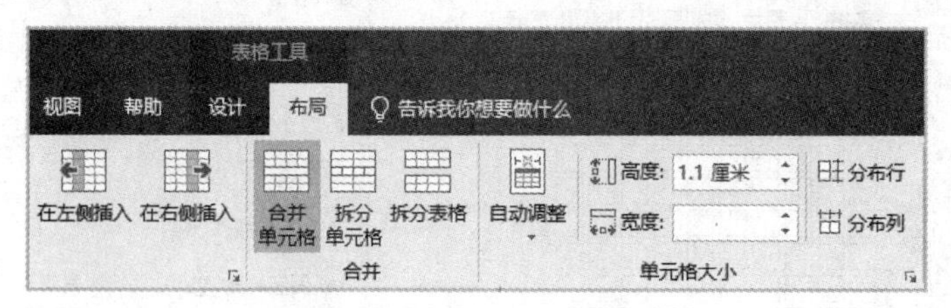

图2-8 “合并单元格”按钮

（6）用同样的方法合并表格中的第 7 行、第 11 行、第 17 行、第 18 行、第 21 行、第 22 行、第 6 行的 2～3 列、第 9 行的 2～4 列、第 10 行的 2～4 列、第 19 行的 2～4 列、第 20 行的 2～4 列、第 1 列的 2～3 行单元格。

（7）选中第 12～16 行的第 2～4 列单元格，单击“合并”功能组中的“拆分单元格”按钮，打开“拆分单元格”对话框，设置“列数”的值为“4”，保持“行数”的值不变，如图 2-9 所示，单击“确定”按钮，完成单元格的拆分操作。

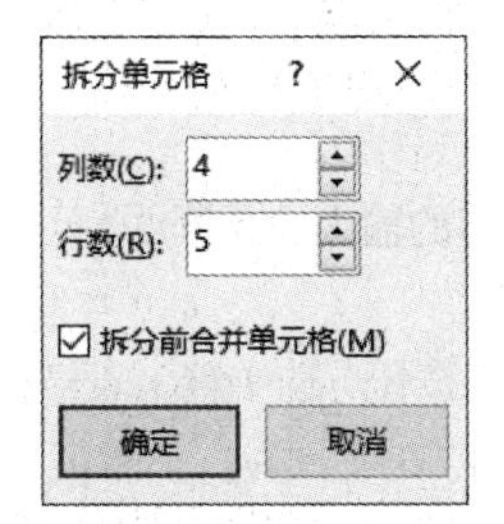

图2-9　“拆分单元格”对话框

（8）将光标定位到第 2 行第 1 列单元格中，切换到“表格工具 | 设计”选项卡，单击“边框”功能组中的“边框”下拉按钮，从下拉列表中选择“斜下框线”选项，如图 2-10 所示，为所选单元格添加斜线。至此，表格雏形创建完成，如图 2-11 所示。

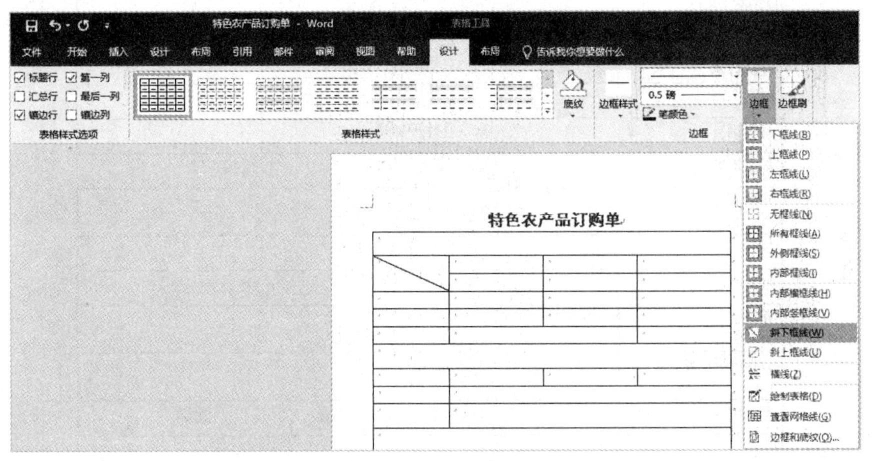

图2-10　“斜下框线”选项

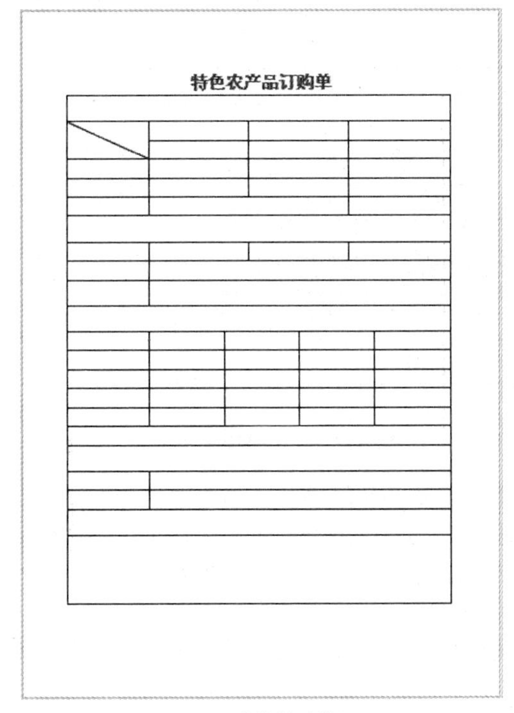

图2-11　表格雏形效果图

2.2.3　输入与编辑表格内容

表格雏形创建完成后，可进行表格内容的输入。从图 2-1 可以看出表格的内容包括文本与特殊符号，具体操作步骤如下。

（1）单击表格左上角的表格移动控制点按钮，选中整个表格，切换到“开始”选项卡，在“字体”功能组中设置表格字体为“宋体”，字号为“小四”。

（2）将光标置于第 1 行，在光标闪动处输入文字“订购人信息”，之后将光标移到下一行单元格中依次输入表格的其他文本内容，如图 2-12 所示。

特色农产品订购单

订购人信息				
会员订购 / 首次订购	会员号码	姓名	联系电话	
姓名		联系电话		
身份证号		电子邮箱		
联系地址			邮编：	
收货人信息				
姓名		联系电话		
收货地址				
备注	有特殊要求时请填写			
订购产品信息				
产品编号	产品名称	单价/元	数量	金额
合计：				
付款与配送信息				
付款方式	邮政汇款　银行转账			
配送方式	普通包裹　送货上门			
注意事项				
请务必认真填写相关信息，以便我们尽快为您服务。 收到订单后，我们的客服人员将会及时与您联系，以确认此订单。 订单确认后，请及时付款，付款后订购产品将在 2 个工作日内发出。 如在订单确认后的 3 个工作日内未收到您的付款，我们将取消订单。 如有疑问，请拨打我们的免费咨询电话：010－××××××××。				

图2-12　输入表格内容后效果图

（3）将光标置于文本“特色农产品订购单”之前，切换到“插入”选项卡，在“符号”功能组中，单击“符号”下拉按钮，选择“其他符号”选项，打开“符号”对话框。在“符号”选项卡中，从“字体”下拉列表中选择“Wingdings”选项，在列表框中选择图 2-13 所示的符号，单击“插入”按钮，将此符号插入表格标题之前。

（4）使用同样的方法，将光标置于表格标题之后，打开“符号”对话框，插入与上一符号成镜像的符号。插入符号后的效果如图 2-14 所示。

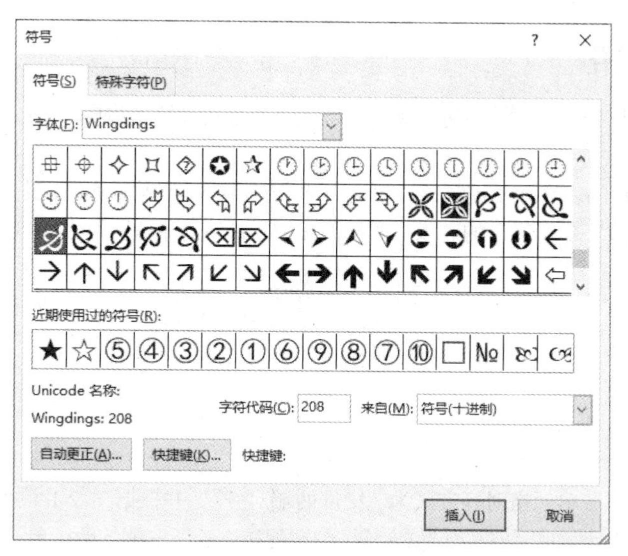

图2-13　“符号”对话框

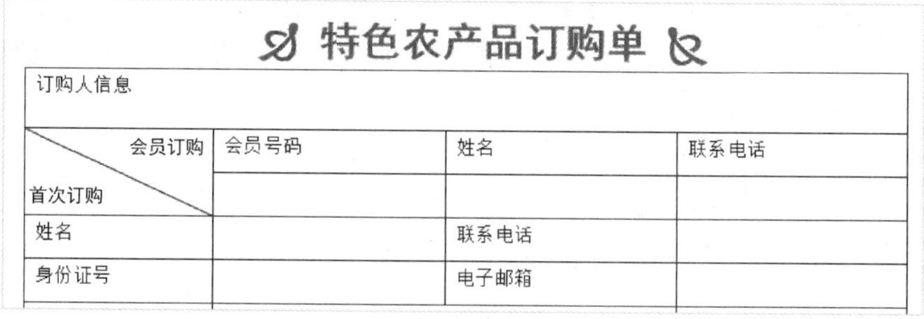

特色农产品订购单

订购人信息			
会员订购 首次订购	会员号码	姓名	联系电话
姓名		联系电话	
身份证号		电子邮箱	

图2-14　插入符号后效果

（5）将光标置于“会员订购”之前，打开“符号”对话框，选择符号并插入，如图 2-15 所示。

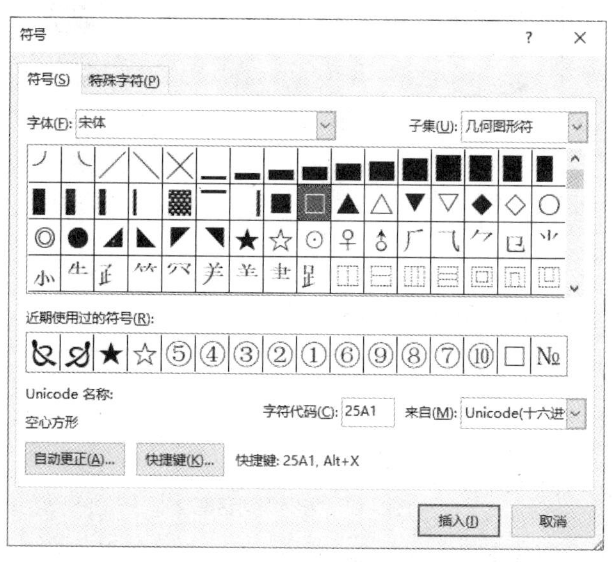

图2-15　“符号”对话框

（6）使用同样的方法，在表格中的“首次订购”“邮政汇款”“银行转账”“普通包裹”“送货上门”文本前插入空心方框符号“□”，在表格中的“邮编:”后输入 6 个空心方框符号“□”。

2.2.4　表格美化

表格内容编辑完成后，需要对表格进行美化，包括对齐方式设置、边框和底纹设置等操作。具体操作步骤如下。

（1）单击表格左上角的表格移动控制点按钮选中整个表格。切换到“表格工具 | 布局”选项卡，单击“对齐方式”功能组中的“水平居中”按钮，如图 2-16 所示。

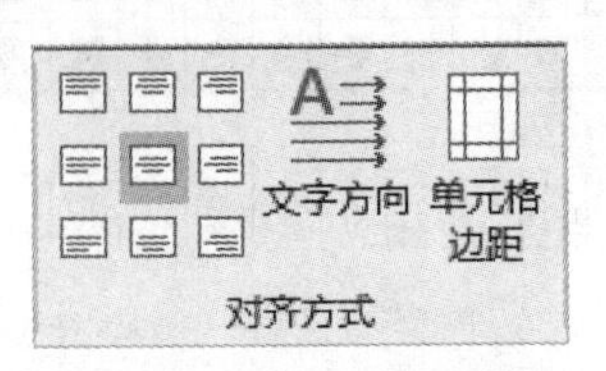

图2–16　“对齐方式”功能组

（2）调整“会员订购”单元格对齐方式为“中部两端对齐”，并根据图 2-1 调整“会员订购”和“首次订购”的位置。调整“合计”单元格、“付款方式”与“配送方式”右侧的两行单元格、“注意事项”下方单元格对齐方式为“中部两端对齐”。

（3）选择表格第 1 行“订购人信息”文本内容，打开“字体”对话框，在“字体”选项卡中设置文本字体为“黑体”，字号为“四号”，加粗；切换到“高级”选项卡，在“字符间距”栏中设置“间距”为“加宽”，“磅值”为“8 磅”，如图 2-17 所示。

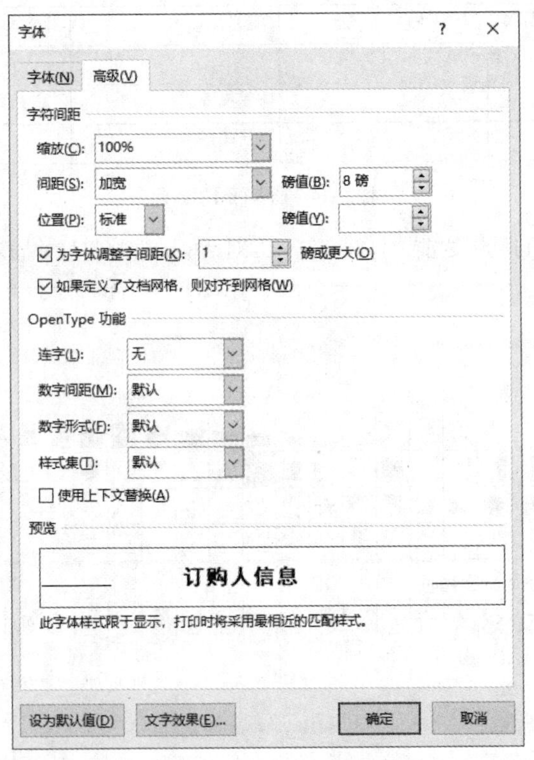

图2–17　“字体”对话框

（4）利用格式刷将“订购人信息”“收货人信息”“订购产品信息”“付款与配送信息”“注意事项”文本设置为相同格式。

（5）单击表格左上角的表格移动控制点按钮选中整个表格。切换到“表格工具 | 设计”选项卡，单击“边框”功能组中的“边框”下拉按钮，在下拉列表中选择“边框和底纹”选项，打开“边框和底纹”对话框。

切换到“边框”选项卡，在“设置”栏中选择“自定义”选项，在“样式”的列表框中选择“双线”选项，在“预览”栏中单击“上边框”“下边框”“左边框”“右边框”4 个按钮，如图 2-18 所示，单击“确定”按钮，完成整个表格的外侧边框线设置。

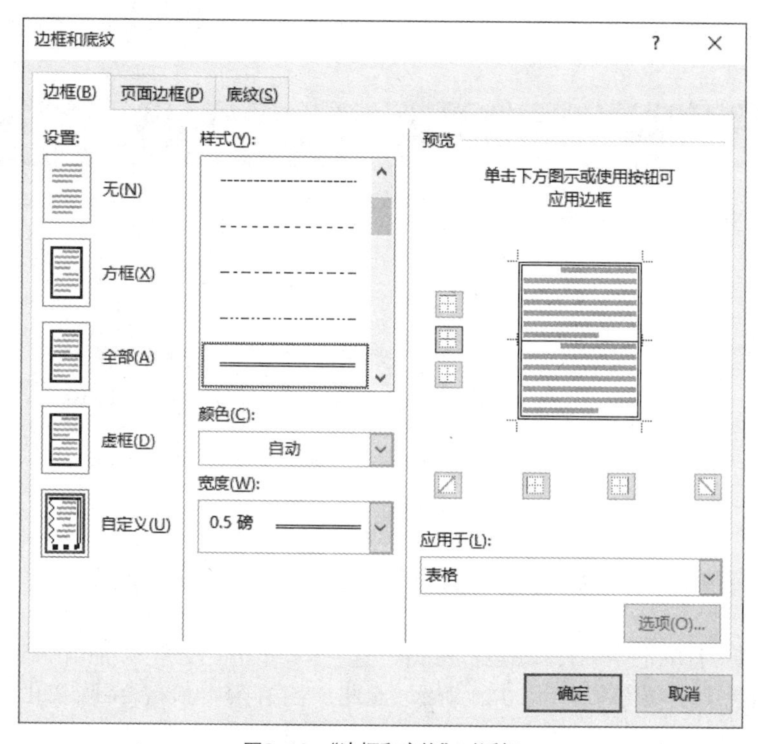

图2-18　“边框和底纹”对话框

（6）选择“订购人信息”栏目的全部单元格，切换到“表格工具 | 设计”选项卡，保持“边框”功能组中“边框样式”为“双线”，单击“边框”下拉按钮，从下拉列表中选择“下框线”选项，如图 2-19 所示，将此栏目的下边框设置成双线，以便与其他栏目分隔开。

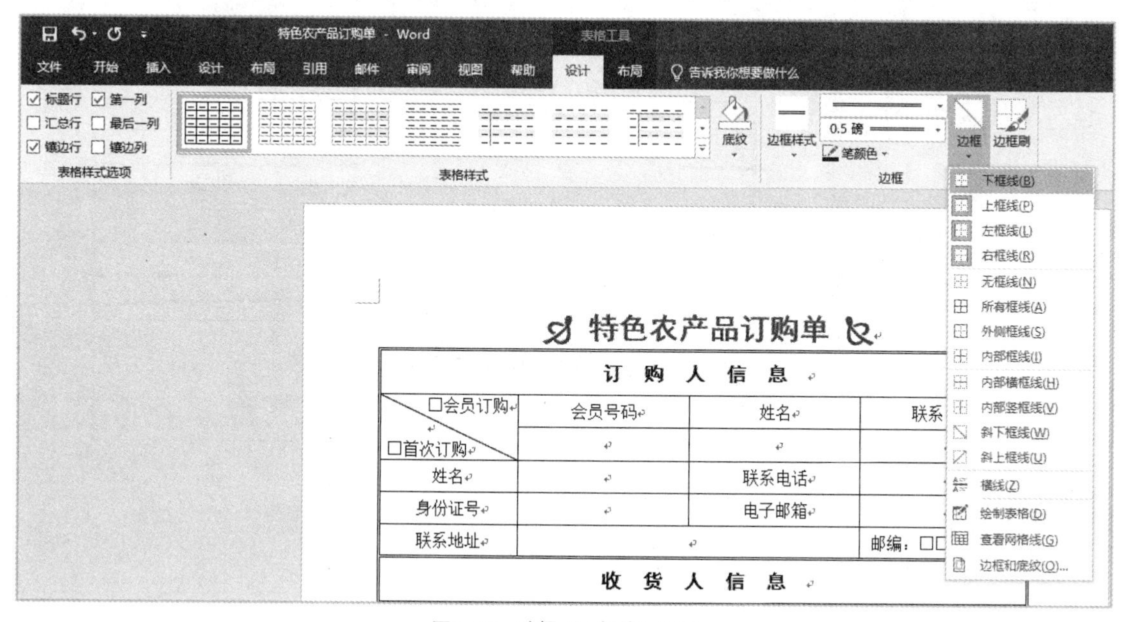

图2-19　选择“下框线”选项

（7）使用同样的方法，为“收货人信息”“订购产品信息”“付款与配送信息”栏目设置“双线”线型的下边框效果。

（8）选择“订购人信息”单元格，切换到“表格工具 | 设计”选项卡，单击“表格样式”功能组中的“底纹”下拉按钮，从下拉列表中选择“白色，背景 1，深色 5%”选项，为此单元格添加底纹，如图 2-20 所示。

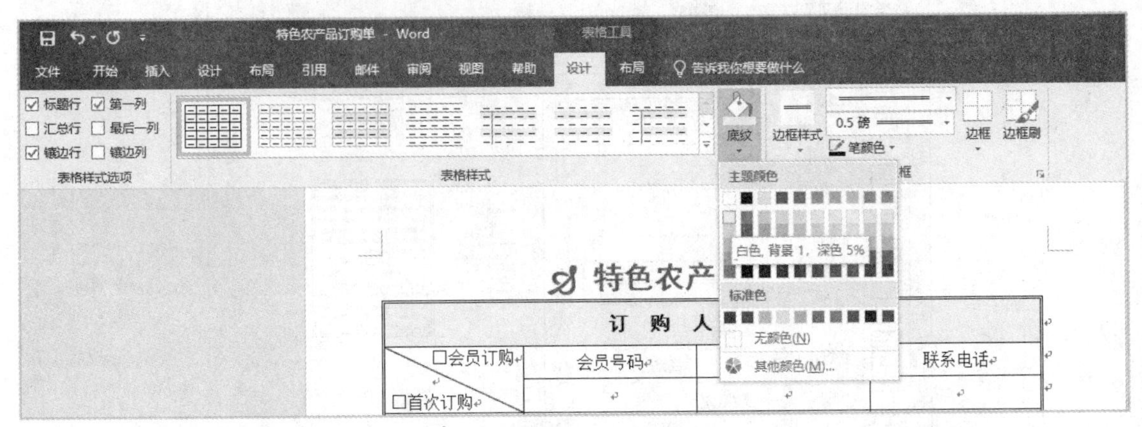

图2-20　“底纹”设置完成后效果（部分）

（9）用同样的方法，为“收货人信息”“订购产品信息”“付款与配送信息”“注意事项”单元格添加底纹。

（10）选择最后一行单元格内容，切换到“开始”选项卡，单击“段落”功能组中的“项目符号”下拉按钮，从下拉列表中选择项目符号如图 2-21 所示。至此，空白订购单表格绘制与美化工作结束，效果如图 2-22 所示。

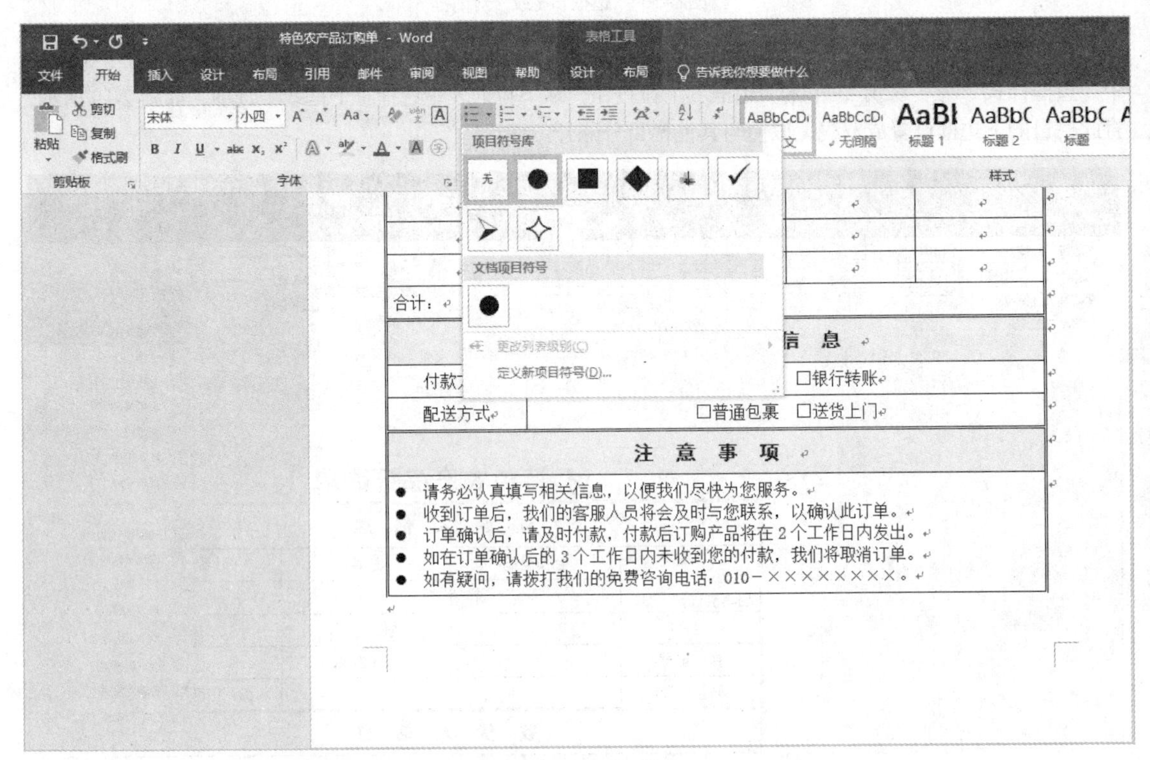

图2-21　选择项目符号

<table>
<tr><th colspan="7">特色农产品订购单</th></tr>
<tr><td colspan="7">订　购　人　信　息</td></tr>
<tr><td rowspan="2">☐会员订购
☐首次订购</td><td colspan="2">会员号码</td><td colspan="2">姓名</td><td colspan="2">联系电话</td></tr>
<tr><td colspan="2"></td><td colspan="2"></td><td colspan="2"></td></tr>
<tr><td>姓名</td><td colspan="2"></td><td colspan="2">联系电话</td><td colspan="2"></td></tr>
<tr><td>身份证号</td><td colspan="2"></td><td colspan="2">电子邮箱</td><td colspan="2"></td></tr>
<tr><td>联系地址</td><td colspan="4"></td><td colspan="2">邮编：☐☐☐☐☐☐</td></tr>
<tr><td colspan="7">收　货　人　信　息</td></tr>
<tr><td>姓名</td><td colspan="2"></td><td colspan="2">联系电话</td><td colspan="2"></td></tr>
<tr><td>收货地址</td><td colspan="6"></td></tr>
<tr><td>备注</td><td colspan="6">有特殊要求时请填写</td></tr>
<tr><td colspan="7">订　购　产　品　信　息</td></tr>
<tr><td>产品编号</td><td>产品名称</td><td colspan="2">单价/元</td><td colspan="2">数量</td><td>金额</td></tr>
<tr><td></td><td></td><td colspan="2"></td><td colspan="2"></td><td></td></tr>
<tr><td></td><td></td><td colspan="2"></td><td colspan="2"></td><td></td></tr>
<tr><td></td><td></td><td colspan="2"></td><td colspan="2"></td><td></td></tr>
<tr><td></td><td></td><td colspan="2"></td><td colspan="2"></td><td></td></tr>
<tr><td colspan="7">合计：</td></tr>
<tr><td colspan="7">付　款　与　配　送　信　息</td></tr>
<tr><td>付款方式</td><td colspan="6">☐邮政汇款　☐银行转账</td></tr>
<tr><td>配送方式</td><td colspan="6">☐普通包裹　☐送货上门</td></tr>
<tr><td colspan="7">注　意　事　项</td></tr>
<tr><td colspan="7">● 请务必认真填写相关信息，以便我们尽快为您服务。
● 收到订单后，我们的客服人员将会及时与您联系，以确认此订单。
● 订单确认后，请及时付款，付款后订购产品将在 2 个工作日内发出。
● 如在订单确认后的 3 个工作日内未收到您的付款，我们将取消订单。
● 如有疑问，请拨打我们的免费咨询电话：010－××××××××。</td></tr>
</table>

图2-22　表格美化后效果图

2.2.5　表格数据计算

当表格中录入了特色农产品的单价及数量后，可以利用 Word 提供的简易公式进行计算，得到单个产品的金额及合计金额。具体操作步骤如下。

（1）在表格的“订购产品信息”栏中输入产品编号、产品名称、单价及数量等，如图 2-23 所示。

<table>
<tr><th colspan="5">订　购　产　品　信　息</th></tr>
<tr><td>产品编号</td><td>产品名称</td><td>单价/元</td><td>数量/个</td><td>金额</td></tr>
<tr><td>LH001</td><td>牦牛肉干礼盒</td><td>233</td><td>20</td><td></td></tr>
<tr><td>LH002</td><td>西藏酥油茶</td><td>85</td><td>30</td><td></td></tr>
<tr><td>Z035</td><td>藏红花</td><td>68</td><td>15</td><td></td></tr>
<tr><td>Z037</td><td>牦牛奶枣</td><td>48</td><td>45</td><td></td></tr>
<tr><td colspan="5">合计：</td></tr>
</table>

图2-23　订购产品信息输入完成后效果

（2）将光标置于产品编号为“LH001”行的最后一个单元格，即“金额”下方的单元格中，切换到“表格工具 | 布局”选项卡，单击“数据”功能组中的“公式”按钮，如图 2-24 所示，打开“公式”对话框。

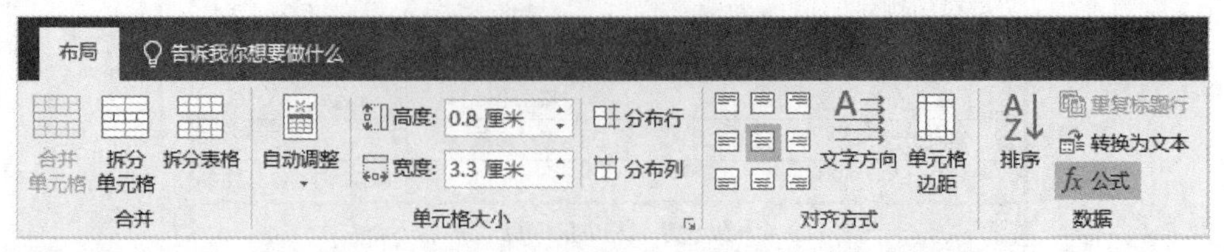

图2-24　“公式”按钮

（3）删除“公式”文本框中的“SUM(LEFT)”，从“粘贴函数”下拉列表中选择“PRODUCT”选项（此函数的功能是将左边的数据进行乘积运算）。设置 PRODUCT 函数的参数为“LEFT”，之后在“编号格式”下拉列表中选择“¥#,##0.00;(¥#,##0.00)”选项，如图 2-25 所示，设置完成后，单击“确定”按钮，完成“LH001”产品金额的计算。

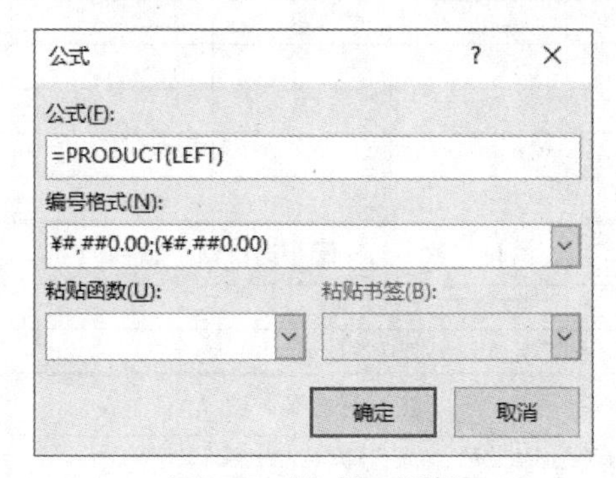

图2-25　“公式”对话框

（4）用同样的方法，计算其他订购农产品的订购金额。

（5）将光标置于“合计:”后，打开“公式”对话框，输入公式“=SUM(ABOVE)”，在“编号格式”下拉列表中选择“¥#,##0.00;(¥#,##0.00)”选项，单击“确定”按钮，计算出该订购单的总金额，如图 2-26 所示。

订　购　产　品　信　息				
产品编号	产品名称	单价/元	数量	金额
LH001	牦牛肉干礼盒	233	20	¥4, 660. 00
LH002	西藏酥油茶	85	30	¥2, 550. 00
Z035	藏红花	68	15	¥1, 020. 00
Z037	牦牛奶枣	48	45	¥2, 160. 00
合计：¥10, 390. 00				

图2-26　订购特色农产品金额计算完成后效果

（6）单击“保存”按钮，保存文档，完成案例制作。

2.3　任务小结

西藏自治区拥有较为丰富的矿产、土地、动植物和能源，如果能够利用好，可以让西藏民众富裕起来。

本任务通过制作特色农产品订购单，讲解了表格的创建、单元格的合并与拆分、表格美化、利用公式和函数进行计算等。实际操作中需要注意以下问题。

（1）对表格的操作要遵循“先选中，后操作”的原则。

（2）Word 中表格单元格的命名规则如下。

在一个很规则的 Word 表格中，单元格的命名与 Excel 中对单元格的命名相同，都是“列编号+行编号”的形式。例如图 2-27 所示的学生成绩表中，“张三”所在的单元格编号名称为 B2。

	A	B	C	D
1	学号	姓名	成绩	排名
2	2001	张三	98	1
3	2002	李四	78	2

图2–27　学生成绩表

对于不规则的表格，若表格中有合并单元格，则是以合并单元格合并前左上角的单元格名作为合并后单元格的命名，其他未合并的单元格的命名不受单元格合并的影响。

（3）表格创建完成后，当单元格中的内容较多时，已定义好的列宽会发生变化，此时需要用鼠标手动调整表格边框。当利用鼠标无法精确调整表格边框时，可按住<Alt>键，然后试着用鼠标调整表格的边框，表格的标尺会发生变化，精确到 0.01 厘米，精确度明显提高了。

通常情况下，拖曳表格线可同时调整相邻的两列的列宽。按住<Ctrl>键的同时拖曳表格线，表格列宽将改变，增加或减少的列宽由这两列共同分享或分担；按住<Shift>键的同时拖曳，只改变该表格线左方单元格的列宽，右方单元格的列宽不变。同理，拖曳表格边框的横线可同时调整相邻的两列的行高，调整方法与调整列宽的方法相似。

（4）在 Word 2019 文档中，用户也可以将文字转换成表格，关键操作是使用分隔符号将文本合理分隔。Word 2019 能够识别常见的分隔符，如段落标记、制表符、逗号。操作方法如下。

打开素材文件夹中的文档“文本转换成表格.docx”，选中文档中的文本内容，切换到“插入”选项卡，单击“表格”功能组中的“表格”下拉按钮，并在下拉列表中选择“文本转换成表格”选项，如图 2-28 所示。打开“将文字转换成表格”对话框，使用默认的行数和列数，如图 2-29 所示，单击“确定”按钮，即可实现文字转换成表格。

图2–28　“文本转换成表格”选项

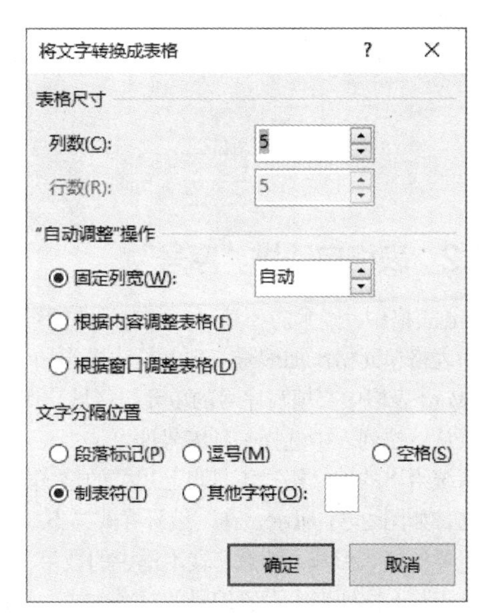

图2–29　“将文字转换成表格”对话框

2.4 经验技巧

2.4.1 表格标题跨页设置

在日常工作中，如果表格的内容比较多，一页显示不完，多余的部分就会跨页显示。字段比较多时，若跨页的部分没有表头，就容易忘记每个字段的内容是什么。要解决这个问题，可以设置重复标题行，这样每页都显示表头，既增强了可读性又方便编辑，具体操作如下。

单击标题行，切换到“表格工具 | 布局”选项卡，在“表”功能组中，单击“属性”按钮，打开“表格属性”对话框。切换到“行”选项卡，在“选项”栏中勾选“在各页顶端以标题行形式重复出现”复选框，如图 2-30 所示，单击“确定”按钮，即可实现表格标题跨页重复显示。

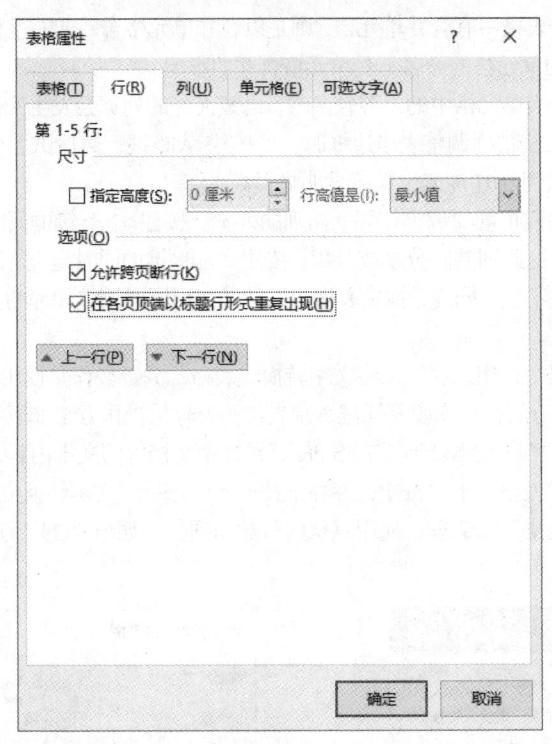

图2-30 “表格属性”对话框

2.4.2 表格自动排“序号”

在 Word 表格中，经常需要填写一些有规律的数字，如序号。当数据行较多时，逐个输入序号十分麻烦，可以通过为表格单元格添加编号实现。具体操作如下。

选择 Word 表格中要填写序号的单元格区域，切换到“开始”选项卡，单击“段落”功能组中的“编号”下拉按钮，从下拉列表中选择一种编号即可。

如果系统给出的编号格式不是自己想要的格式，可选择“定义新编号格式”选项，打开“定义新编号格式”对话框，如图 2-31 所示，在“编号样式”下拉列表中选择所需的编号样式，在“编号格式”文本框中输入自己想要的格式形式（注意：文本框中的数字“1”不能删掉，其后的点“.”或半括号“)”可以删掉），在“对齐方式”下拉列表中设置编号的对齐方式，此外还可以通过“字体”对话框对编号的字体、字号等进行设置。设置完成后，单击“确定”按钮，即可在所选区域中自动填写定义好的“序号”。

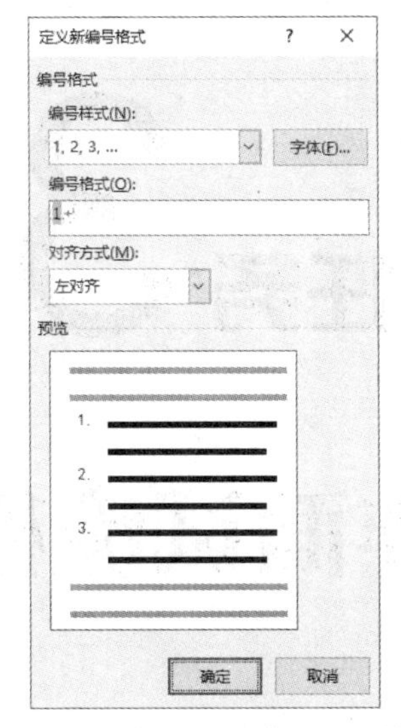

图2-31　“定义新编号格式”对话框

2.5　拓展训练

请根据图 2-32 所示的效果图，制作求职简历，要求如下。

（1）表格标题字体为“楷体”，字号为“初号”，对齐方式为“居中”，段后间距为“0.5 行”。

（2）表格内文本字体为“楷体”，字号为“五号”，对齐方式为“居中”，各部分标题加粗显示。

（3）为表格设置“双线”外边框，为表格中各部分标题所在单元格添加“黄色”底纹。

（4）根据自身情况，对表格中的各部分内容进行填写，以完善求职简历。

求职简历

基本信息						
姓名		电子邮箱		出生年月		照片
性别		QQ		联系电话		
现居地址				户口所在地		

求职意向			
工作性质		目标职位	
工作地点		期望薪资	

教育背景		
起止时间	学校名称	专业

培训及工作经历		
起止时间	单位名称	职位

家庭关系				
姓名	关系	工作单位	职位	联系电话

自我简介

图2-32　求职简历效果图

任务 3

制作面试流程图

3.1 任务简介

下面展示任务的要求与效果，分析任务完成的学习目标。

3.1.1 任务需求与效果展示

一家以省内办公用品销售为主要业务的办公用品批发公司因发展需要，近期将招聘一批新员工，新员工的面试工作由公司人事处负责。人事处秘书小李在此次工作中负责面试流程图的制作。借助 Word 2019 提供的艺术字、自选图形等功能，小李完成了此次任务，效果如图 3-1 所示。

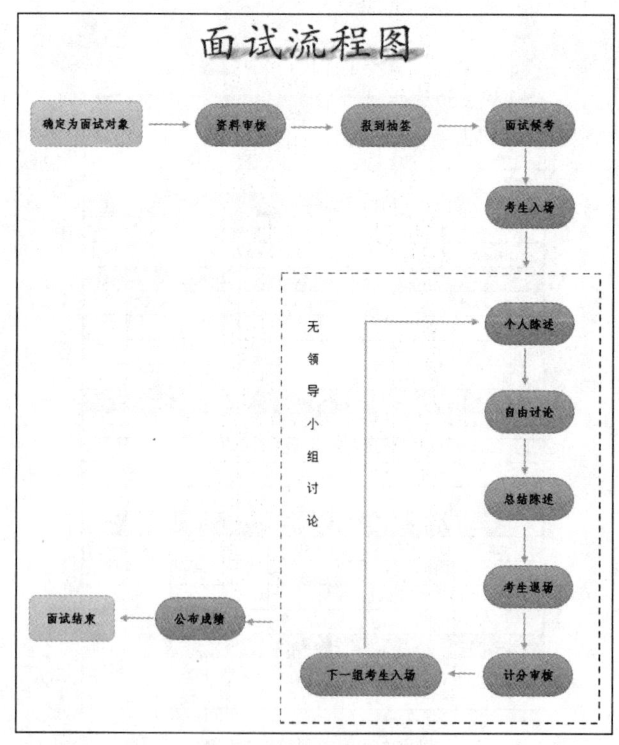

图3-1 “面试流程图”效果图

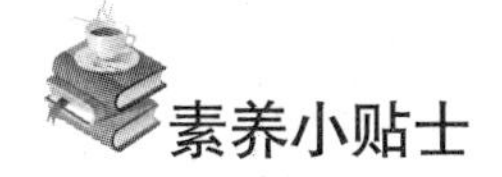

素养小贴士

大力弘扬奋斗精神

奋斗是付出艰辛努力，战胜各种困难，去实现宏伟目标的过程。奋斗精神是自强不息、百折不挠的意志，是个人、组织、民族或国家维护权益和尊严、争取进步、实现目标的精神状态。奋斗精神是中国精神的核心内容，是中华优秀传统文化的重要组成部分，代表着我们这个民族最鲜明、最优秀的文化基因，孕育了以伟大建党精神为源头的中国共产党人精神谱系，激励着全体中华儿女凝心聚力为全面建设社会主义现代化国家、实现中华民族伟大复兴而努力奋斗。

3.1.2　任务目标

知识目标：

- 了解艺术字的作用；
- 了解图形的作用与使用场合。

技能目标：

- 掌握面试流程图标题的制作；
- 掌握形状的绘制和编辑；
- 掌握流程图主体框架的绘制；
- 掌握连接符的绘制。

素养目标：

- 提升分析问题、解决问题的能力；
- 具备社会责任感，积极参与公益服务与劳动。

3.2　任务实现

流程图可以清楚地展现出各环节之间的关系，让我们分析或观看起来更加清楚明了。流程图的制作步骤大致如下。

（1）设置页面和段落。

（2）制作流程图标题。

（3）绘制主体框架。

（4）绘制连接符。

（5）添加说明性文字。

（6）美化流程图。

3.2.1　制作面试流程图标题

为了给流程图保留较大的绘制空间，在制作之前需要先设置一下文档页面，具体操作如下。

（1）启动 Word 2019，新建一个空白文档，以“面试流程图”命名并保存。

（2）切换到“布局”选项卡，单击“页面设置”功能组右下角的对话框启动器按钮，打开“页面设置”对话框。

（3）将“页边距”选项卡中的上、下、左、右边距均设置为“1.5 厘米”，如图 3-2 所示，单击“确定”按钮，完成页面设置。

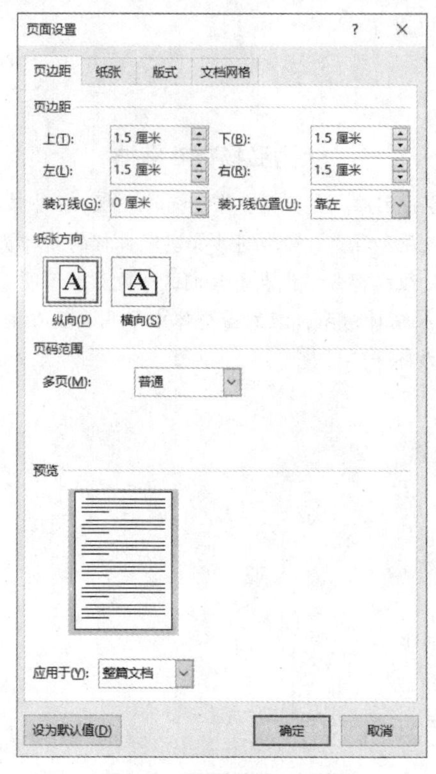

图3-2 “页面设置”对话框

页面设置完成以后，将光标移至首行，进行流程图标题的制作，操作步骤如下。

（1）切换到“插入”选项卡，在“文本”功能组中，单击“艺术字”下拉按钮，在下拉列表中选择“填充：金色，主题色 4；软棱台”选项，如图 3-3 所示，文档中将自动插入“请在此处放置您的文字”的艺术字。

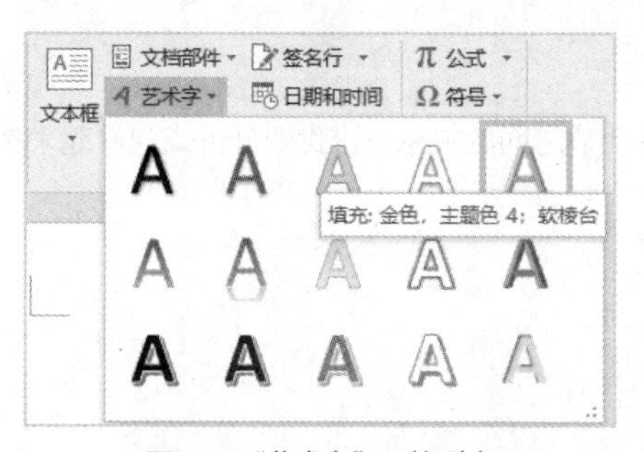

图3-3 “艺术字”下拉列表

（2）将艺术字文本修改为“面试流程图”。

（3）选中“面试流程图”字样，切换到“开始”选项卡，在“字体”功能组中，将艺术字字体设置为“华文楷体”，字号设置为“小初”，加粗。

（4）使艺术字处于选中状态，切换到“绘图工具 | 格式”选项卡，在“艺术字样式”功能组中单击“文本填充”下拉按钮，从下拉列表中选择“标准色”栏的“红色”选项，如图 3-4 所示。单击“文本轮廓”下拉按钮，从下拉列表中选择“标准色”栏的“红色”选项，如图 3-5 所示。

（5）单击“文本效果”下拉按钮，从下拉列表中选择“阴影”级联菜单中“透视”栏的“透视：右上”选项，如图 3-6 所示。

（6）单击“排列”功能组的“对齐”下拉按钮，从下拉列表中选择“水平居中”选项，如图 3-7 所示，使艺术字标题水平居中，效果如图 3-8 所示。

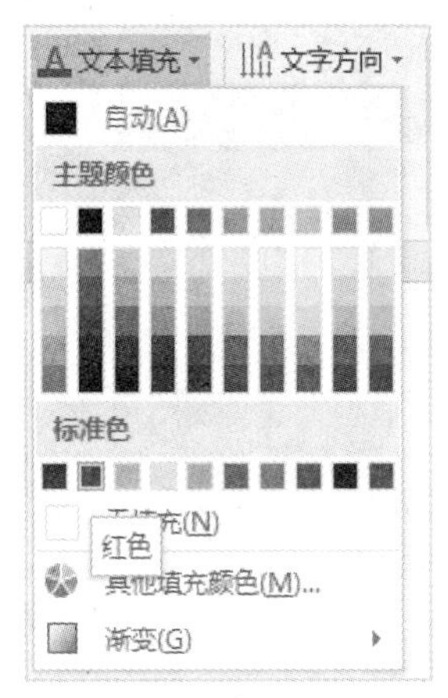

图3-4　“文本填充”下拉列表

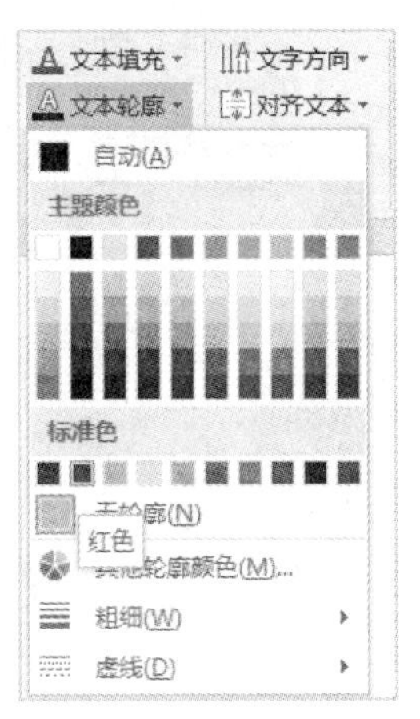

图3-5　“文本轮廓”下拉列表

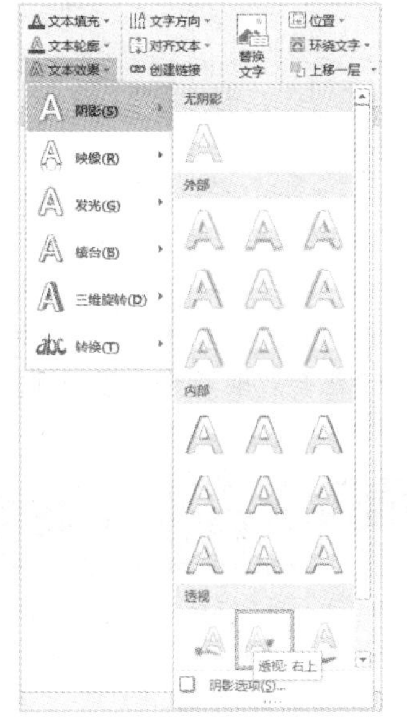

图3-6　“文本效果”下拉列表

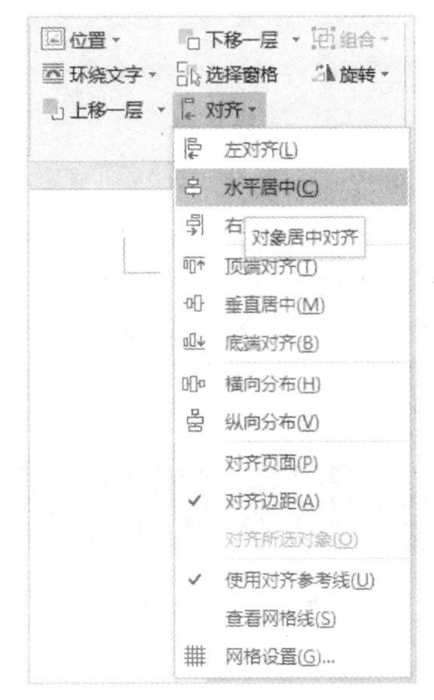

图3-7　“对齐”下拉列表

面试流程图

图3-8　标题制作完成后效果

3.2.2　绘制与编辑形状

从本任务的效果图可以看出，流程图中包含矩形、圆角矩形、箭头等形状。在“插入”选项卡的“插图”功能组中单击“形状”下拉按钮，下拉列表中包含了上百种自选图形对象，使用这些对象可以在文档中绘制出各种各样的图形。以插入圆角矩形对象为例，操作步骤如下。

（1）切换到“插入”选项卡，在“插图”功能组中单击“形状”下拉按钮，在弹出的下拉列表中选择“矩形：圆角”选项，如图 3-9 所示。

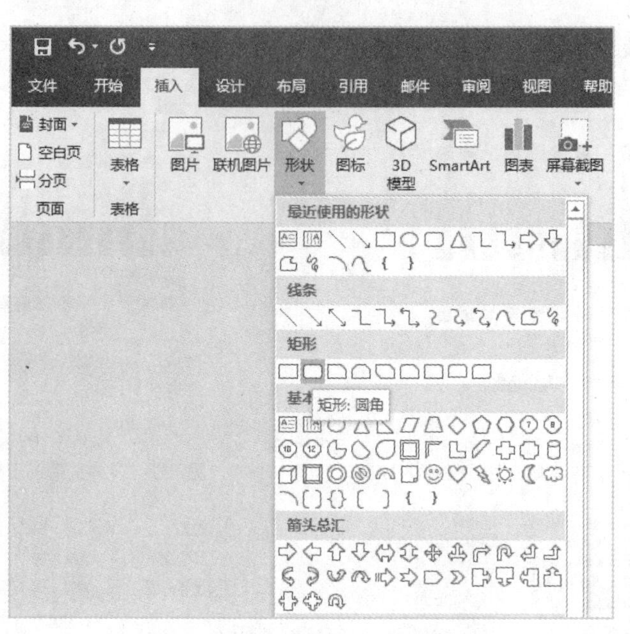

图3-9　选择“矩形：圆角”选项

（2）将鼠标指针移到文档中，此时鼠标指针会变成十字形，在需要插入图形的位置按住鼠标左键并拖动，直至对图形的大小满意后松开鼠标左键，即可在文档中绘制一个圆角矩形。

（3）选择刚刚画好的圆角矩形，切换到“绘图工具 | 格式”选项卡，单击“形状样式”功能组中的“其他”下拉按钮，在弹出的下拉列表中选择“主题样式”栏中的“细微效果-金色，强调颜色 4”选项，如图 3-10 所示。

图3-10　“主题样式”栏

（4）右击圆角矩形，从弹出的快捷菜单中选择“添加文字”选项，如图 3-11 所示。

（5）在光标闪烁处输入文字“确定为面试对象”，输入完成后，选中圆角矩形，切换到“文本工具”选项卡，设置文本字体为“仿宋”，字号为“五号”，加粗，字体颜色为“主题颜色”栏的“黑色，文字 1”。

（6）切换到“绘图工具 | 格式”选项卡，在“大小”功能组中设置圆角矩形的高度为“1.3 厘米”，根据文本适当调整圆角矩形的宽度，完成后效果如图 3-12 所示。

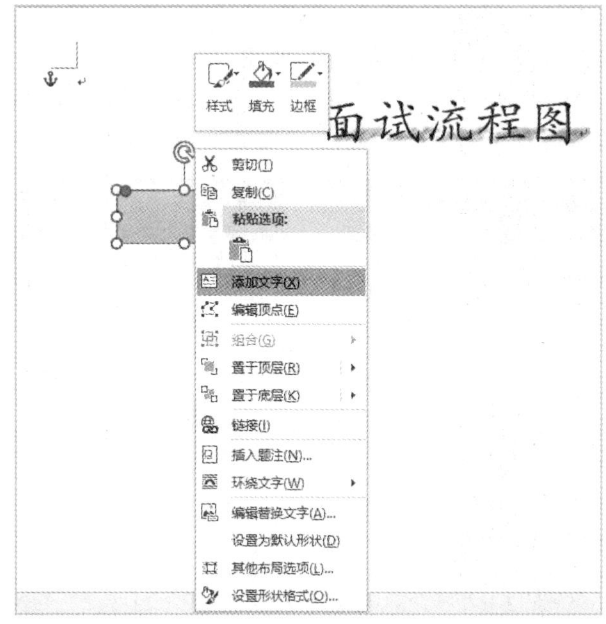

图3-11　“添加文字”选项

图3-12　文本设置完成后效果图

3.2.3　绘制流程图框架

流程图中包含的各个形状需要逐个绘制并进行布局，以形成流程图的框架。操作步骤如下。

微课 3-3

绘制流程图框架

（1）切换到“插入”选项卡，单击“形状”下拉按钮，在弹出的下拉列表中选择“矩形：圆角”选项，使用鼠标在第一个圆角矩形的右侧绘制一个圆角矩形。

（2）选中新绘制的圆角矩形，在“主题样式”栏中选择“细微效果-蓝色，强调颜色 5”选项。

（3）把鼠标指针放到圆角矩形的黄色小点（圆角半径控制点）上，按住鼠标左键向右拖动，调整圆角半径，效果如图 3-13 所示。

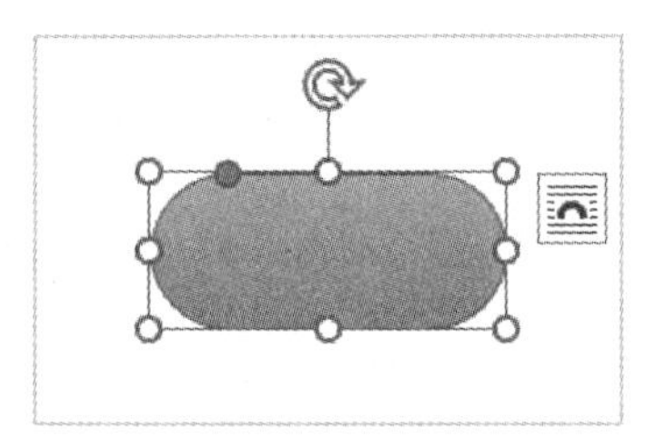

图3-13　圆角半径调整完成以后的效果

（4）在新绘制的圆角矩形中输入文本“资料审核”，设置文本字体为“仿宋”，字号为“五号”，加粗，字体颜色为“黑色，文字 1”。

（5）切换到“绘图工具 | 格式”选项卡，在“大小”功能组中设置圆角矩形的高度为“1.2 厘米”，根据文本适当调整圆角矩形的宽度。

（6）根据图 3-1，多次复制刚刚制作的“资料审核”圆角矩形，并依次修改其文本为“报到抽签”“面试候考”“考生入场”“个人陈述”“自由讨论”“总结陈述”“考生退场”“计分审核”“下一组考生入场”和“公布成绩”。复制制作的第一个圆角矩形，修改其文本为“面试结束”，根据文本适当调整“下一组考生入场”和“面试结束”圆角矩形的宽度。

（7）按住<Shift>键，依次选中“确定为面试对象”“资料审核”“报到抽签”“面试候考”四个形状，切换到“绘图工具 | 格式”选项卡，单击“对齐”下拉按钮，从下拉列表中选择“垂直居中”选项，如图 3-14 所示，使选中的四个形状中心点在同一水平线上。之后再次单击“对齐”下拉按钮，从下拉列表中选择“横向分布”选项，此时四个形状间距相同。

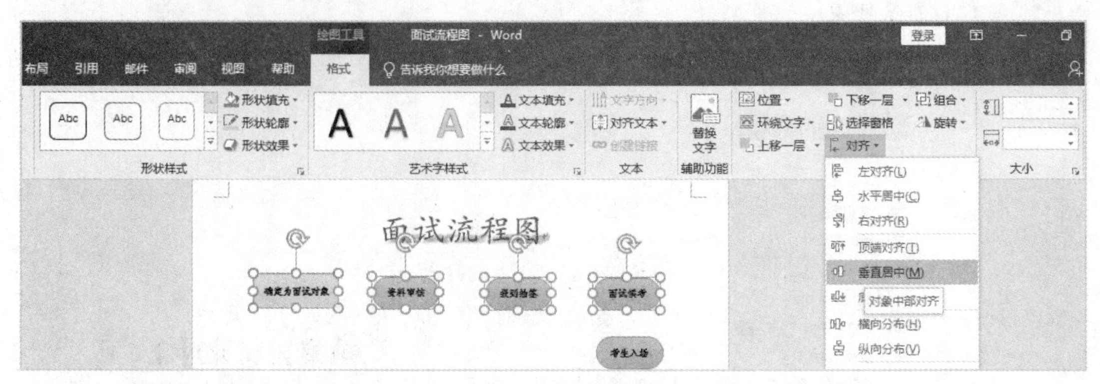

图3-14　设置形状的对齐方式

（8）使用同样的方法，依次选择“面试候考”“考生入场”“个人陈述”“自由讨论”“总结陈述”“考生退场”和“计分审核”七个形状，设置对齐方式为“左对齐”；选择“个人陈述”“自由讨论”“总结陈述”“考生退场”和“计分审核”五个形状，设置对齐方式为“纵向分布”；选择“计分审核”“下一组考生入场”两个形状，设置对齐方式为“顶端对齐”；选择“公布成绩”“面试结束”两个形状，设置对齐方式为“垂直居中”，选择“确定为面试对象”“面试结束”两个形状，设置对齐方式为“左对齐”。至此，流程图框架绘制完成，效果如图 3-15 所示。

图3-15　流程图框架效果图

3.2.4　绘制连接符

流程图框架绘制完成后，在流程图的各个图形之间添加连接符，可以让阅读者更清晰、准确地看到面试工作流程，操作步骤如下。

（1）切换到"插入"选项卡，单击"形状"下拉按钮，在下拉列表中选择"线条"栏中的"直线箭头"选项。按住<Shift>键的同时使用鼠标在"确定为面试对象"与"资料审核"图形之间绘制一个水平向右的箭头。切换到"绘图工具 | 格式"选项卡，在"形状样式"功能组中设置箭头"形状轮廓"颜色为"标准色"栏中的"橙色"，如图 3-16 所示，设置 "粗细"为"1.5 磅"，如图 3-17 所示。

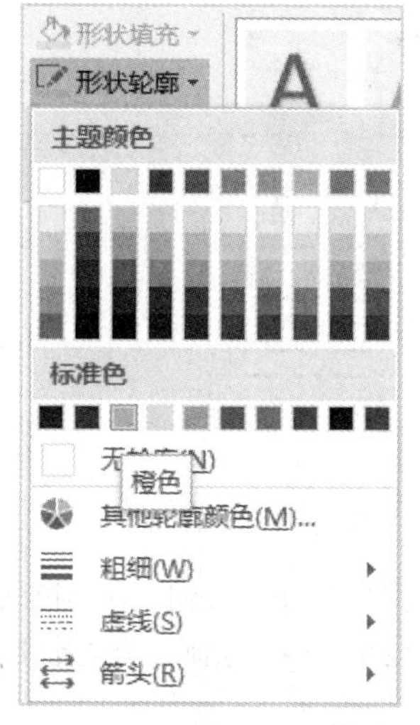

图3-16　设置"形状轮廓"

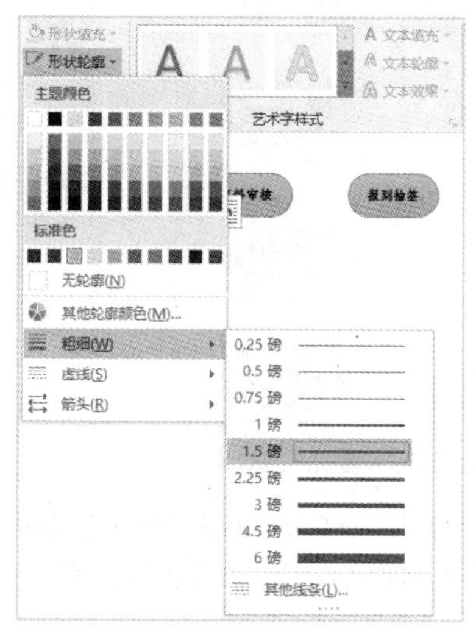

图3-17　设置"粗细"

（2）根据图 3-1，使用同样的方法，绘制其他节点间的箭头。

（3）单击"形状"下拉按钮，在下拉列表中选择"线条"栏中的"连接符：肘形箭头"选项，如图 3-18 所示。在"下一组考生入场"和"个人陈述"形状之间添加一个肘形箭头，设置肘形箭头的颜色为"橙色"，"粗细"为"1.5 磅"。

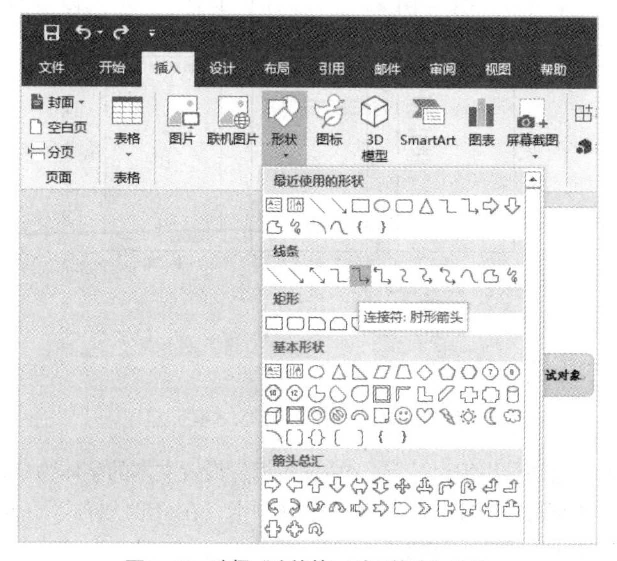

图3-18　选择"连接符：肘形箭头"选项

（4）肘形箭头添加完成后，在连线中间有一个黄色控点，可利用鼠标拖动这个控点调整肘形箭头的形状，如图 3-19 所示。

（5）根据图 3-1，在“考生入场”下方绘制一个矩形，在“绘图工具 | 格式”选项卡中设置矩形的填充颜色为“无填充”，“粗细”为“1.5 磅”，“虚线”为“短划线”，如图 3-20 所示。

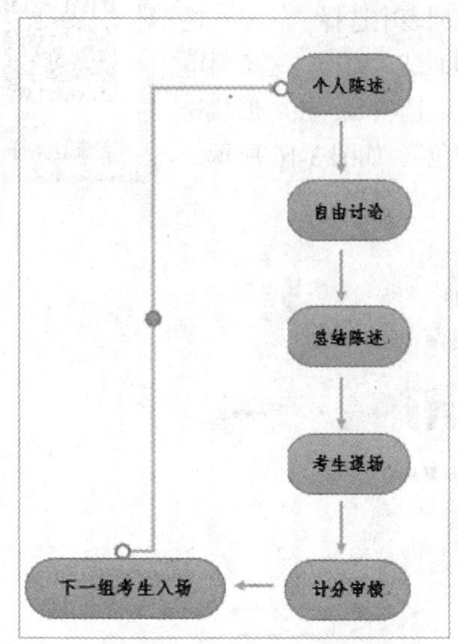

图3-19　肘形箭头调整完成后效果

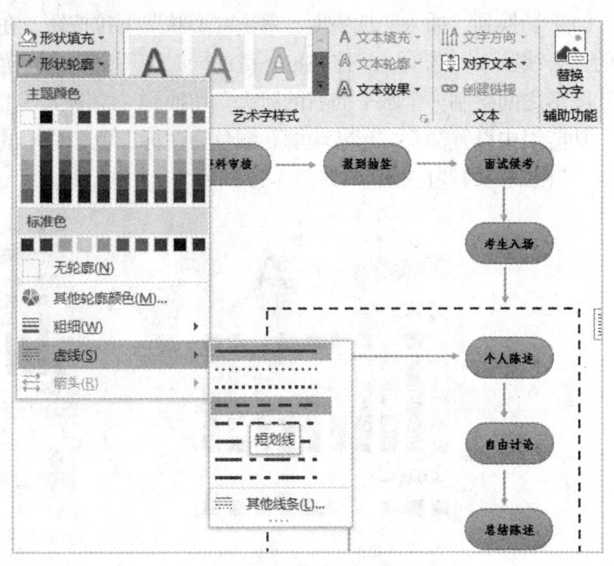

图3-20　设置“虚线”

（6）切换到“插入”选项卡，单击“文本”功能组中的“文本框”下拉按钮，在下拉列表中选择“绘制竖排文本框”选项，如图 3-21 所示，使用鼠标在刚刚绘制的虚线矩形内侧绘制一个竖排文本框。

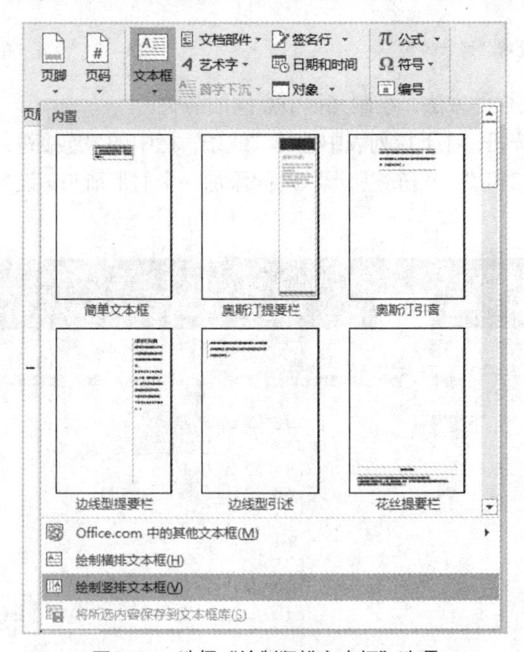

图3-21　选择“绘制竖排文本框”选项

（7）在文本框内输入“无领导小组讨论”，选中文本框，设置文本的字体为“宋体”，字号为“五号”，对齐方式为“分散对齐”；切换到“绘图工具 | 格式”选项卡，在“形状样式”功能组中设置“形状填充”为“无填充”，设置“形状轮廓”为“无轮廓”。

（8）保存文档，完成面试流程图的制作。

3.3　任务小结

流程图在我们日常生活中很常见，它是用来说明某一个工作过程的直观表述。本任务中的面试流程图主要使用了 Word 中的形状及其基本设置，通过本任务的学习，可以掌握自选图形的插入与设置、连接符的绘制。在实际操作中有以下几个技巧。

（1）在制作流程图之前，应先做好草图，这样将使具体操作更加轻松。

（2）流程图制作完成以后，还可以通过右击图形，从弹出的快捷菜单中选择“设置形状格式”选项，打开“设置形状格式”窗格，如图 3-22 所示。通过窗格中的“填充”“三维格式”等栏对图形进行美化。大家可以通过拓展训练中的题目来练习。

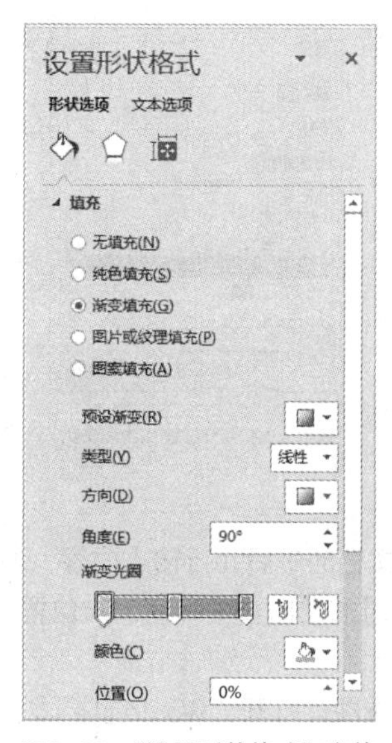

图3-22　“设置形状格式”窗格

（3）SmartArt 图形的使用。

SmartArt 图形是信息和观点的视觉表现形式，主要用于演示流程、层次结构、循环和关系。

在文档中插入 SmartArt 图形的方法如下。

切换到“插入”选项卡，在“插图”功能组中单击“SmartArt”按钮，在弹出的“选择 SmartArt 图形”对话框中选择所需的图形，如图 3-23 所示。接着在 SmartArt 图形中输入文字或插入图片。

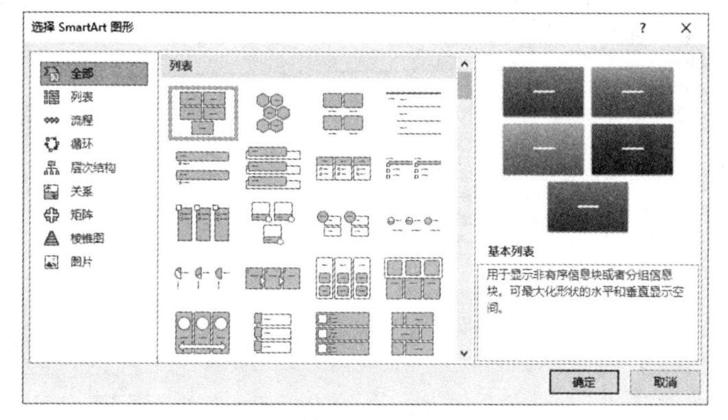

图3-23　“选择SmartArt图形”对话框

3.4 经验技巧

3.4.1 录入技巧

1. 快速输入大写中文数字

利用“编号”功能，可实现大写中文数字的输入，操作步骤如下。

（1）将光标定位到需要输入大写中文数字处。

（2）切换到“插入”选项卡，在“符号”功能组中单击“编号”按钮，弹出“编号”对话框。

（3）在“编号”对话框中输入数字，如“345”，在“编号类型”列表框中选择类型为“壹，贰，叁...”的选项，如图 3-24 所示，单击“确定”按钮，即可在光标定位处显示出“345”的大写中文数字“叁佰肆拾伍”。

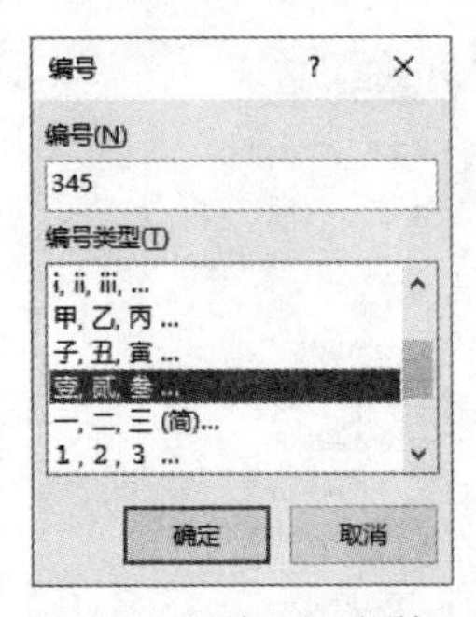

图3–24 “编号”对话框

2. 用鼠标实现即点即输

在 Word 中编辑文档时，有时要在文档的最后几行输入内容，通常都需要多按几次<Enter>键或空格键，才能将光标移至目标位置。在没有使用过的空白页中确定输入位置，可以通过双击鼠标左键来实现。

具体操作如下。

在“文件”选项卡中选择“选项”选项，打开“Word 选项”对话框；在“高级”选项卡的“编辑选项”组中，勾选“启用‘即点即输’”复选框，如图 3-25 所示，这样就可以实现在文档的空白区域双击鼠标左键确定输入位置了。

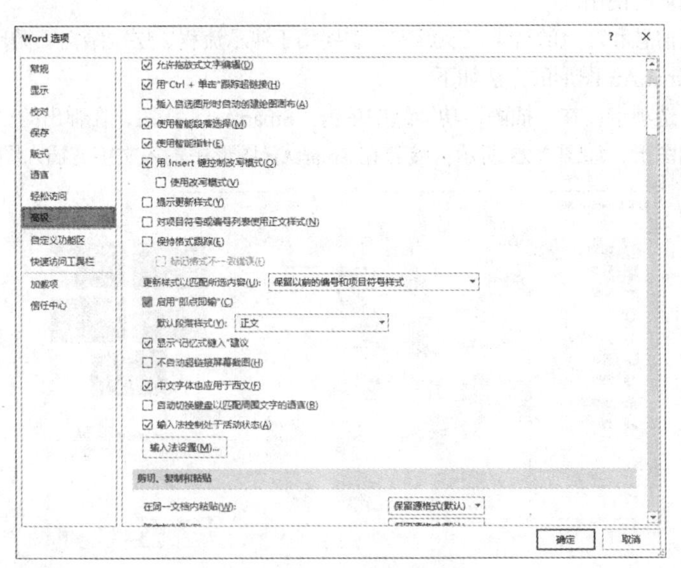

图3–25 “Word选项”对话框

3.4.2 绘图技巧

1. <Ctrl>键在绘图中的作用

<Ctrl>键可以在绘图时发挥巨大的作用。在拖曳绘图工具的同时按住<Ctrl>键，以起始点为中心绘制图形；在调整所绘制图形大小的同时按住<Ctrl>键，可使图形在编辑中心不变的情况下进行缩放。

2. <Shift>键在绘图中的作用

需要绘制一个以鼠标指针起点为起始点的圆形、正方形或正三角形时，需要在选中某个形状后，按住<Shift>键在文档内拖动。

3. 新建绘图画布

打开 Word 文档窗口，切换到“插入”选项卡。在“插图”功能组中单击“形状”下拉按钮，从下拉列表中选择“新建绘图画布”选项。绘图画布将根据页面大小自动插入 Word 页面中。

4. 多次使用同一绘图工具

我们在画图的时候，有时需要连续使用同一绘图工具，但是在一般情况下，单击某一绘图工具后，只能绘制一次相应的图形。如果需要连续多次使用同一绘图工具，可在相应的绘图工具按钮上双击，此时按钮将一直锁定在“按下”状态，当不需要该工具时，可用鼠标在相应的绘图工具按钮上单击或按<Esc>键。如果接着换用别的工具，则直接单击要使用的工具按钮，同时释放原来多次使用的绘图工具即可。

3.5 拓展训练

制作请假流程，效果如图 3-26 所示。

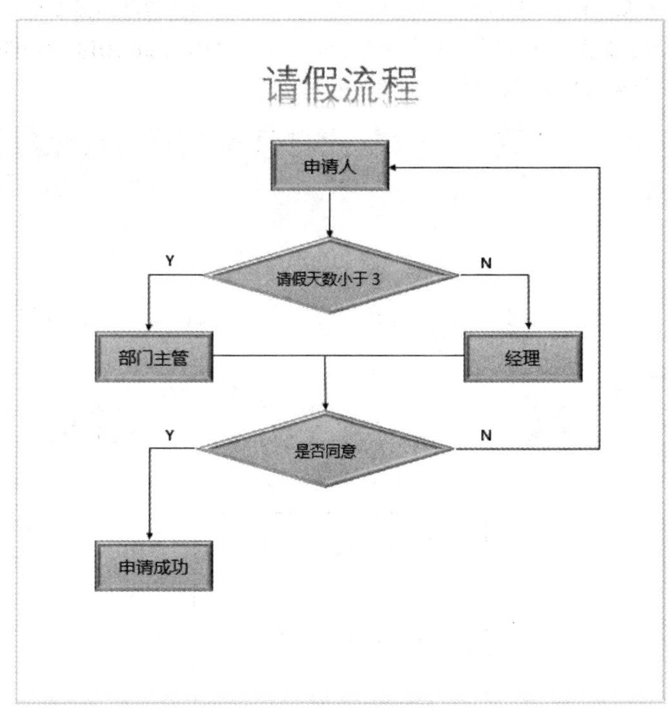

图3-26 请假流程效果图

任务4

制作春节贺卡与标签

4.1 任务简介

下面展示任务的要求与效果，分析任务完成的学习目标。

4.1.1 任务需求与效果展示

春节来临之际，为答谢客户并与客户保持联系，某汽车营销公司销售部门需要设计并制作一份春节贺卡以及包含邮寄地址的标签，之后分别邮寄给相关客户。员工王红利用 Word 2019 的邮件功能完成了贺卡与标签的制作，贺卡效果如图 4-1 所示，标签效果如图 4-2 所示。

图4–1　贺卡效果图

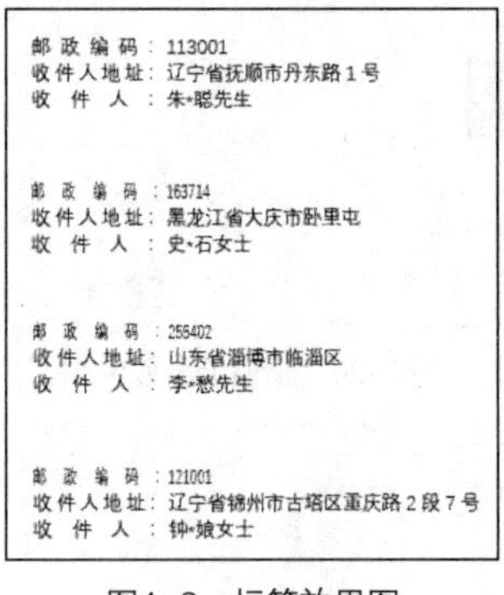

邮 政 编 码 ：113001
收件人地址 ：辽宁省抚顺市丹东路 1 号
收　件　人 ：朱•聪先生

邮 政 编 码 ：163714
收件人地址 ：黑龙江省大庆市卧里屯
收　件　人 ：史•石女士

邮 政 编 码 ：255402
收件人地址 ：山东省淄博市临淄区
收　件　人 ：李•憨先生

邮 政 编 码 ：121001
收件人地址 ：辽宁省锦州市古塔区重庆路 2 段 7 号
收　件　人 ：钟•娘女士

图4–2　标签效果图

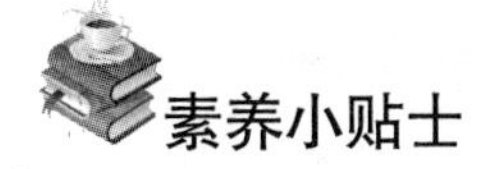
素养小贴士

中华优秀传统文化系列——春节

春节与清明节、端午节、中秋节并称为中国四大传统节日。春节，即中国农历新年，俗称“新春”“新岁”“岁旦”等，又称“过年”“过大年”，是集除旧布新、拜神祭祖、祈福辟邪、亲朋团圆、欢庆娱乐和饮食为一体的民俗大节。

4.1.2 任务目标

知识目标：

- 了解页面布局、背景的作用；
- 了解页眉、邮件合并的作用。

技能目标：

- 掌握邮件合并的基本操作；
- 掌握利用邮件合并功能批量制作贺卡、标签、邀请函、证书等的操作。

素养目标：

- 提升自我学习的能力；
- 具备继承中华优秀传统文化的担当意识。

4.2 任务实现

贺卡、邀请函、录取通知书、荣誉证书等文档的共同特点是形式和主要内容相同，但姓名等个别部分不同，此类文档经常需要批量制作和发送。使用邮件合并功能可以非常轻松地做好此类工作。

邮件合并的原理是将文档中相同的部分保存为一个文档，称为主文档；将不同的部分，如姓名、电话号码等保存为另一个文档，称为数据源，然后将主文档与数据源合并起来，形成用户需要的文档。

4.2.1 创建主文档

主文档的制作步骤如下。

（1）启动 Word 2019，创建一个空白文档，并以“贺卡主文档”命名。

（2）切换到“布局”选项卡，单击“页面设置”功能组右下角的对话框启动器按钮，弹出“页面设置”对话框，切换到“纸张”选项卡，单击“纸张大小”下拉按钮，从下拉列表中选择“B5（JIS）”选项，如图 4-3 所示。切换到“页边距”选项卡，设置“页边距”栏中“上”为“13 厘米”，“下”“左”“右”为“3 厘米”，如图 4-4 所示，单击“确定”按钮返回文档中，完成文档的页面设置。

（3）切换到“设计”选项卡，单击“页面背景”功能组中的“页面颜色”下拉按钮，从下拉列表中选择“填充效果”选项，如图 4-5 所示。打开“填充效果”对话框，切换到“纹理”选项卡，单击“其他纹理”按钮，打开“选择纹理”对话框，选择素材文件夹中的“底图”图片，如图 4-6 所示，单击“插入”按钮，返回“填充效果”对话框，再次单击“确定”按钮，返回文档中，完成文档背景的设置。

（4）切换到“插入”选项卡，单击“页眉和页脚”功能组中的“页眉”下拉按钮，在下拉列表中选择“编辑页眉”选项，如图 4-7 所示，文档进入页眉页脚的编辑状态。

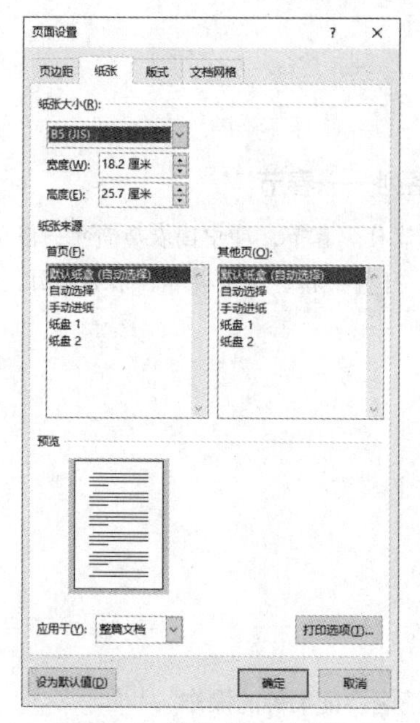

图4-3　设置“纸张大小”

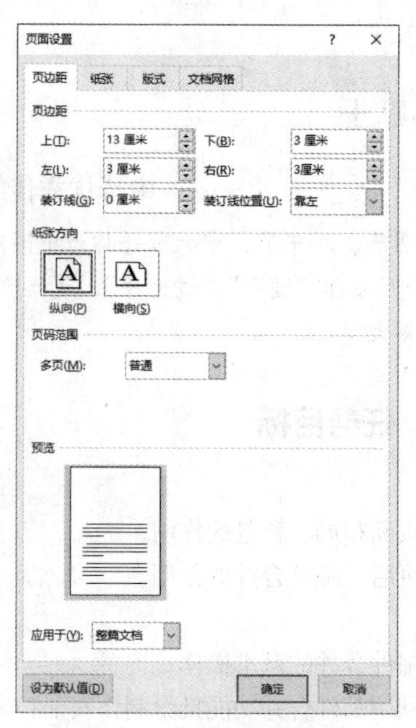

图4-4　设置“页边距”

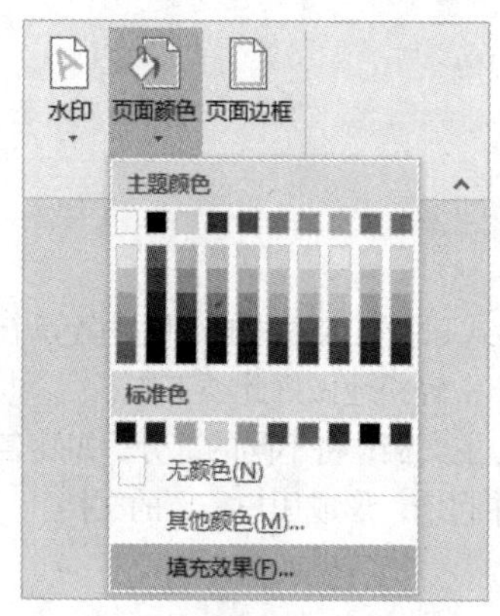

图4-5　“填充效果”选项

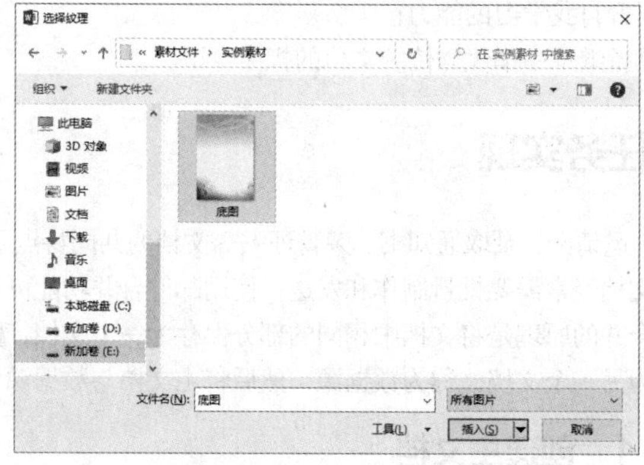

图4-6　“选择纹理”对话框

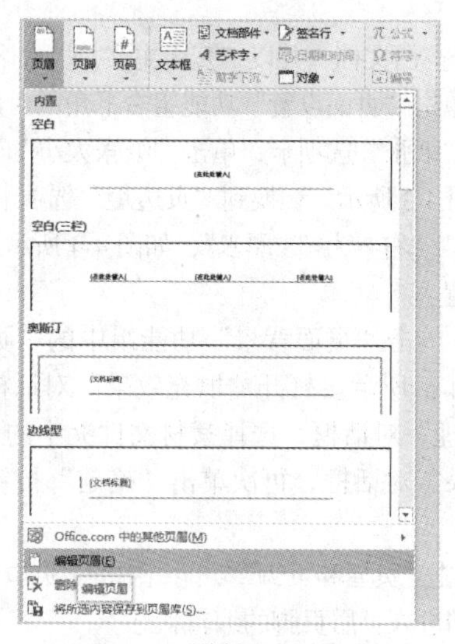

图4-7　“编辑页眉”选项

（5）选中页眉中的回车符，切换到“开始”选项卡，单击“段落”功能组中的“边框”下拉按钮，从下拉列表中选择“无框线”选项，如图 4-8 所示，取消页眉中默认出现的横线。

（6）切换到“插入”选项卡，在“文本”功能组中单击“艺术字”下拉按钮，在下拉列表中选择艺术字样式“渐变填充：蓝色，主题色 5；映像”选项，如图 4-9 所示。

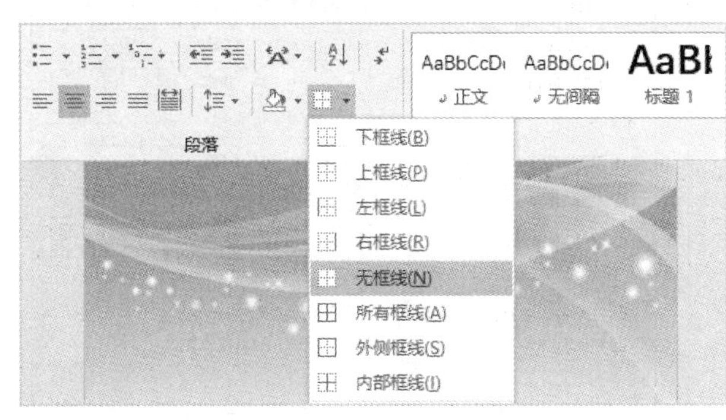

图4-8 选择“无框线”

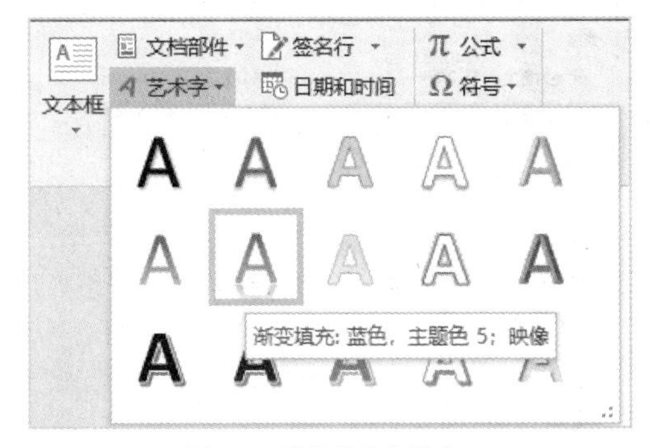

图4-9 选择艺术字样式

（7）在艺术字的文本框中输入“恭贺新春”，选中艺术字文本，切换到“绘图工具 | 格式”选项卡，在“艺术字样式”功能组中设置“文本填充”“文本轮廓”颜色均为“标准色”栏中的“红色”。使艺术字处于选中状态，切换到“开始”选项卡，在“字体”功能组中设置文本的字体为“隶书”，字号为“72”，单击“段落”功能组中的“边框”下拉按钮，从下拉列表中选择“无框线”选项，将文本框中出现的下框线取消。

（8）调整艺术字位置到页眉区域的中部，单击“绘图工具 | 格式”选项卡中“排列”功能组中的“对齐”下拉按钮，在下拉列表中选择“水平居中”选项，如图 4-10 所示。艺术字位置调整完成后的效果如图 4-11 所示。最后单击“页眉和页脚工具 | 设计”选项卡中“关闭”功能组中的“关闭页眉和页脚”按钮，退出页眉页脚的编辑状态。

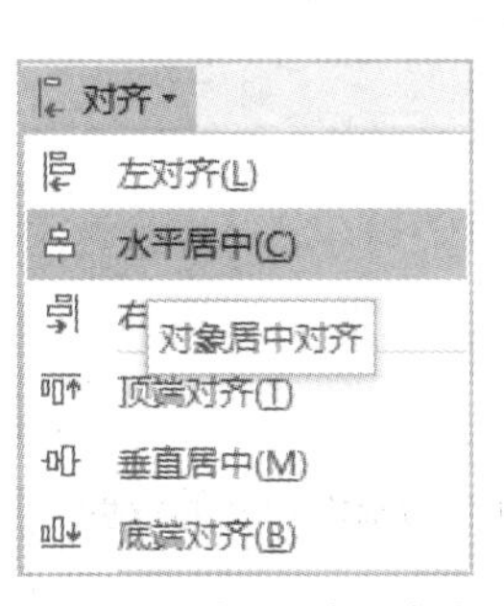

图4-10 “水平居中”选项

图4-11 艺术字设置完成后效果

（9）单击“插入”选项卡中“插图”功能组中的“形状”下拉按钮，在下拉列表中选择“直线”选项，按住键盘上的<Shift>键在页面中绘制一条直线。

（10）选中该直线对象，切换到“绘图工具 | 格式”选项卡，单击“形状样式”功能组中的“形状轮廓”下拉按钮，在下拉列表中选择“白色，背景 1，深色 25%”选项，继续单击“形状轮廓”下拉按钮，在下拉列表中选择“虚线”级联菜单中的“圆点”选项。单击右侧“大小”功能组右下角的对话框启动器按钮，弹出“布局”对话框，在“大小”选项卡中将“宽度”绝对值设置为“18.2 厘米”，如图 4-12 所示。切换到“位置”选项卡，将水平和垂直对齐方式均设置为“居中”，将“相对于”均设置为“页面”，如图 4-13 所示，单击“确定”按钮，关闭对话框。

（11）将光标定位到文档中，切换到“开始”选项卡，在“字体”功能组中，设置字体为“微软雅黑”，字号为“小三”，输入图 4-14 所示的文字，并调整对齐方式。

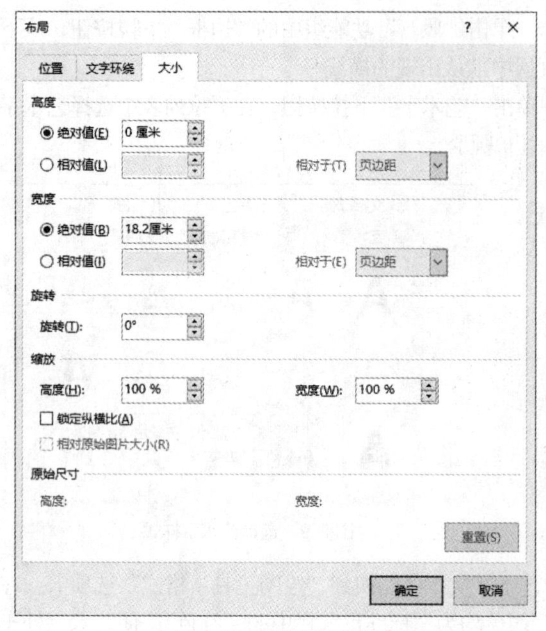

图4-12　设置“大小”

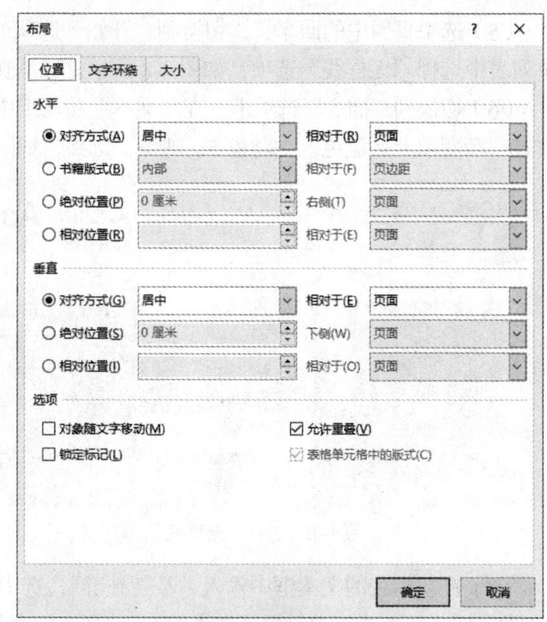

图4-13　设置“位置”

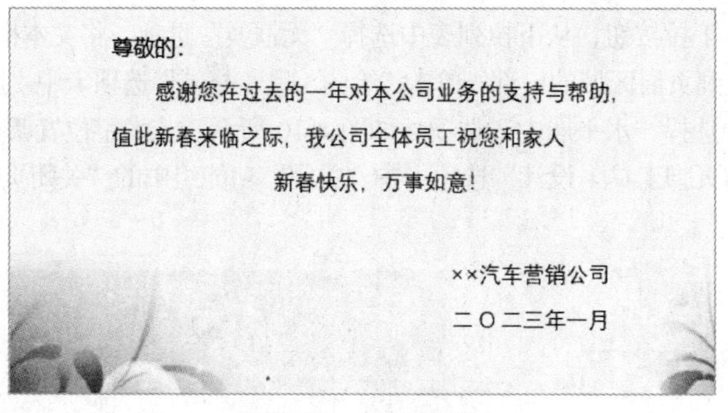

图4-14　主文档内容

（12）单击“保存”按钮，将文档以“贺卡主文档”命名并保存。

4.2.2　邮件合并

由于素材文件夹中已有工作簿文件“客户通讯录.xlsx”，此文件可作为邮件合并的数据源，所以在创建好主文档后，就可以进行邮件合并了，操作步骤如下。

（1）将光标置于文档中“尊敬的”之后，切换到“邮件”选项卡，单击“开始邮件合并”功能组中的“选择收件人”下拉按钮，在下拉列表中选择“使用现有列表”选项，如图 4-15 所示。弹出“选取数据源”对话框，找到素材文件夹中的“客户通讯录.xlsx”文件，单击“打开”按钮，如图 4-16 所示。弹出“选择表格”对话框，选中“通讯录$”，如图 4-17 所示，单击“确定”按钮，返回主文档，完成数据源的选择。

（2）单击“编写和插入域”功能组中的“插入合并域”下拉按钮，在下拉列表中选择“姓名”选项，如图 4-18 所示。然后单击“规则”下拉按钮，在下拉列表中选择“如果…那么…否则”选项，弹出“插入 Word 域：如果”对话框，在“域名”下拉列表中选择“性别”选项，在“比较条件”下拉列表中选择“等于”选项，在“比较对象”文本框中输入“男”，在“则插入此文字”文本框中输入“先生”，在“否则插入此文字”文本框中输入“女士”，如图 4-19 所示，设置完成后单击“确定”按钮。利用格式刷将插入的域文本格式设置为与正文一致。

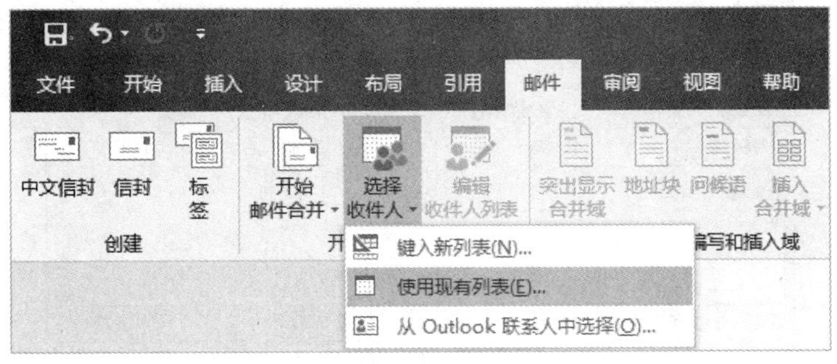

图4-15　“使用现有列表”选项

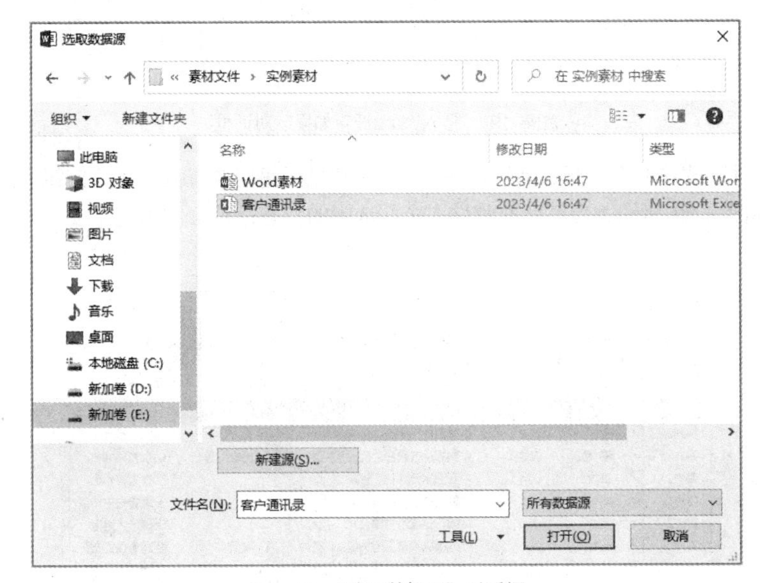

图4-16　“选取数据源”对话框

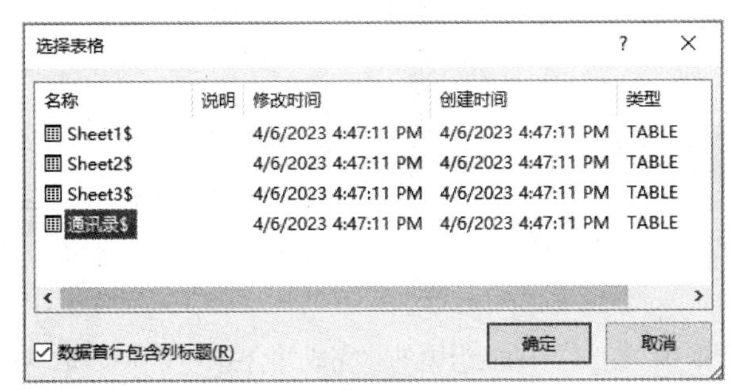

图4-17　“选择表格”对话框

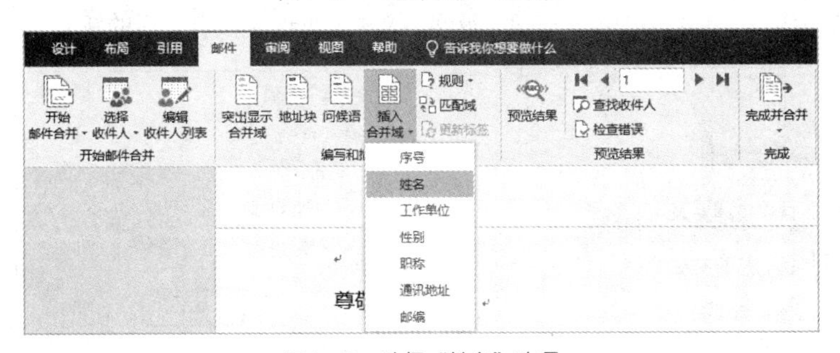

图4-18　选择“姓名”选项

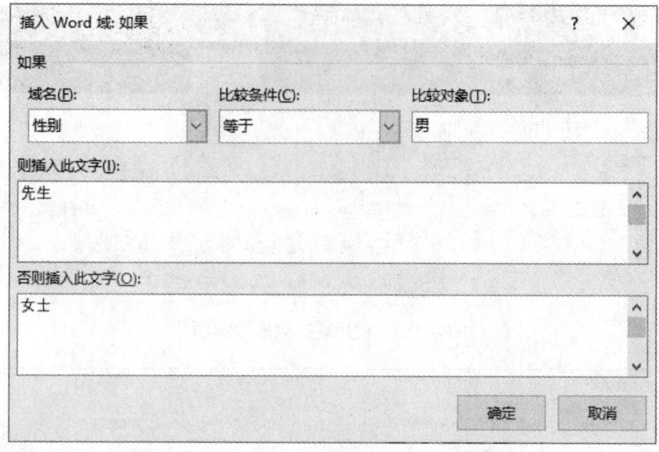

图4-19 “插入Word域：如果”对话框

（3）单击“邮件”选项卡中“开始邮件合并”功能组中的“编辑收件人列表”按钮，弹出“邮件合并收件人”对话框，如图 4-20 所示，保持所有收件人全部选中的状态，单击“确定”按钮关闭“邮件合并收件人”对话框。

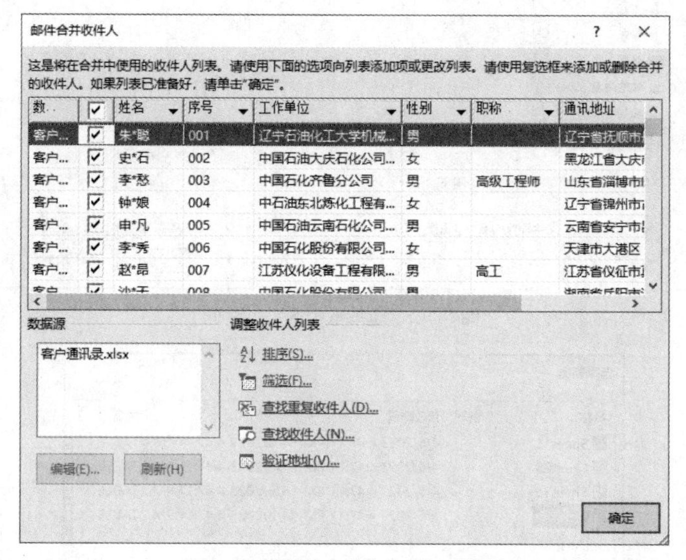

图4-20 “邮件合并收件人”对话框

（4）单击“邮件”选项卡中“完成”功能组中的“完成并合并”下拉按钮，在下拉列表中选择“编辑单个文档”选项，如图 4-21 所示。弹出“合并到新文档”对话框，如图 4-22 所示，保持“合并记录”中的“全部”单选按钮的选中状态，单击“确定”按钮，返回主文档，此时生成合并后的新文档“信函 1”。

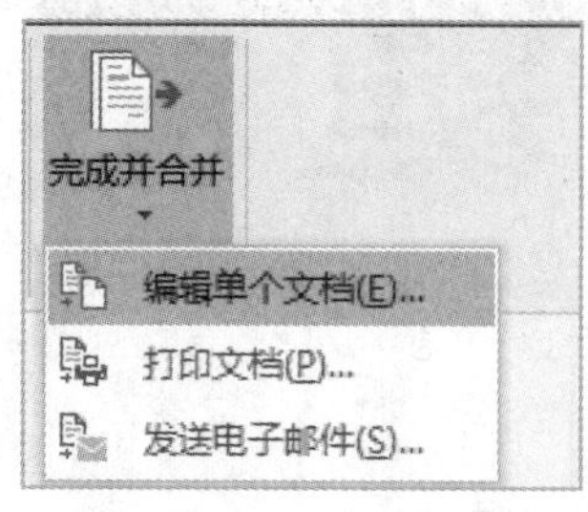

图4-21 “编辑单个文档”选项

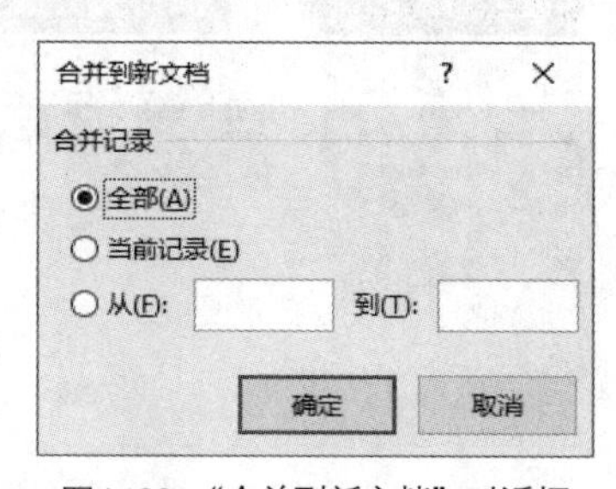

图4-22 “合并到新文档”对话框

（5）切换到“信函 1”文档中，单击“保存”按钮，弹出“另存为”对话框，设置文件的保存路径，以“贺卡”命名文件并保存。之后关闭“贺卡”和“贺卡主文档”。（小提示：邮件合并后的文档如果不能保留主文档的背景填充效果，在合并后的贺卡文档中重复 4.2.1 中的步骤（3）操作即可。）

4.2.3 制作标签

贺卡制作完成后，为了方便邮寄，可以利用 Word 中的邮件合并功能制作标签，粘贴到邮寄信封上，操作步骤如下。

（1）新建一个空白的 Word 文档，切换到“邮件”选项卡，单击“开始邮件合并”功能组中的“开始邮件合并”下拉按钮，在下拉列表中选择“标签”选项，如图 4-23 所示。弹出“标签选项”对话框，在对话框中单击“新建标签”按钮，弹出“标签详情”对话框，在对话框中设置“标签名称”为“地址”，“上边距”为“0.7 厘米”，“侧边距”为“2 厘米”，“标签高度”为“4.6 厘米”，“标签宽度”为“13 厘米”，“横标签数”为“1”，“竖标签数”为“5”，“纵向跨度”为“5.8 厘米”，在“页面大小”下拉列表中选择“A4”选项，如图 4-24 所示。设置完成后，单击“确定”按钮，返回“标签选项”对话框，此时在对话框的“产品编号”列表框中显示出了刚创建的标签“地址”，如图 4-25 所示，单击“确定”关闭对话框，返回文档中。

图4-23　“标签”选项

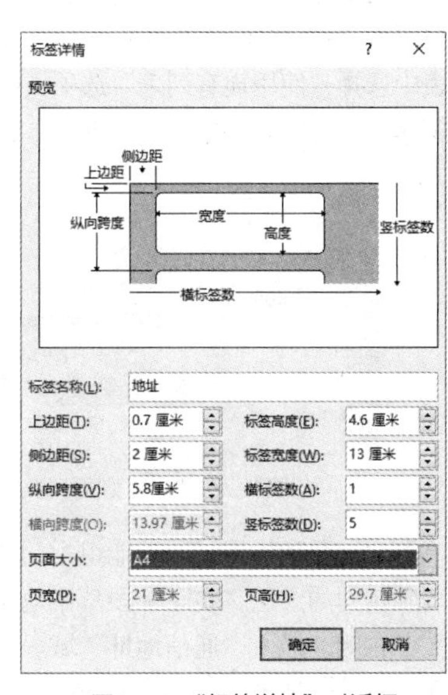

图4-24　“标签详情”对话框

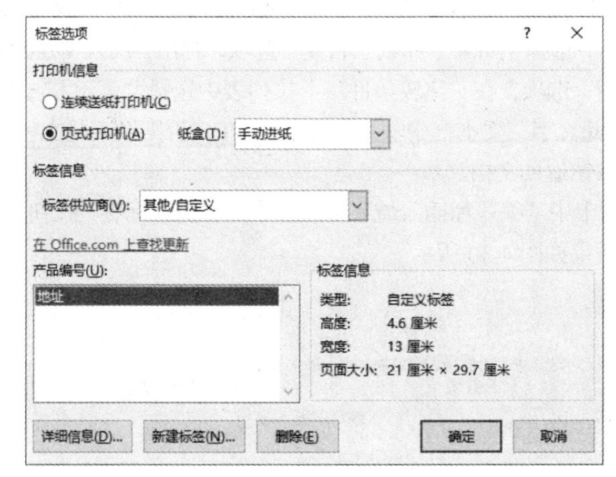

图4-25　“标签选项”对话框

（2）单击“表格工具 | 布局”选项卡中“表”功能组中的“查看网格线”按钮，如图 4-26 所示，页面中将出现标签的网格虚线。

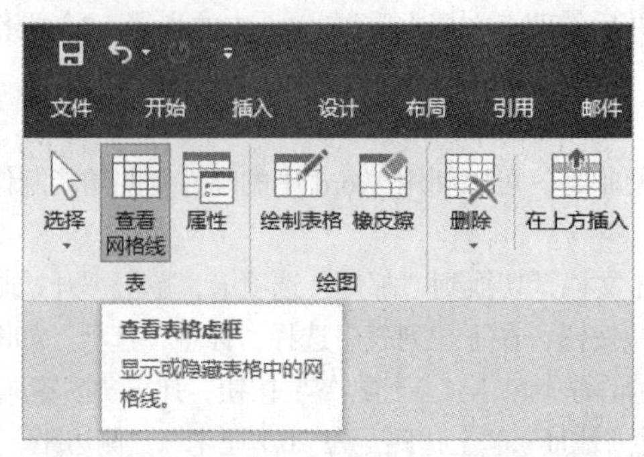

图4-26 “查看网格线”按钮

（3）将光标置于文档的第一个标签中，输入“邮政编码:”，选中文字“邮政编码:”，切换到“开始”选项卡，单击“段落”功能组中的“中文版式”下拉按钮，在下拉列表中选择“调整宽度”选项，如图 4-27 所示。弹出“调整宽度”对话框，将“新文字宽度”调整为“7 字符”，如图 4-28 所示。之后，将光标定位于“邮政编码:”后，切换到“邮件”选项卡，单击“开始邮件合并”功能组中的“选择收件人”下拉按钮，在下拉列表中选择“使用现有列表”选项，弹出“选取数据源”对话框，浏览并选取素材文件夹下的“客户通讯录.xlsx”文件，单击“打开”按钮，弹出“选择表格”对话框，选中“通讯录$”工作表，单击“确定”按钮。

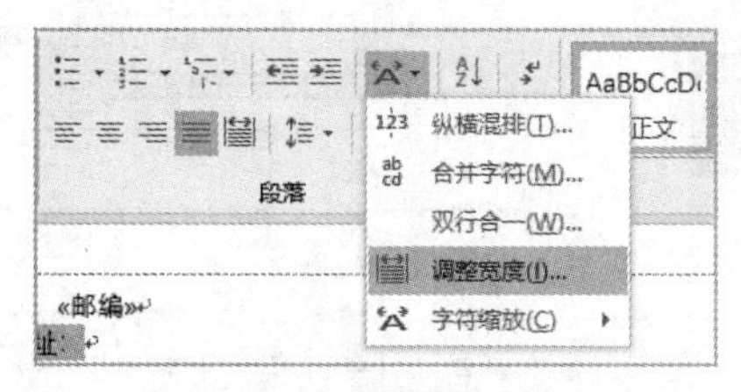

图4-27 “调整宽度”选项

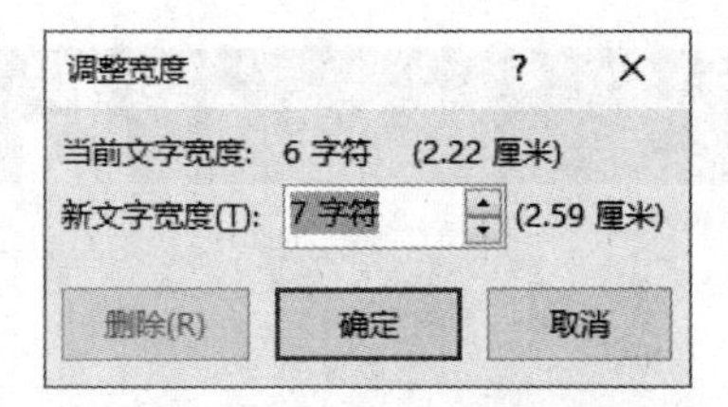

图4-28 “调整宽度”对话框

（4）单击“编写和插入域”功能组中的“插入合并域”下拉按钮，在下拉列表中选择“邮编”选项。

（5）按照相同的方法，在下一段落中输入“收件人地址:”，并调整文本宽度为“7 字符”。之后，将光标定位在文字右侧，插入“通信地址”域。

（6）在“收件人地址:”的下一段落中输入“收件人:”，调整文本“收件人”宽度为“7 字符”并在其后插入“姓名”域；将光标定位于“姓名”域后，单击“邮件”选项卡中“编写和插入域”功能组中的“规则”下拉按钮，在下拉列表中选择“如果…那么…否则”选项，弹出“插入 Word 域：如果”对话框，在“域名”下拉列表中选择“性别”选项，在“比较条件”下拉列表中选择“等于”选项，在“比较对象”文本框中输入“男”，在“则插入此文字”文本框中输入“先生”，在“否则插入此文字”文本框中输入“女士”，设置完成后单击“确定”按钮返回文档。

（7）单击“邮件”选项卡中“编写和插入域”功能组中的“更新标签”按钮，如图 4-29 所示。文档中 5 个标签均生成统一内容，效果如图 4-30 所示。

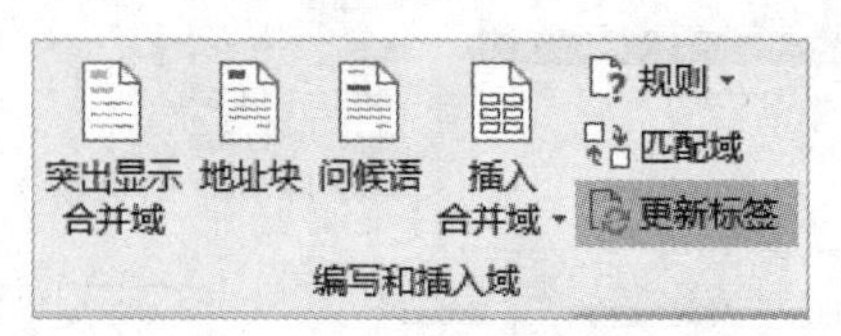

图4-29 “更新标签”按钮

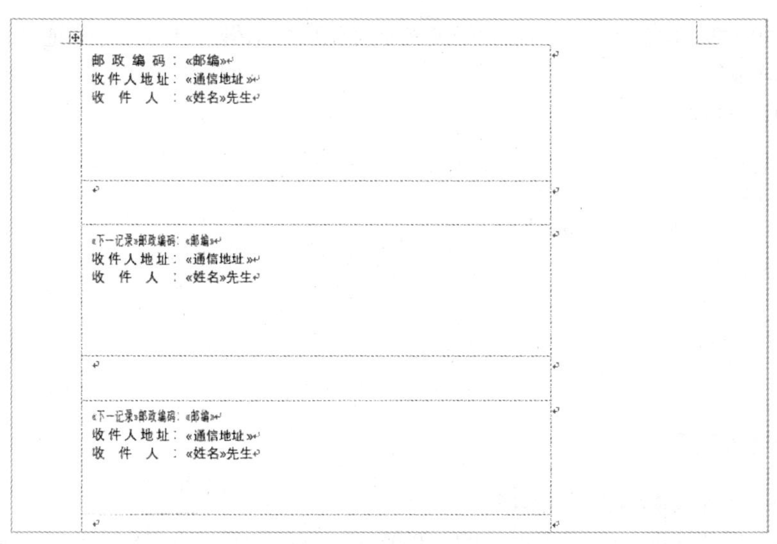

图4-30　插入域以后的标签效果图（部分）

（8）单击“邮件”选项卡中“开始邮件合并”功能组中的“编辑收件人列表”按钮，弹出“邮件合并收件人”对话框，保持默认选定项不变，单击“确定”按钮，关闭“邮件合并收件人”对话框。

（9）单击“邮件”选项卡中“完成”功能组中的“完成并合并”下拉按钮，在弹出的下拉列表中选择“编辑单个文档”选项，弹出“合并到新文档”对话框，直接单击“确定”按钮，即可生成新文件“标签 2”，如图 4-31 所示。

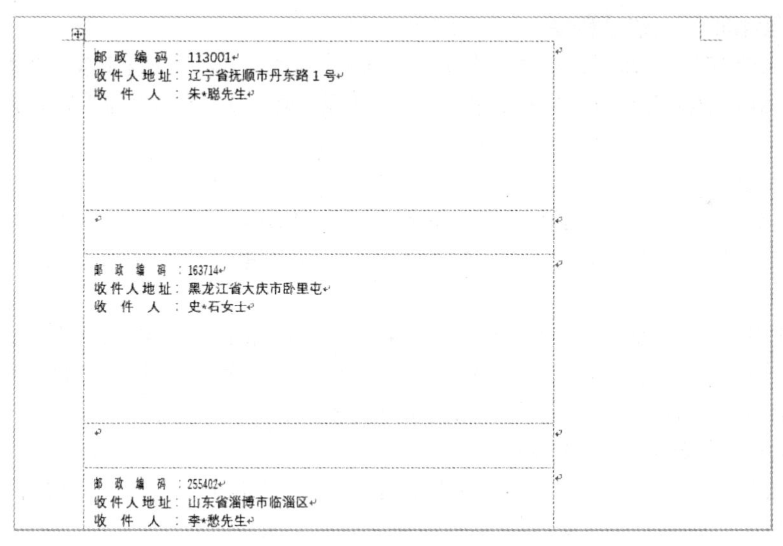

图4-31　邮件合并后效果图（部分）

（10）在“标签 2”文档中单击“保存”按钮，弹出“另存为”对话框，设置保存路径，以“贺卡标签”命名，保存文件，效果如图 4-2 所示。至此任务 4 完成。

4.3　任务小结

通过新年贺卡的制作，我们学习了 Word 2019 中页面设置、页面背景设置、页眉设置、绘制分隔线、邮件合并、创建标签等操作。

通过 Word 2019 的邮件合并功能，我们可以轻松地批量制作邀请函、贺卡、荣誉证书、录取通知书、工资单、信封、准考证等。

邮件合并的操作共 4 步。

第一步：创建主文档。

第二步：创建数据源。

第三步：在主文档中插入合并域。

第四步：执行合并操作。

4.4 经验技巧

4.4.1 录入技巧

1. 巧设 Word 启动后的默认文件夹

Word 启动后，默认打开的文件夹总是“我的文档”。通过设置，可以自定义 Word 启动后的默认文件夹。

操作步骤如下。

（1）选择“文件”→“选项”选项，打开“Word 选项”对话框。

（2）在该对话框中，选择列表中的“保存”选项后，找到“保存文档”栏中的“默认文件位置”。

（3）单击“浏览”按钮，打开“修改位置”对话框，在“查找范围”下拉列表中选择希望设置为默认文件夹的文件夹选项，并单击“确定”按钮。

（4）单击“确定”按钮，此后 Word 默认打开的文件夹就是用户自己设定的文件夹了。

2. 取消“自作聪明”的超链接

当在 Word 文档中输入网址或信箱地址的时候，Word 会自动将其转换为超链接。如果不小心在网址上按一下，就会启动 IE 进入超链接。如果不需要这样的功能，就会觉得它有些碍手碍脚了。如何取消这种功能呢？

具体操作方法如下。

（1）选择“文件”→“选项”选项，打开“Word 选项”对话框。

（2）从列表中选择“校对”选项后，在“自动更正选项”栏中单击“自动更正选项”按钮，打开“自动更正”对话框。

（3）切换到“键入时自动套用格式”选项卡，取消勾选“Internet 及网络路径替换为超链接”复选框；再切换到“自动套用格式”选项卡，取消勾选“Internet 及网络路径替换为超链接”复选框；然后单击“确定”按钮，以后再输入网址或信箱地址时，就不会转变为超链接了。

3. 清除 Word 文档中多余的空行

如果 Word 文档中有很多空行，人工逐个删除太累，有没有较便捷的方式呢？可以用 Word 自带的替换功能来进行处理。

在 Word 中，选择“开始”→“编辑”→“替换”选项，在弹出的“查找和替换”窗口中，单击“替换”选项卡，单击“更多”按钮，将光标移动到“查找内容”文本框，然后单击“特殊字符”下拉按钮，选取“段落标记”，这时会看到“^p”出现在文本框内，在其后输入一个“^p”，在“替换为”文本框中输入“^p”，即用“^p”替换“^p^p”，然后单击“全部替换”按钮，若还有空行则反复单击“全部替换”按钮，多余的空行就不见了。

4. <Shift>键在文档编辑中的妙用

（1）<Shift+Delete>组合键=剪切。选中一段文字后，按<Shift+Delete>组合键就相当于执行剪切命令，所选的文字会被直接复制到剪贴板中，非常方便。

（2）<Shift+Insert>组合键=粘贴。这条命令正好与上一个剪切命令相对应，按<Shift+Insert>组合键就相当于执行粘贴命令，保存在剪贴板里的最新内容会被直接复制到当前光标处，与上面的剪切命令配合，可以大大提高文章的编辑效率。

（3）<Shift>键+鼠标=准确选择大段文字。有时可能经常要选择大段的文字，通常的方法是直接使用鼠标拖动选取，但这种方法一般只适用于小段文字。如果想选取一些跨页的大段文字的话，经常会出现鼠标指针走过头的情况，尤其是新手，很难把握鼠标指针行进的速度。只要先用鼠标左键在要选择文段的开头单击一下，然后按住<Shift>键，单击要选取文段的末尾，两次单击位置之间的所有文字就会马上被选中。

4.4.2　编辑技巧

1. 让页号从“1”开始

在用 Word 2019 软件排版时，对于既有封面又有“页码”的文档，一般会在“页面设置”对话框中选择“版式”选项卡中的“首页不同”选项，以保证封面不会打印上“页码”。但是有一个问题：在默认情况下，“页码”是从“2”开始显示的。怎样才能让“页码”从“1”开始显示呢?

方法很简单，在“页眉和页脚”功能组中单击“设置页码格式”按钮，在“页码格式”对话框中将“起始页码”设为“0”即可。

2. 去除页眉的横线方法两则

在页眉插入信息的时候经常会在下面出现一条横线，如果这条横线影响视觉效果，可以采用下述两种方法去掉。

方法一：选中页眉的内容后，单击“开始”→“段落”→“边框”→“边框和底纹”按钮，打开“边框和底纹”对话框，将边框选项设为“无”，在“应用于”下拉列表中选择“段落”选项，单击“确定”按钮。

方法二：当设定好页眉的文字后，切换到“开始”选项卡，在“样式”功能组中，鼠标点击右下角的“样式扩展”按钮，弹出“样式”对话框，在“样式”下拉列表中，把样式改为“正文”“页脚”或“全部清除”即可。

4.5　拓展训练

刘丽是某公司人事部职员，她的主要工作是人员招聘及档案管理等。年中的时候，公司因扩大销售规模，面试了大批应聘销售职务的人员，公司经过讨论后决定，给达到要求的人员发一个录用通知书，通知他们于 2023 年 6 月 15 日上午 10 点到公司报到，所有录用人员的试用期为 3 个月，试用期工资为 3000 元/月。被录用的人员名单保存在名为“录用者.xlsx”的 Excel 文件中，公司联系电话为 010-888****6。录用通知书效果如图 4-32 所示。

根据上述内容设计录用通知书，具体要求如下。

（1）调整文档版面，要求纸张大小为“B5（JIS）”，页边距（上、下）为 3 厘米，页边距（左、右）为 2.5 厘米。

（2）在文档页眉的右上角插入“习题”文件夹下的图片“商标.jpg”，设置图片样式，适当调整图片大小及位置，并在页眉中添加联系电话。

（3）根据效果图，输入录用通知内容文字并调整其格式，具体要求：第一行设置为标题格式，第二行设置为副标题格式，添加部分文字的下划线。

（4）设置“二、携带资料：”下的 5 行文字自动添加序号。

（5）根据页面布局需要，设置适当的正文段落的缩进、行间距和对齐方式，并设置文档底部的“北京新潮网络服务有限公司”的段前间距。

（6）运用邮件合并功能制作内容相同、收件人不同的录用通知，且每个人的称呼（先生或女士）、试用期和试用薪资也随之变更（所有相关数据都保存在“录用者.xlsx”中），要求先将合并主文档以“录用通知1.docx”为文件名进行保存，再在效果预览后生成可以单独编辑的单个文档“录用通知2.docx”。

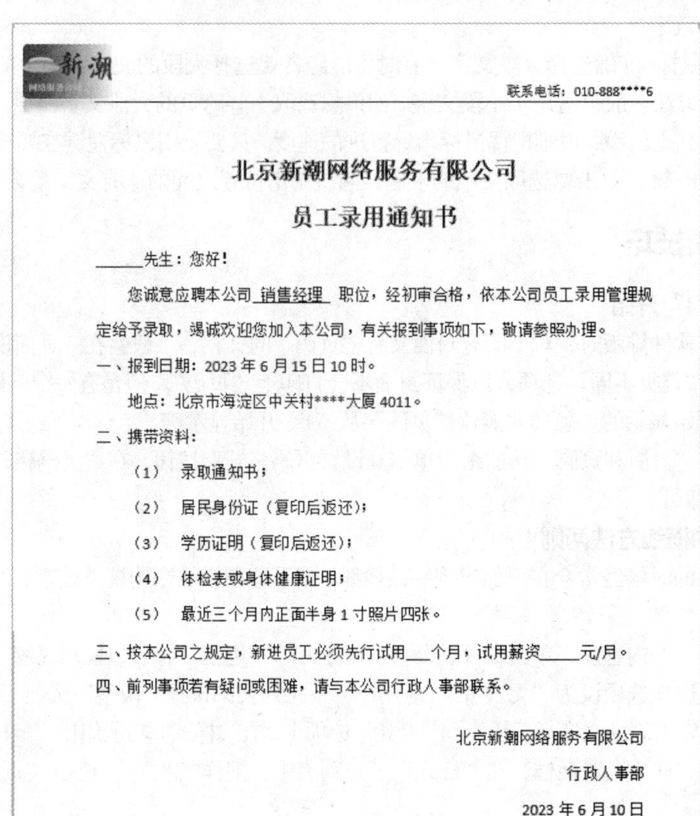

新潮 网络服务公司

联系电话：010-888****6

北京新潮网络服务有限公司

员工录用通知书

______先生：您好！

您诚意应聘本公司 销售经理 职位，经初审合格，依本公司员工录用管理规定给予录取，竭诚欢迎您加入本公司，有关报到事项如下，敬请参照办理。

一、报到日期：2023 年 6 月 15 日 10 时。

地点：北京市海淀区中关村****大厦 4011。

二、携带资料：

（1） 录取通知书；

（2） 居民身份证（复印后返还）；

（3） 学历证明（复印后返还）；

（4） 体检表或身体健康证明；

（5） 最近三个月内正面半身 1 寸照片四张。

三、按本公司之规定，新进员工必须先行试用___个月，试用薪资_____元/月。

四、前列事项若有疑问或困难，请与本公司行政人事部联系。

北京新潮网络服务有限公司

行政人事部

2023 年 6 月 10 日

图4-32 员工录用通知书效果图

任务 5

编辑与排版期刊文章

5.1 任务简介

下面展示任务的要求与效果，分析任务完成的学习目标。

5.1.1 任务需求与效果展示

李红是一家学术期刊杂志社编辑。由于工作需要，她不仅需要搜集稿件，还需要对稿件进行修改、美化。今天她收到一篇期刊文章，她需要按照排版要求对文章进行编辑。具体要求如下。

（1）修改文档的纸张大小为“B5”，纸张方向为“横向”，上、下页边距为“2.5cm”，左、右页边距为“2.3cm”，页眉和页脚距离边界皆为“1.6cm”。

（2）为文档插入“花丝”封面。将文档开头的标题文本“传统墨竹画源流析”移动到封面“标题”占位符中，调整标题文本字体为“华文行楷”，字号为“初号”，加粗；将作者称谓“刘教授”移动到封面“副标题”占位符中，适当调整它们的字体和字号，并删除其他占位符。

（3）删除文档中的所有全角空格。

（4）将文档中 4 个字体颜色为蓝色的段落设置为“标题 1”样式，两个字体颜色为绿色的段落设置为“标题 2”样式，并按照以下要求修改“标题 1”和“标题 2”样式的格式。

① 标题 1 样式。字体格式：方正姚体、小三号、加粗，颜色为“白色，背景 1”。段落格式：段前段后间距为 0.5 行，1.5 倍行距，左对齐，并与下段同页。底纹：应用于标题所在段落，颜色为“紫色”。

② 标题 2 样式。字体格式：方正姚体、四号、颜色为“培安紫，着色 4，深色 25%”。段落格式：段前段后间距为 0.5 行，单倍行距，左对齐，并与下段同页。边框：对标题所在段落应用下框线，宽度为 0.5 磅，颜色为“紫色”，且距正文的间距为 3 磅。

（5）新建“图片”样式，应用于文档正文中的 8 张图片，并修改样式为居中对齐和与下段同页，修改图片正文的注释文字，将手动的标签和编号“图 1”到“图 8”替换为可以自动编号和更新的题注，并设置所有题注内容格式为居中对齐，小四号字，中文字体为黑体，西文字体为 Arial，段前、段后间距为 0.5 行；修改标题和题注以外的所有正文文字的段前和段后间距为 0.5 行、首行缩进 2 字符。

（6）将正文中使用黄色突出显示的文本“图 1”到“图 8”替换为可自动更新的交叉引用，引用类型为图片下方的题注，只引用标签和编号。

（7）在文档除了首页外的其余页页脚正中央添加页码，正文页码自 1 开始，格式为“Ⅰ,Ⅱ,Ⅲ,…”。

（8）为文档添加自定义属性，名称为“类别”，类型为“文本”，取值为“科普”。

经过技术分析，李红使用Word 2019按要求完成了期刊文章的排版，效果如图5-1所示。

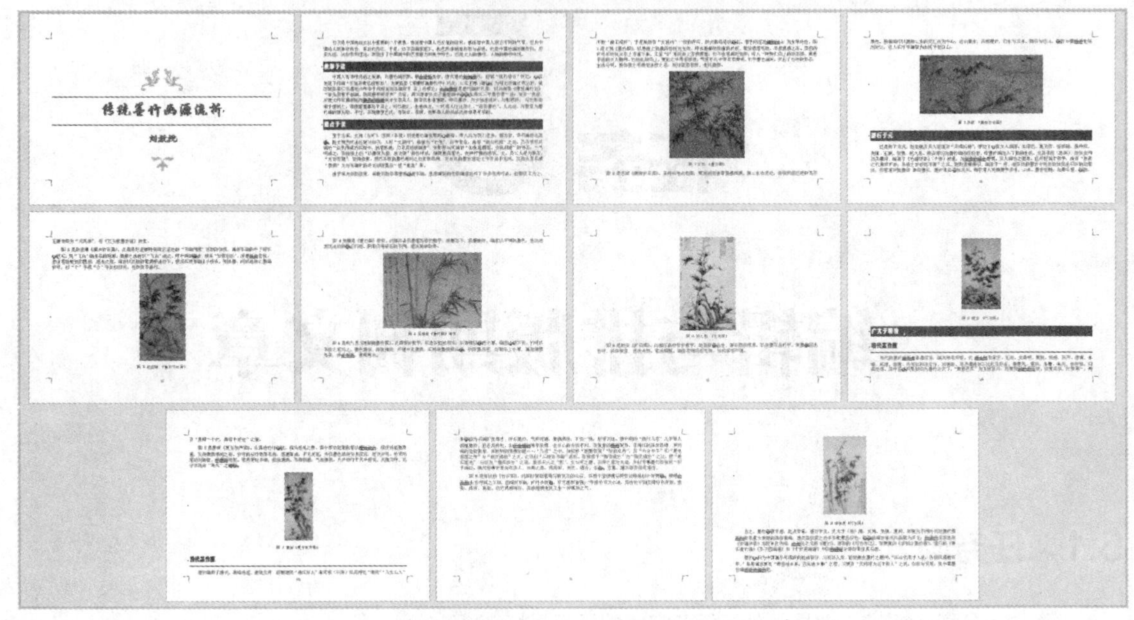

图5-1　文章排版完成后效果图（部分）

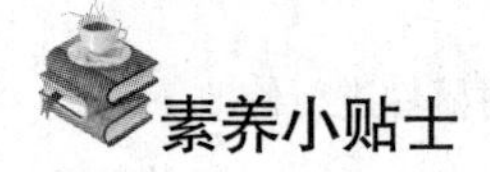

素养小贴士

认识中国水墨画

水墨画是由水和墨调配成不同深浅的墨色所画出的画，是绘画的一种形式。水墨画被视为中国传统绘画，是国画的代表，也就是狭义的“国画”。水墨画体现了中国的水墨精神，既有写意精神，也有生命精神。中国的水墨气象，既有自然气象，也有人文气象。

5.1.2　任务目标

知识目标：

➢ 了解长文档的格式要求；
➢ 了解交叉引用、分页符的作用。

技能目标：

➢ 掌握样式的修改；
➢ 掌握样式的应用；
➢ 掌握题注的添加与交叉引用的方法；
➢ 掌握页眉、页脚的设置；
➢ 掌握分节符的使用；
➢ 掌握目录的生成。

素养目标：

➢ 培养科学严谨的态度；
➢ 培养团队意识和团队协作精神；
➢ 通过撰写编辑与排版毕业设计，提高书面表达能力。

5.2　任务实现

期刊文章这类长文档的编辑、排版是比较复杂的文字应用。要实现任务的效果，需要对文档进行一系列设置。

5.2.1　页面设置

在对文章进行排版之前，首先应进行页面设置，通过设置页面我们可以直观地看到页面中的内容和排版是否适宜，避免事后修改。本任务中要求修改文档的纸张大小为“B5”，纸张方向为“横向”，上、下页边距为“2.5cm”，左、右页边距为“2.3cm”，页眉和页脚距离边界皆为“1.6cm”。页面设置的具体操作如下。

（1）打开素材文件夹中的“传统墨竹画源流析.docx”，切换到“布局”选项卡，单击“纸张大小”下拉按钮，在下拉列表中选择“B5（JIS）”选项，如图 5-2 所示。

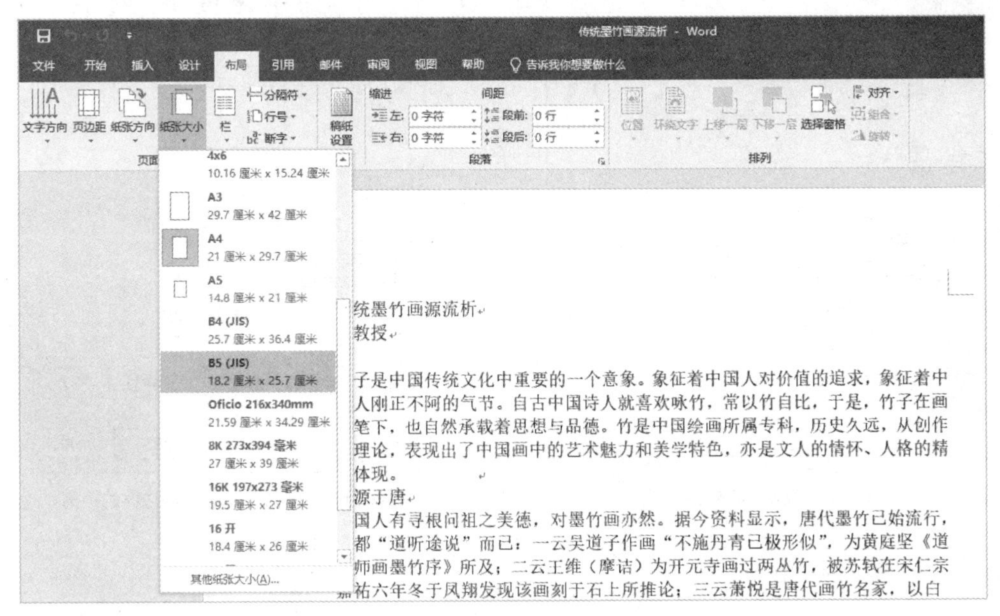

图5–2　设置“纸张大小”

（2）在“布局”选项卡中，单击“纸张方向”下拉按钮，在下拉列表中选择“横向”选项，如图 5-3 所示。

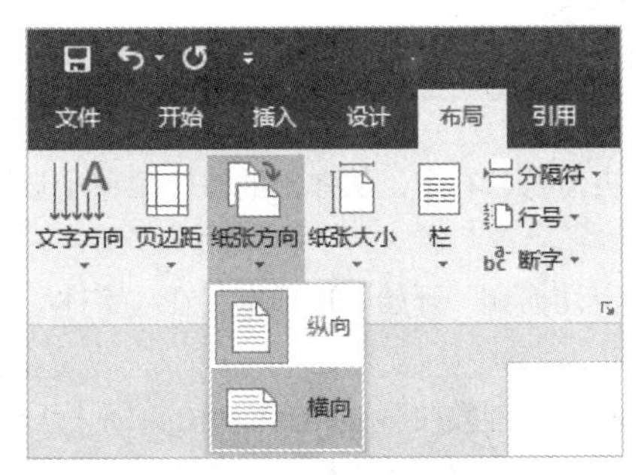

图5–3　设置“纸张方向”

（3）单击“页面设置”功能组右下角的对话框启动器按钮，打开“页面设置”对话框，切换到“页边距”选项卡，将“页边距”栏中“上”“下”的值均设置为“2.5 厘米”，“左”“右”的值均设置为“2.3 厘米”，如图 5-4 所示。切换到“版式”选项卡，在“页眉和页脚”栏中将“距边界”的“页眉”“页脚”的值均设置为“1.6 厘米”，如图 5-5 所示。单击“确定”按钮，关闭“页面设置”对话框，完成文档的页面设置。

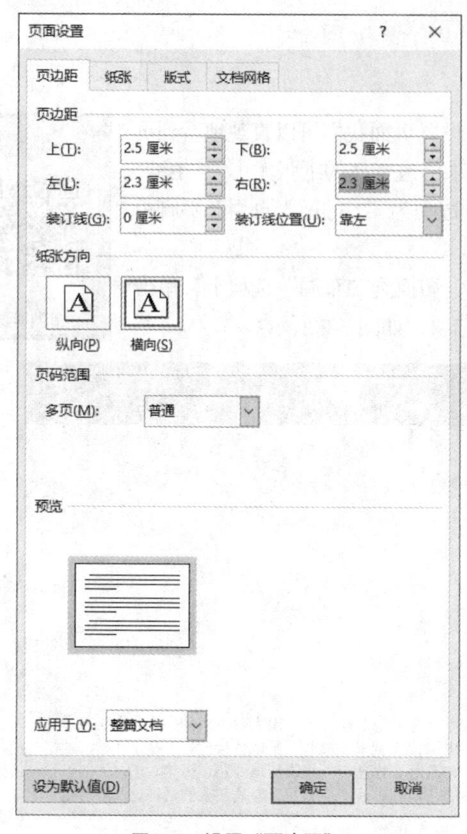

图5–4　设置“页边距”

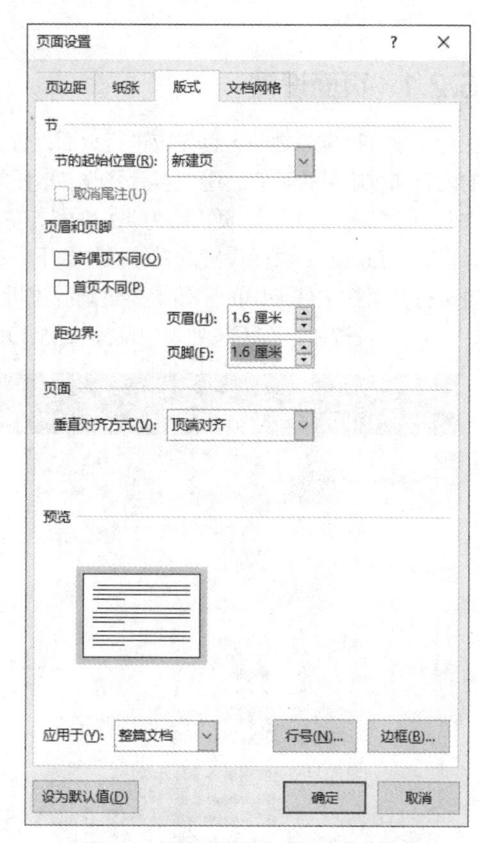

图5–5　设置页眉和页脚距边界的距离

5.2.2　插入封面

任务要求为文档设置“花丝”封面，此类型的封面为 Word 中内置的封面，可以直接通过“插入”选项卡实现。具体操作步骤如下。

微课 5-2
插入封面

（1）将光标定位到文档的开头，切换到“插入”选项卡，单击“封面”下拉按钮，在下拉列表中选择“花丝”选项，如图 5-6 所示。

（2）选择文档开头的标题文本“传统墨竹画源流析”，右击选中的文本，从弹出的快捷菜单中选择“剪切”选项。

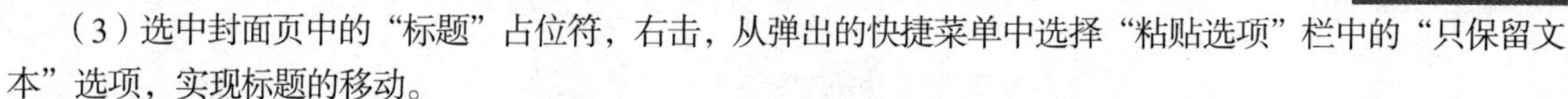

（3）选中封面页中的“标题”占位符，右击，从弹出的快捷菜单中选择“粘贴选项”栏中的“只保留文本”选项，实现标题的移动。

（4）使标题文本处于选中状态，切换到“开始”选项卡，在“字体”功能组中设置文本的字体为“华文行楷”，字号为“初号”，加粗。

（5）使用同样的方法，将作者称谓“刘教授”移到封面页的“副标题”占位符中，并在“开始”选项卡中设置副标题文本的字体为“华文楷体”，字号为“小一”，加粗。

（6）选中“日期”“公司名称”“公司地址”所在的占位符，按<Delete>键删除。封面制作完成后的效果如图 5-7 所示。

图5-6　选择“花丝”封面

图5-7　封面完成后的效果

5.2.3　应用与修改样式

样式就是已经命名的字符和段落格式，它规定了文档中标题、正文等各个文本元素的格式。为了使整个文档具有相对统一的风格，同级的标题应该具有相同的样式。

Word 中提供了多种内置样式，但不完全符合本任务中的要求，需要修改内置样式以满足格式要求。在应用样式前先按要求将文档中所有的全角空格删除，具体操作步骤如下。

（1）将光标置于文档的第 2 页，切换到“开始”选项卡，单击“编辑”功能组中的“替换”按钮，如图 5-8 所示，打开“查找和替换”对话框，如图 5-9 所示。

图5-8 单击“替换”按钮

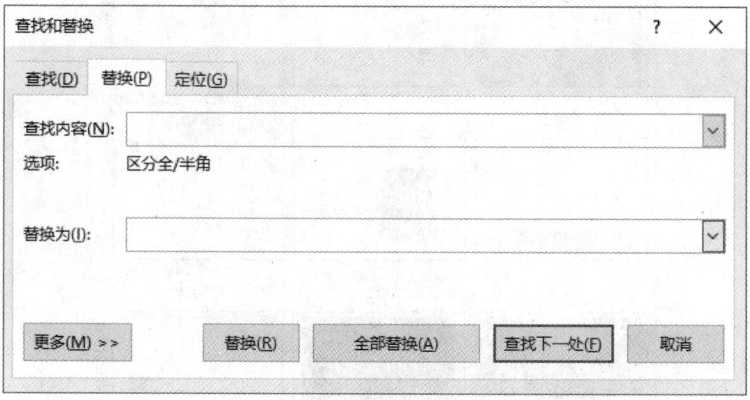

查找和替换

查找(D) 替换(P) 定位(G)

查找内容(N):

选项: 区分全/半角

替换为(I):

更多(M) >> 替换(R) 全部替换(A) 查找下一处(F) 取消

图5-9 “查找和替换”对话框

（2）在“查找内容”文本框中输入全角空格，“替换为”文本框中不输入任何内容。单击“全部替换”按钮，弹出替换提示框，显示已完成 36 处替换，如图 5-10 所示。单击“确定”按钮，完成全角空格的删除。

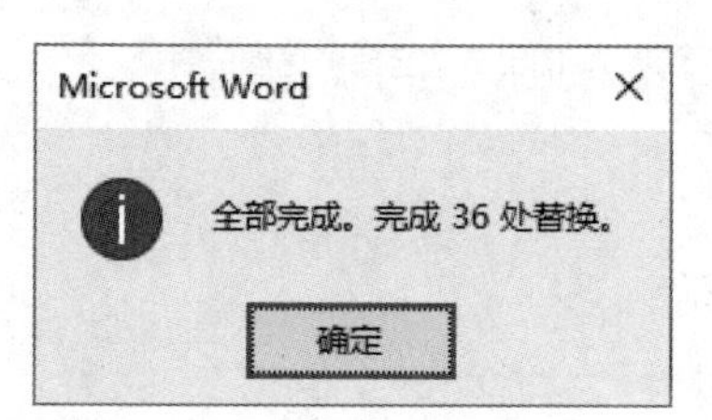

图5-10 替换提示框

删除全角空格后即可对文档进行应用与修改样式的操作，具体操作步骤如下。

（1）将光标定位于文档第一处蓝色文本（萌源于唐）段落之中，切换到“开始”选项卡，在“样式”功能组中选择“标题 1”选项，如图 5-11 所示，此时光标所在的文本段落应用了“标题 1”样式。

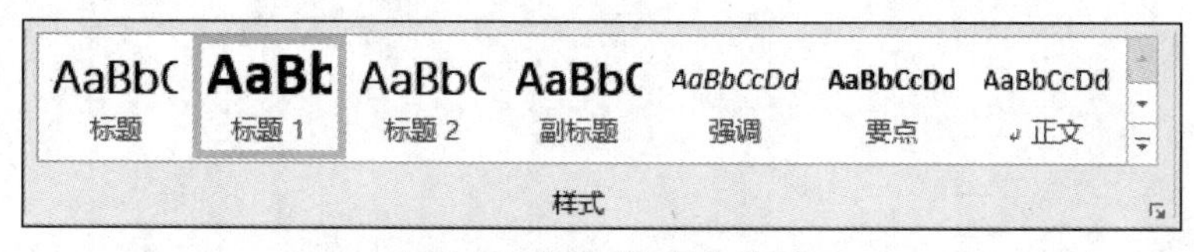

图5-11 选择“标题1”选项

（2）右击“标题 1”选项，在弹出的快捷菜单中选择“修改样式”选项，弹出“修改样式”对话框，如图 5-12 所示，单击“格式”下拉按钮，从下拉列表中选择“字体”选项，打开“字体”对话框。切换到“字体”选项卡，设置字体为“方正姚体”，字号为“小三”，字形为“加粗”，字体颜色为“白色，背景 1”，如图 5-13 所示。单击“确定”按钮，返回“修改样式”对话框。

（3）再次单击“格式”下拉按钮，在下拉列表中选择“段落”选项，打开“段落”对话框，在“常规”栏中设置“对齐方式”为“左对齐”，设置“间距”栏中“段前”“段后”的值为“0.5 行”，设置“行距”为“1.5 倍行距”，如图 5-14 所示。切换到“换行和分页”选项卡，勾选“与下段同页”复选框，单击“确定”按钮，关闭“段落”对话框，返回到“修改样式”对话框。

（4）再次单击“格式”下拉按钮，在下拉列表中选择“边框”选项，打开“边框和底纹”对话框，切换到“底纹”选项卡，在“填充”下拉列表中选择“标准色”栏中的“紫色”选项。如图 5-15 所示。单击“确定”按钮，返回到“修改样式”对话框。再单击“确定”按钮，关闭“修改样式”对话框，返回文档中，完成“标题 1”样式的修改，效果如图 5-16 所示。

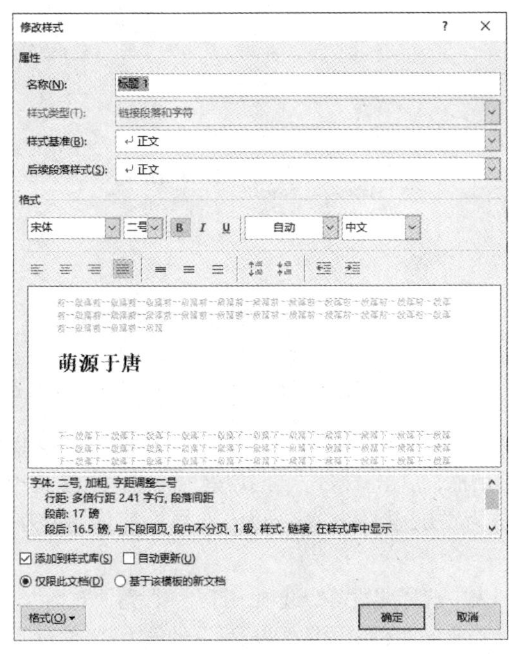

图5-12　“修改样式”对话框

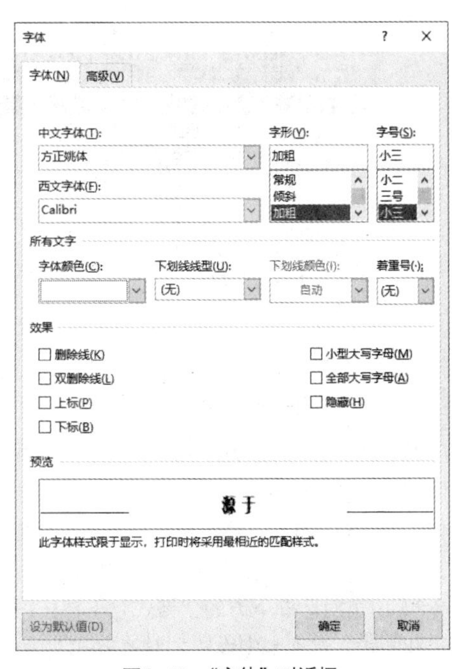

图5-13　“字体”对话框

图5-14　“段落”对话框

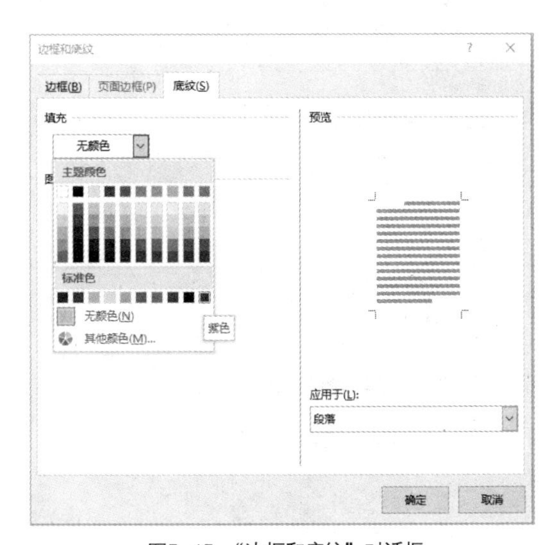

图5-15　“边框和底纹”对话框

（5）将光标定位于文档中的第二处蓝色文本（起点于宋）中，切换到“开始”选项卡，单击“编辑”功能组中的“选择”下拉按钮，从下拉列表中选择“选定所有格式类似的文本（无数据）”选项，如图 5-17 所示，此时文中所有的蓝色文本均被选中。

（6）选择“样式”功能组中的“标题 1”选项，即可快速实现样式的应用。

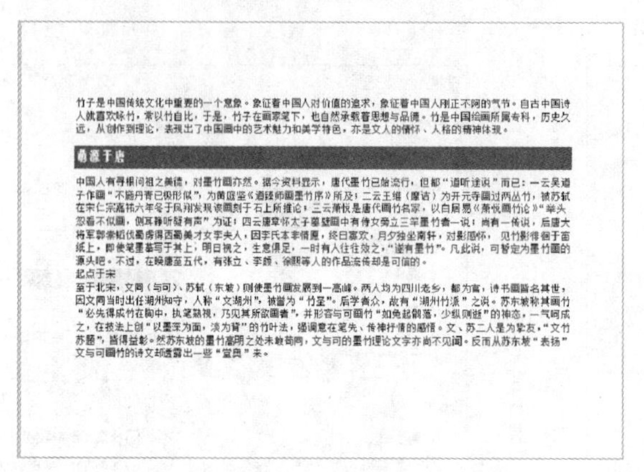

图5-16　“标题1”样式修改完成后效果

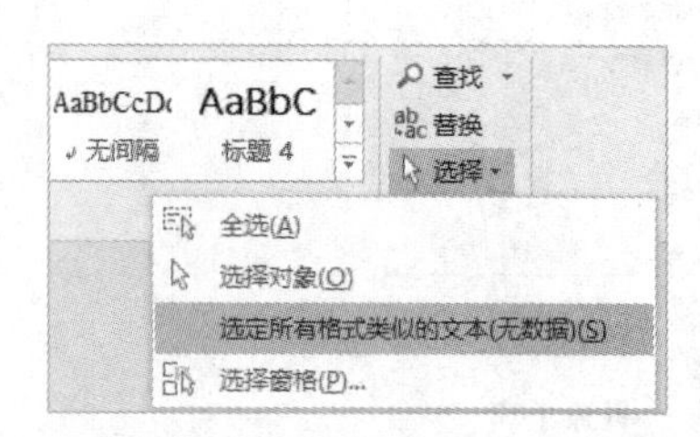

图5-17　“选定所有格式类似的文本（无数据）”选项

（7）使用同样的方法，选中文档中所有绿色文本，为其应用“标题 2”样式。右击“标题 2”选项，在快捷菜单中选择“修改样式”选项，弹出“修改样式”对话框，单击“格式”下拉按钮，选择下拉列表中的“字体”选项，打开“字体”对话框，在对话框中设置字体为“方正姚体”，字号为“四号”，字体颜色为“紫色”，单击“确定”按钮返回“修改样式”对话框。

（8）单击对话框下方的“格式”下拉按钮，在下拉列表中选择“段落”选项，打开“段落”对话框，在“缩进和间距”选项卡中设置“对齐方式”为“左对齐”，设置间距栏“段前”“段后”的值为“0.5 行”，切换到“换行和分页”选项卡，勾选“与下段同页”复选框。设置完成后，单击“确定”按钮，返回“修改样式”对话框。

（9）再次单击“格式”下拉按钮，在下拉列表中选择“边框”选项，打开“边框和底纹”对话框，切换到“边框”选项卡，选择“设置”栏中的“自定义”选项，保持“样式”列表框中的“单实线”不变，将颜色设置为“紫色”，宽度设置为“0.5 磅”，单击“预览”中的“下边框”，如图 5-18 所示。单击“选项”按钮，打开“边框和底纹选项”对话框，将“下”的值设置为“3 磅”，如图 5-19 所示。单击 3 次“确定”按钮，返回文档中，完成“标题 2”样式的修改，效果如图 5-20 所示。

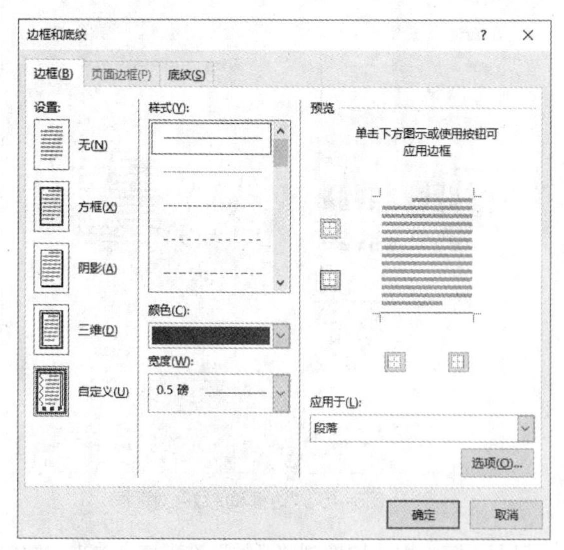

图5-18　“边框和底纹”对话框

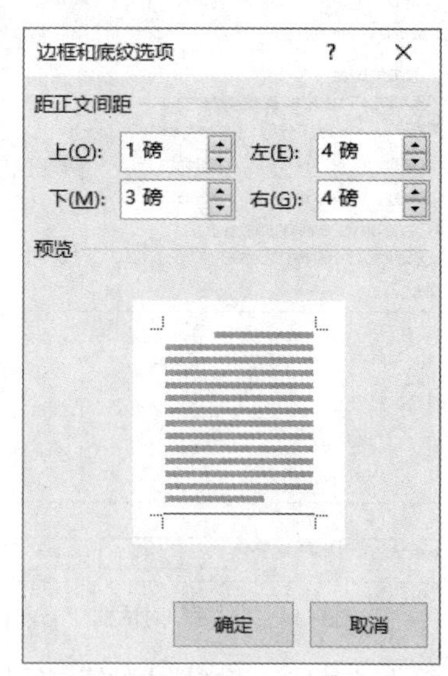

图5-19　“边框和底纹选项”对话框

广大于明清

明代墨竹画

明代的墨竹画基本承袭前贤，画风稍有突破。代表人物有宋克、王绂、文徵明、夏昶、姚绶、陈芹、唐寅、朱端、陈淳、徐渭、孙克弘和项元汴、项德新、项圣谟祖孙三代以及赵备、詹景凤、詹和、朱鹭、朱完、杨所修、归昌世

图5-20　“标题2”样式修改完成后效果

5.2.4　新建图片样式

本文档中有多张图片，为了使图片具有统一的格式，可以使用样式功能进行设置。操作步骤如下。

（1）选中文档中的第 1 张图片对象，切换到“开始”选项卡，单击“样式”功能组右下角的对话框启动器按钮，打开“样式”窗格。单击窗格左下角的“新建样式”按钮，如图 5-21 所示，打开“根据格式化创建新样式”对话框。

（2）在“属性”栏中，在“名称”文本框中输入新样式的名称“图片”，如图 5-22 所示。

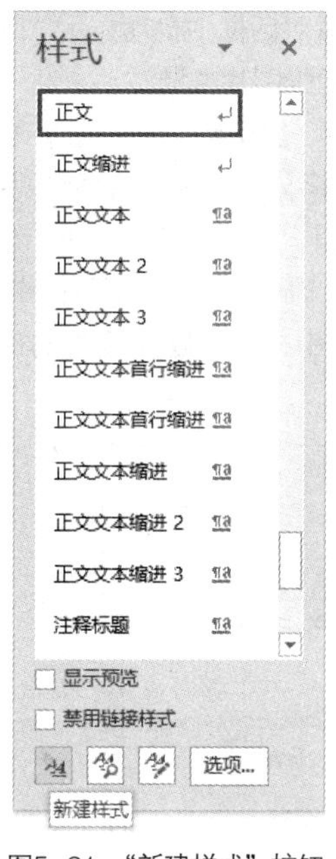

图5-21　“新建样式”按钮

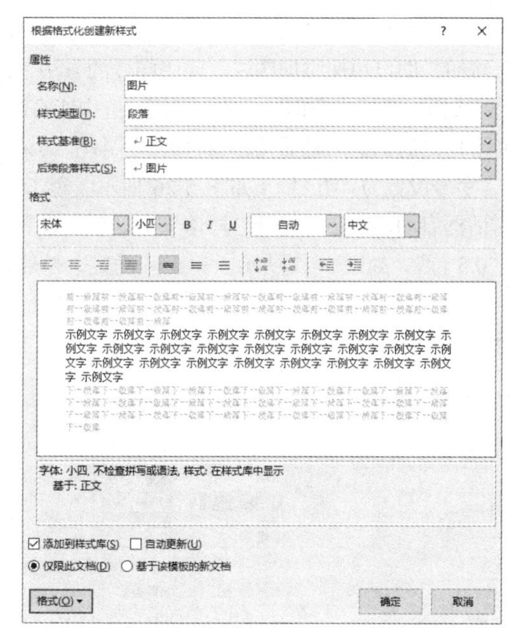

图5-22　“根据格式化创建新样式”对话框

（3）单击“格式”下拉按钮，在下拉列表中选择“段落”选项，打开“段落”对话框，在“缩进和间距”选项卡中设置对齐方式为“居中”，切换到“换行和分页”选项卡，勾选“与下段同页”复选框，单击“确定”按钮，返回文档中，完成“图片”样式的创建。

（4）为文档中的图片 2 至图片 8 应用新建的“图片”样式。

（5）删除图片 1 下方的“图 1”文本，切换到“引用”选项卡，单击“题注”功能组中的“插入题注”按钮，如图 5-23 所示，打开“题注”对话框，单击“新建标签”按钮，如图 5-24 所示。打开“新建标签”对话框，在“标签”文本框中输入“图”，如图 5-25 所示。

（6）单击“确定”按钮，返回“题注”对话框，此时“题注”文本框中自动出现“图 1”，单击“确定”按钮，返回文档中，完成题注的插入。

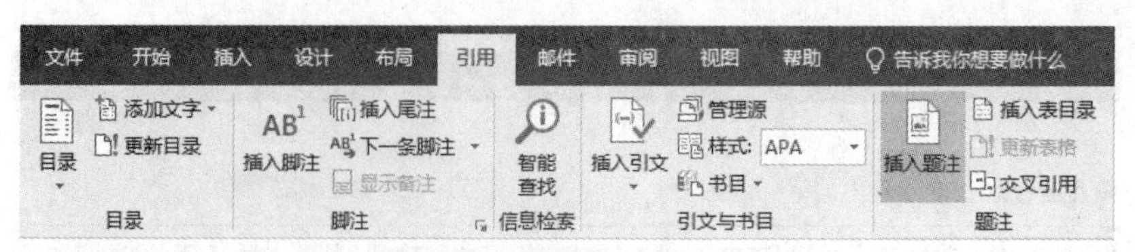

图5-23 “插入题注”按钮

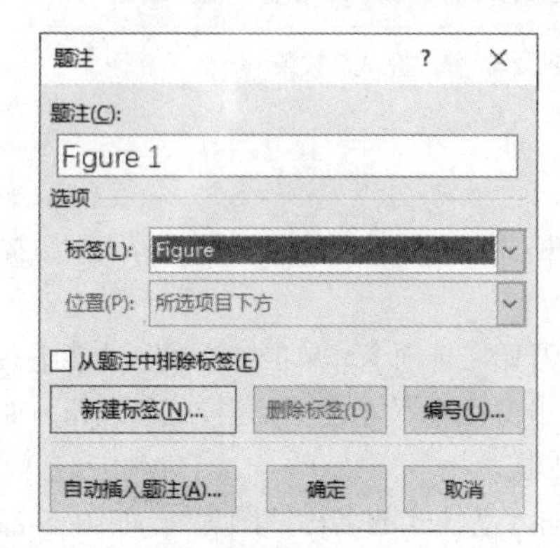

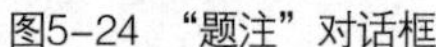
图5-24 “题注”对话框

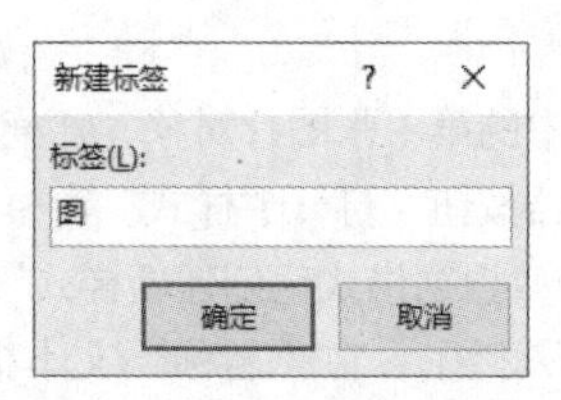

图5-25 “新建标签”对话框

（7）删除图片 2 下方的文字“图 2”，再次打开“题注”对话框，此时对话框中自动显示“图 2”的题注，单击“确定”按钮，即可快速添加题注。使用同样的方法，设置第 3～8 张图片的题注。

（8）利用“选择所有格式类似的文本”功能，选中所有题注文本段落，切换到“开始”选项卡，单击“字体”功能组右下角的对话框启动器按钮，打开“字体”对话框，将中文字体设置为“宋体”，将西文字体设置为“Arial”，字号设置为“五号”，如图 5-26 所示。单击“确定”按钮，返回文档中。单击“段落”功能组右下角的对话框启动器按钮，打开“段落”对话框，设置对齐方式为“居中”，“间距”栏中“段前”“段后”的值为“0.5 行”，如图 5-27 所示。单击“确定”按钮，返回文档中，完成题注段落的格式设置，如图 5-28 所示。

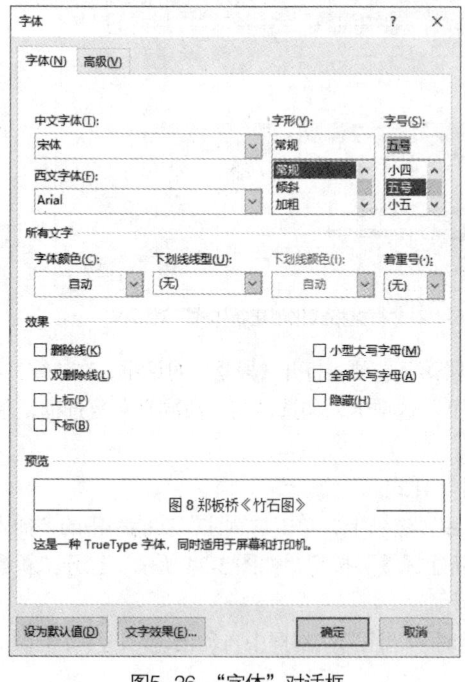

图5-26 “字体”对话框

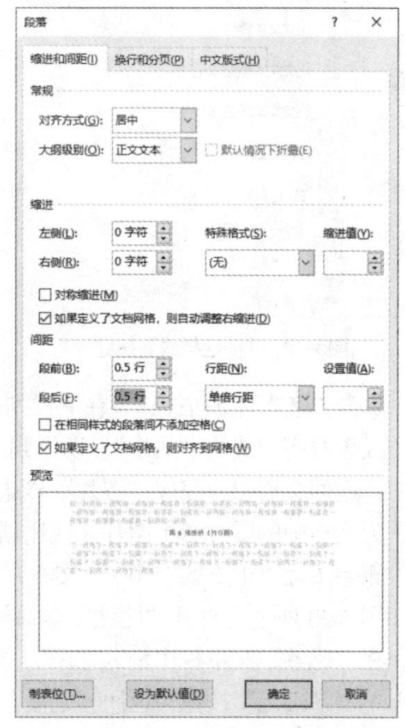

图5-27 “段落”对话框

图5-28 “题注”格式设置完成后效果图

（9）选择除标题与题注以外的正文文本，打开“段落”对话框，设置“间距”栏“段前”“段后”的值为“0.5 行”，设置“特殊格式”为“首行缩进”，“缩进值”为“2 字符”。单击“确定”按钮，关闭所有对话框，完成正文样式的修改。

5.2.5 交叉引用

交叉引用就是在文档的一个位置引用文档另一个位置的内容，类似于超链接，交叉引用一般是在同一文档中互相引用。操作步骤如下。

（1）选中正文中使用黄色突出显示的文本“图 1”，切换到“引用”选项卡，单击“题注”功能组中的“插入交叉引用”按钮，打开“交叉引用”对话框，在“引用类型”下拉列表中选择“图”选项，在“引用内容”下拉列表中选择“仅标签和编号”选项，在“引用哪一个题注”列表框中选择“图 1 文同《墨竹图》”选项，如图 5-29 所示。单击“插入”按钮，再单击“关闭”按钮，关闭对话框，返回文档中，即可将选中的文本替换为交叉引用的“图 1”字样。

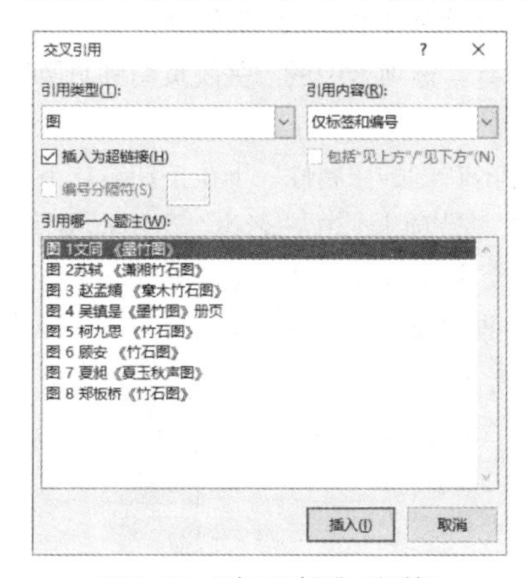

图5-29 “交叉引用”对话框

（2）按照同样的方法找到正文中使用黄色突出显示的文本，依次插入相对应的题注标签。

（3）利用格式刷将交叉引用文本的格式调整为与正文格式一致。

5.2.6 设置页脚

页脚是文档中每个页面底部的区域，常用于显示文档的附加信息，可以在页脚中插入文本或图形，如页码、日期、公司徽标、文档标题、文件名或作者名等。由于本任务中首页不添加页码，且要求正文从第 1 页开始，需要先在正文第 1 页添加奇数页分节符。操作步骤如下。

（1）将光标定位于第 2 页正文首行，切换到“布局”选项卡，单击“页面设置”功能组中的“分隔符”下拉按钮，从下拉列表中选择“分节符”栏中的“奇数页”选项，如图 5-30 所示。

（2）双击正文第 1 页的页脚区，进入页脚编辑状态。切换到“页眉和页脚工具 | 设计”选项卡，单击“页眉和页脚”功能组中的“页码”下拉按钮，在下拉列表中选择“设置页码格式”选项，打开“页码格式”对话框，在“编号格式”下拉列表中选择“Ⅰ,Ⅱ,Ⅲ,...”选项，将“起始页码”设置为“I”，如图 5-31 所示。

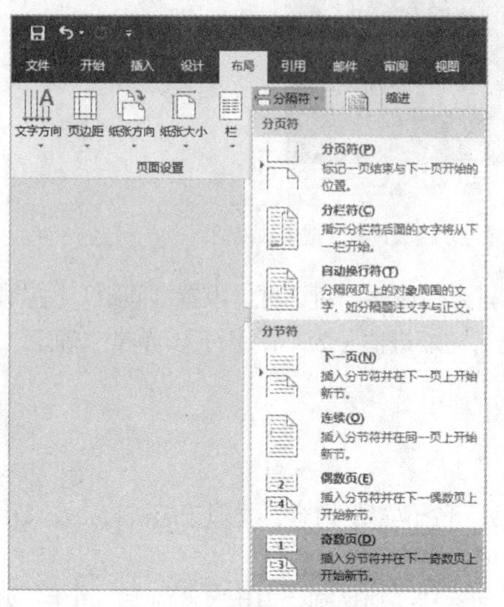

图5-30　“奇数页”分节符选项

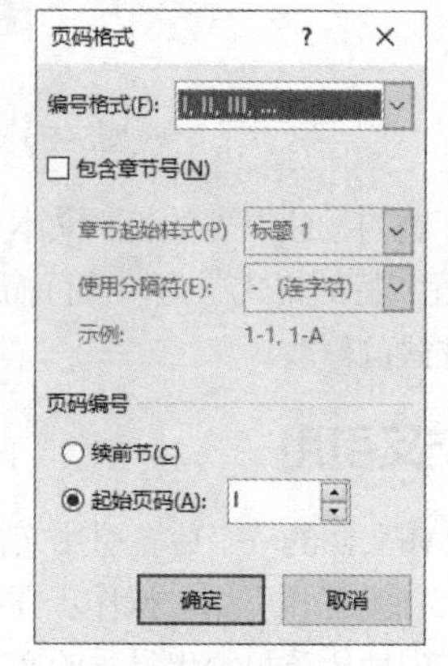

图5-31　“页码格式”对话框

（3）再次单击“页码”下拉按钮，从下拉列表中选择“页面底端”级联菜单中的“普通数字 2”选项，此时页脚中部显示页码“I”。

（4）将光标定位于正文第 2 页的页脚区，再次单击“页码”下拉按钮，从下拉列表中选择“页面底端”级联菜单中的“普通数字 2”选项，此时页脚中部显示页码“II”。

（5）单击“页眉和页脚工具 | 设计”选项卡中的“关闭页眉和页脚”按钮，返回到文档的编辑状态，完成页码的添加。

（6）切换到“文件”选项卡，单击右侧的“属性”下拉按钮，从下拉列表中选择“高级属性”选项，打开“属性”对话框。切换到“自定义”选项卡，在“名称”文本框中输入“类别”，保持“类型”下拉列表中的“文本”选项不变，在“取值”文本框中输入“科普”，如图 5-32 所示。单击“确定”按钮返回文档中。单击“保存”按钮，保存文档，完成期刊文章的编辑与排版。

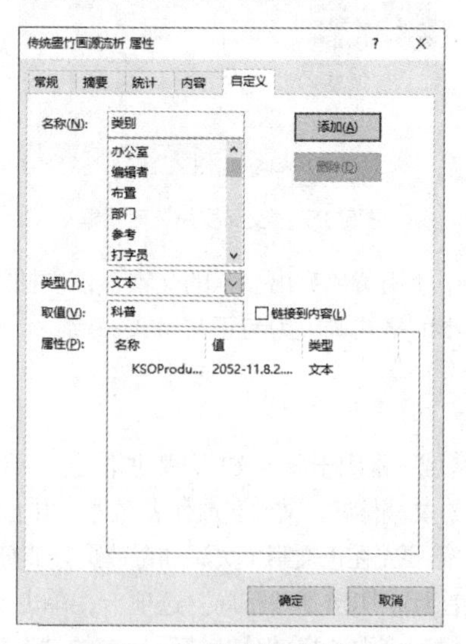

图5-32　“属性”对话框

5.3　任务小结

通过对期刊文章编辑与排版的学习，我们对长文档的操作、页面设置、样式的修改和应用、图片样式的创建与应用、插入索引、插入题注、交叉引用、插入页脚等 Word 中这些操作有了深入的了解和掌握。在我们的日常学习和工作中经常会遇到许多长文档，如毕业论文、企业的招标书、员工手册等，有了以上的 Word 操作基础，我们对于此类长文档的排版和编辑就可以做到游刃有余。

在长文档中，某个多次使用的词语错误时，若逐一修改将花费大量时间，而且难免会出现遗漏。此时可以单击“开始”选项卡“编辑”功能组中的“查找”与“替换”按钮统一进行修改。需要注意的是，在查找时可以使用通配符“*”和“?”实现模糊查找。

5.4　经验技巧

5.4.1　排版技巧

1. 快速为文档设置主题

应用主题功能可以为 Word 文档设置统一的格式效果，例如背景、字体样式、颜色和布局等，从而使文档具有协调的主题颜色和主题字体的外观，整个文档更加美观协调。为文档快速设置主题的方法如下。

将光标定位到文档中，切换到“设计”选项卡，在“文档格式”功能组中单击“主题”下拉按钮，从下拉列表（见图 5-33）中选择一种主题应用即可。

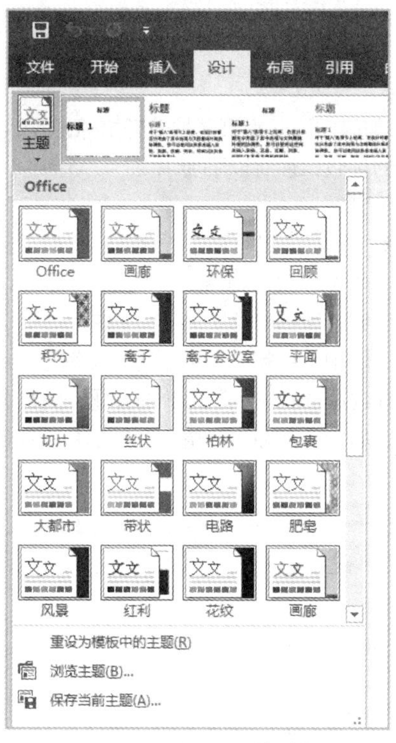

图5-33　“主题”下拉列表

2. 显示分节符

插入分节符之后，很可能看不到它。因为在默认情况下，在最常用的“页面”视图模式下是看不到分节符的。这时，可以单击“开始”→“段落”→“ ”按钮，让分节符显示出来。

5.4.2 长文档技巧

1. 在 Word 中同时编辑文档的不同部分

一篇长文档在显示器屏幕上不能全部显示出来，但有时因实际需要又要同时编辑同一文档中相距较远的几部分。怎样才能同时编辑文档的不同部分呢？

操作方法如下。

首先打开需要显示和编辑的文档，如果文档窗口处于最大化状态，就要单击文档窗口中的“还原”按钮，然后单击“视图”→“窗口”→“新建窗口”按钮，屏幕上会立即产生一个新窗口，显示的也是这篇文档，这时通过窗口切换和窗口滚动操作，不同的窗口会显示同一文档的不同位置的内容，可以方便地阅读和编辑修改。

2. 快速查找长文档中的页码

在编辑长文档时，若要快速查找到文档的页码，可单击“开始”→“编辑”→“查找”下拉按钮，从下拉列表中选择“高级查找”选项，打开“查找和替换”对话框；再切换到“定位”选项卡，在“定位目标”列表框中选择“页”选项，在“输入页号”文本框中输入所需页码，然后单击“定位”按钮。

3. 在长文档中快速漫游

勾选“视图”→“显示/隐藏”→“导航窗格”复选框，然后选择导航窗格中要跳转的标题选项即可至文档中相应位置。导航窗格将在一个单独的窗格中显示文档标题，用户可通过文档结构图在整个文档中快速漫游并追踪特定位置。在导航窗格中，可选择显示的内容级别，调整文档结构图的大小。若标题太长，超出文档结构图宽度，不必调整窗格大小，只需要将鼠标指针在标题上稍作停留，即可看到整个标题。

5.5 拓展训练

“盛世家园”物业管理公司为参加晨阳国际别墅区的管理招标，需要制作一个投标书。投标书包括封面、目录、正文三部分。现已完成初步的排版，还有以下要求。

（1）封面单独一页，无页眉、页脚。

（2）为文档中的各部分标题设置“标题 1”的样式、各章标题设置“标题 2”的样式，文档中的“一、……”“二、……”……设置为“标题 3”的样式。

（3）目录自动生成。目录奇数页页眉显示“目录”字样，偶数页页眉显示“晨阳国际投标书”字样，字体为“华文彩云”，字号为“五号”，居中，加粗。页脚用希腊文编号“I，II，III，…”样式。

（4）正文按各部分进行分页，奇数页页眉显示各部分的标题，偶数页显示“晨阳国际投标书”字样。字体为“华文彩云”，字号为“五号”，居中，加粗。页脚用阿拉伯数字编码。效果如图 5-34 所示。

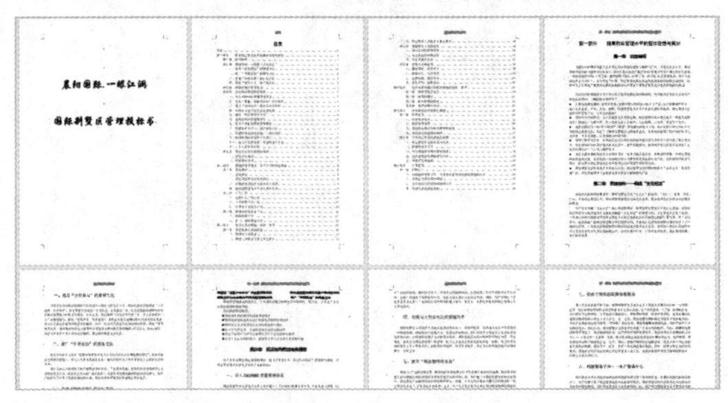

图5-34 投标书排版后效果图（部分）

Excel 篇

任务6

制作员工信息表

6.1 任务简介

下面展示任务的要求与效果，分析任务完成的学习目标。

6.1.1 任务需求与效果展示

某广告公司人事部为了方便员工管理、实现档案电子化，需要将2023年入职员工的基本信息录入计算机。人事部劳资科的秘书小王利用Excel 2019的相关功能，很快完成了这项任务。效果如图6-1所示。

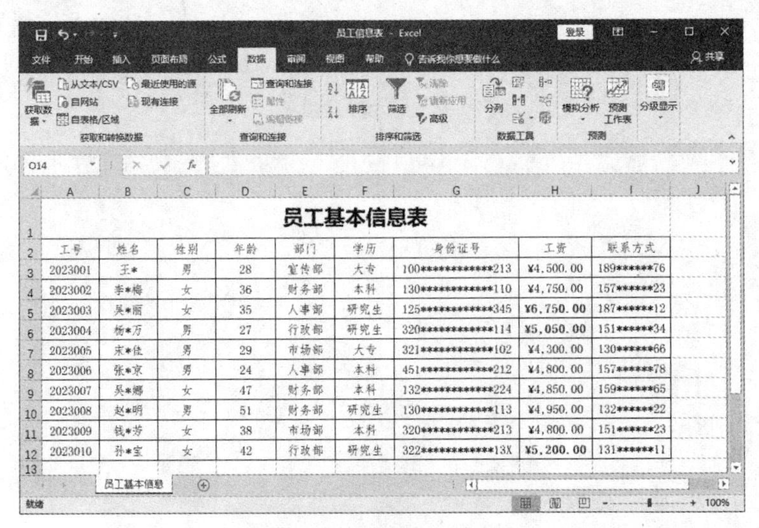

员工基本信息表

工号	姓名	性别	年龄	部门	学历	身份证号	工资	联系方式
2023001	王*	男	28	宣传部	大专	100************213	¥4,500.00	189******76
2023002	李*梅	女	36	财务部	本科	130************110	¥4,750.00	157******23
2023003	吴*丽	女	35	人事部	研究生	125************345	¥6,750.00	187******12
2023004	杨*万	男	27	行政部	研究生	320************114	¥5,050.00	151******34
2023005	宋*佳	男	29	市场部	大专	321************102	¥4,300.00	130******66
2023006	张*京	男	24	人事部	本科	451************212	¥4,800.00	157******78
2023007	吴*娜	女	47	财务部	本科	132************224	¥4,850.00	159******65
2023008	赵*明	男	51	财务部	研究生	130************113	¥4,950.00	132******22
2023009	钱*芳	女	38	市场部	本科	320************213	¥4,800.00	151******23
2023010	孙*宝	女	42	行政部	研究生	322************13X	¥5,200.00	131******11

图6-1 “员工信息表”效果图

素养小贴士

《网络安全法》

《网络安全法》一般指《中华人民共和国网络安全法》，是为了保障网络安全，维护网络空间主权和国家安全、社会公共利益，保护公民、法人和其他组织的合法权益，促进经济社会信息化健康发展制定的法规。

6.1.2　任务目标

知识目标：

- 了解 Excel 工作簿的作用；
- 了解 Excel 工作簿的优势。

技能目标：

- 掌握 Excel 表格中单元格的自定义格式；
- 掌握单元格的格式设置；
- 掌握数据有效性的设置；
- 掌握自定义数据序列的操作；
- 掌握表格的格式化。

素养目标：

- 培养社会责任感和法律意识；
- 树立科学严谨的工作态度。

6.2　任务实现

6.2.1　建立员工信息基本表格

由于员工信息表中包含字段较多，在录入数据之前，需要创建一个基本表格，内容包括表格的标题和表头。具体操作步骤如下。

（1）单击“开始”按钮，选择快速启动列表中的“Excel”选项，启动 Excel，选择“空白工作簿”选项，如图 6-2 所示，创建一个空白的工作簿文件。单击窗口左上角的“保存”按钮，打开“另存为”窗口，单击“浏览”按钮，打开“另存为”对话框，设置保存路径，输入文件名“员工信息表.xlsx”，如图 6-3 所示。单击“保存”按钮，完成工作簿的命名。

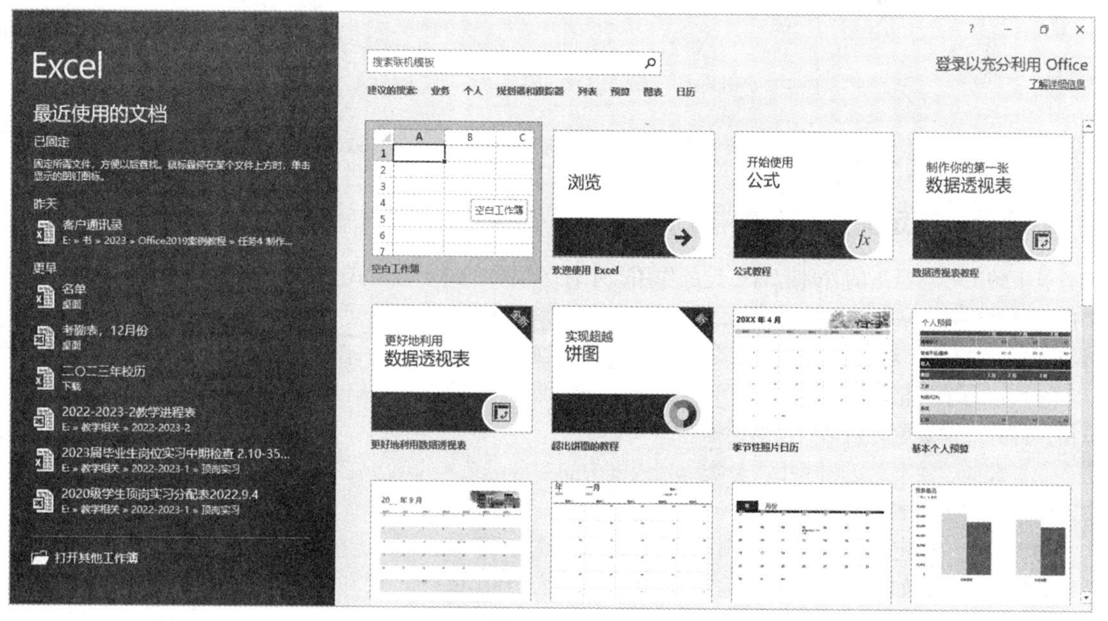

图6–2　选择“空白工作簿”选项

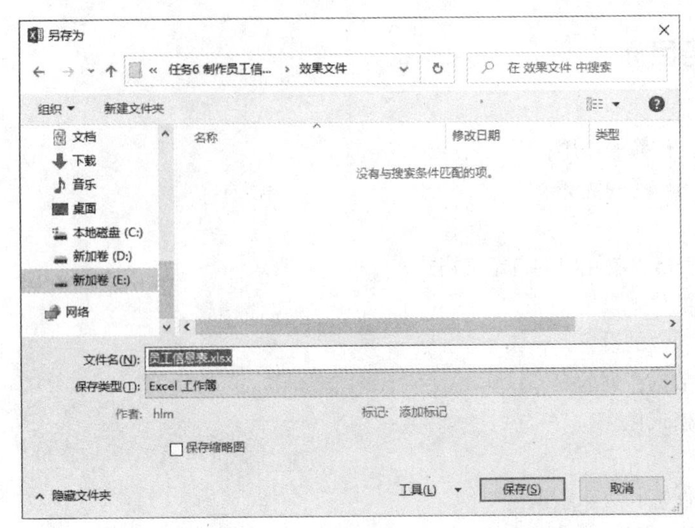

图6-3　“另存为”对话框

（2）选择单元格 A1，在其中输入文字“员工基本信息表”。在单元格区域 A2:I2 中依次输入“工号”“姓名”“性别”“年龄”“部门”“学历”“身份证号”“工资”“联系方式”。

（3）选择单元格区域 A1:I1，切换到“开始”选项卡，单击“对齐方式”功能组中的“合并后居中”按钮，如图 6-4 所示，完成标题行的合并居中。效果如图 6-5 所示。

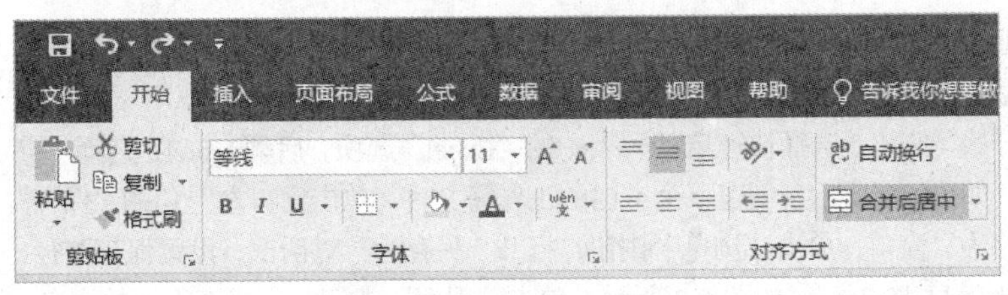

图6-4　“合并后居中”按钮

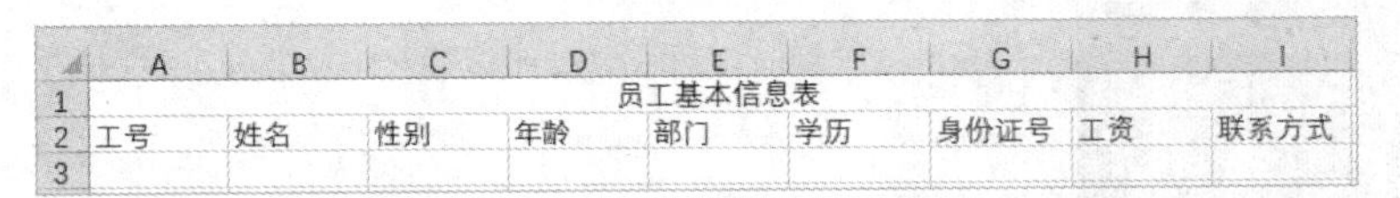

	A	B	C	D	E	F	G	H	I
1	员工基本信息表								
2	工号	姓名	性别	年龄	部门	学历	身份证号	工资	联系方式
3									

图6-5　员工信息表的标题与表头设置完成后的效果

6.2.2　自定义员工工号格式

员工的工号对员工的管理起着一定的作用，本任务中员工的工号格式为“员工进公司年份+三位编号”，如“2023001”表示 2023 年入职的编号为 1 的员工。可以利用 Excel 中“设置单元格格式”对话框的“自定义”选项实现员工编号的快速输入，操作步骤如下。

（1）选择单元格区域 A3:A12，单击“开始”选项卡“数字”功能组的对话框启动器按钮，打开“设置单元格格式”对话框。

（2）选择“数字”选项卡中“分类”列表框中的“自定义”选项，在右侧“类型”文本框中输入“2023000”，如图 6-6 所示。

（3）单击“确定”按钮，返回工作表中，在单元格 A3 中输入“1”，按<Enter>键，即可在单元格 A3 中看到完整的工号，如图 6-7 所示。再次选中单元格 A3，利用填充句柄，以“填充序列”的方式将编号自动填充到单元格 A4～A12 中。

（4）在单元格区域 B3:B12 中输入图 6-8 所示的员工姓名。

图6–6　设置“自定义”格式

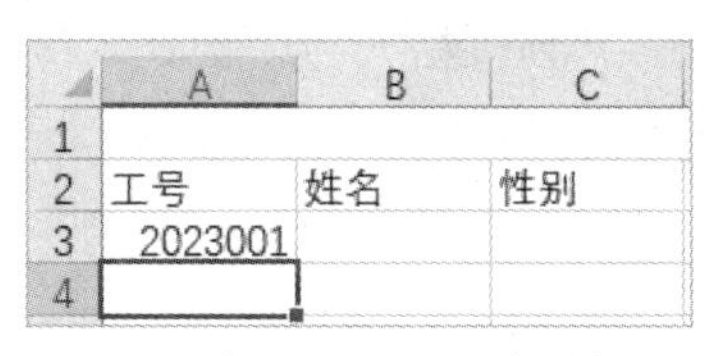

	A	B	C
1			
2	工号	姓名	性别
3	2023001		
4			

图6–7　自定义工号输入完成后效果图

	A	B
1		
2	工号	姓名
3	2023001	王*
4	2023002	李*梅
5	2023003	吴*丽
6	2023004	杨*万
7	2023005	宋*佳
8	2023006	张*京
9	2023007	吴*娜
10	2023008	赵*明
11	2023009	钱*芳
12	2023010	孙*宝

图6–8　输入员工姓名

6.2.3　制作性别、部门、学历下拉列表

从效果图可以看出，性别、部门、学历列内容较少，且有重复的项目。Excel 中的“数据验证”功能可以制作出下拉列表，供用户选择内容在单元格中显示，方便快速输入信息。操作步骤如下。

（1）选中单元格区域 C3:C12，切换到“数据”选项卡，单击“数据工具”功能组中的“数据验证”下拉按钮，从下拉列表中选择“数据验证”选项，如图 6-9 所示，打开“数据验证”对话框。

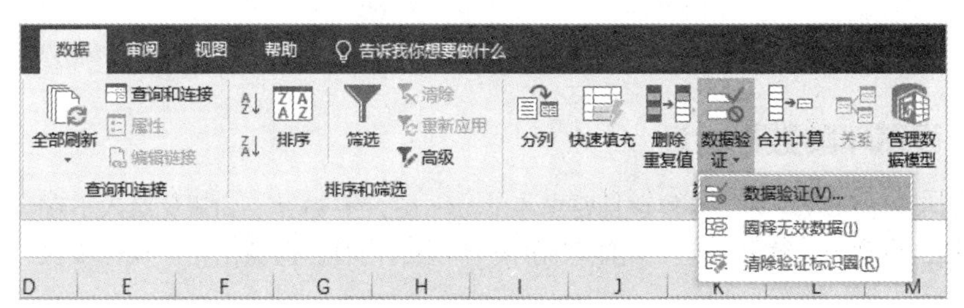

图6–9　“数据验证”选项

（2）在“设置”选项卡中，单击“允许”下拉按钮，从下拉列表中选择“序列”选项，在“来源”文本框中，输入文本“男,女”，如图 6-10 所示。需要注意的是：文本框中的逗号为英文状态下的逗号。单击“确定”按钮，返回工作表。

（3）此时单元格 C3 右侧出现下拉按钮，单击此按钮，即可在下拉列表中选择性别选项，如图 6-11 所示。

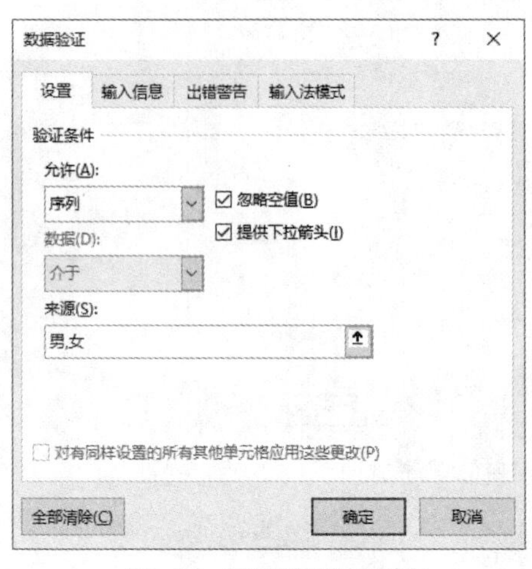

图6–10　“数据验证”对话框

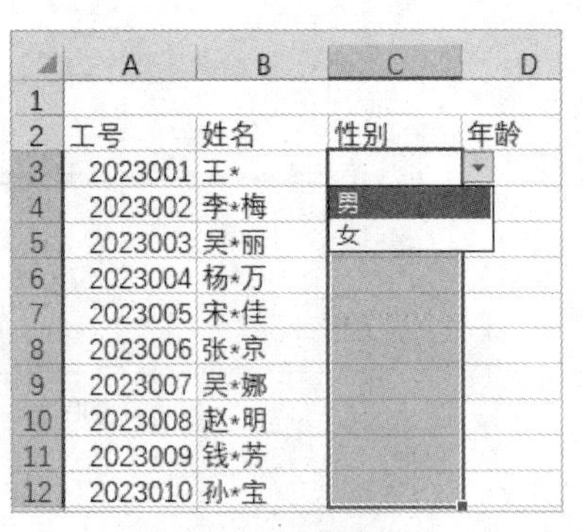

	A	B	C	D
1				
2	工号	姓名	性别	年龄
3	2023001	王*		
4	2023002	李*梅		
5	2023003	吴*丽		
6	2023004	杨*万		
7	2023005	宋*佳		
8	2023006	张*京		
9	2023007	吴*娜		
10	2023008	赵*明		
11	2023009	钱*芳		
12	2023010	孙*宝		

图6–11　选择输入性别

（4）使用同样的方法，选择单元格区域 E3:E12，打开“数据验证”对话框，设置序列“来源”为“宣传部,财务部,人事部,市场部,行政部”，如图 6-12 所示。

（5）单击“确定”按钮，返回工作表，在随后的单元格中选择员工所对应的部门。

（6）使用同样的方法，为“学历”列设置“数据验证”序列“来源”为“大专,本科,研究生”，之后在所选区域根据效果图设置员工的“学历”列内容，效果如图 6-13 所示。

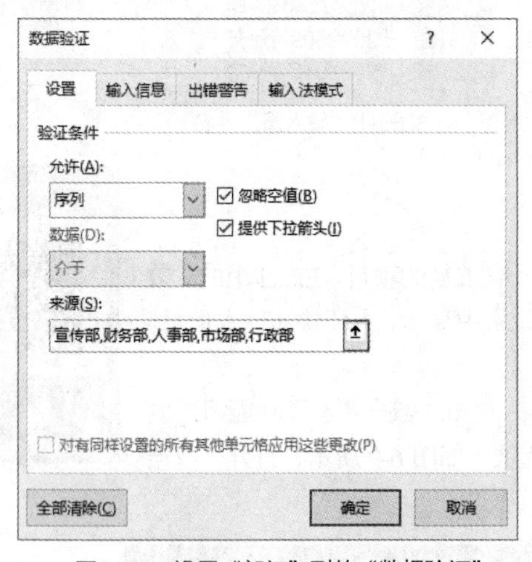

图6–12　设置“部门”列的“数据验证”

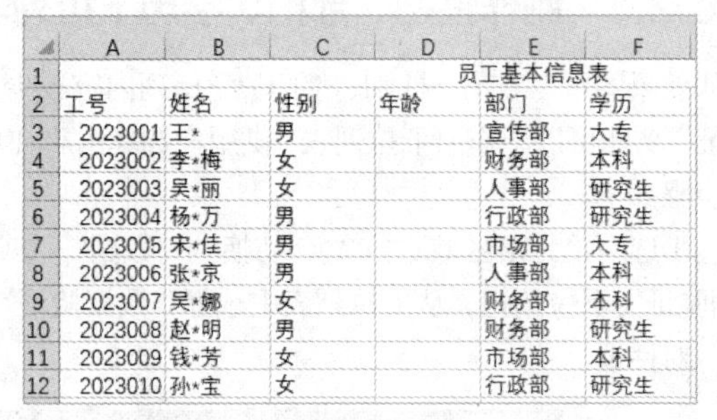

	A	B	C	D	E	F
1	员工基本信息表					
2	工号	姓名	性别	年龄	部门	学历
3	2023001	王*	男		宣传部	大专
4	2023002	李*梅	女		财务部	本科
5	2023003	吴*丽	女		人事部	研究生
6	2023004	杨*万	男		行政部	研究生
7	2023005	宋*佳	男		市场部	大专
8	2023006	张*京	男		人事部	本科
9	2023007	吴*娜	女		财务部	本科
10	2023008	赵*明	男		财务部	研究生
11	2023009	钱*芳	女		市场部	本科
12	2023010	孙*宝	女		行政部	研究生

图6–13　设置列表选择完成后效果图

6.2.4　设置年龄数据验证

对于员工的年龄，录入时必须为整数且要求年龄范围在 20～55 岁，为避免录入不在此范围内的数据，可利用“数据验证”功能限制用户输入的内容，避免出错。操作步骤如下。

（1）选择单元格区域 D3:D12，选择“数据”选项卡中的“数据验证”选项，打开“数据验证”对话框。

（2）在“设置”选项卡中，设置“允许”为“整数”，“数据”为“介于”，“最小值”为“20”，“最大值”为“55”，如图 6-14 所示。

（3）切换到“输入信息”选项卡，在“输入信息”文本框中输入提示信息“请输入 20～55 的年龄！”，如图 6-15 所示。

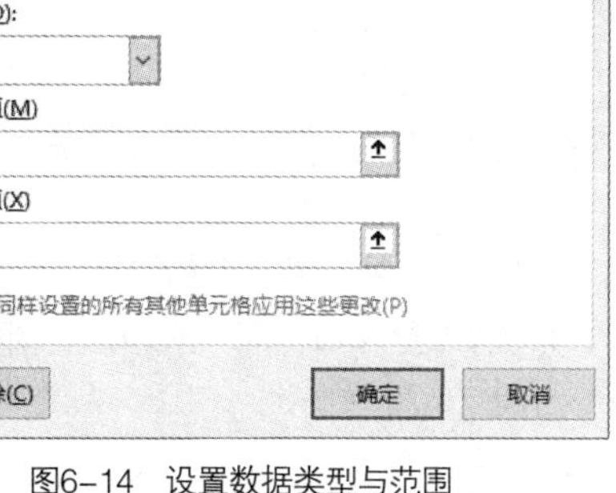

图6-14　设置数据类型与范围

图6-15　设置“输入信息”

（4）切换到“出错警告”选项卡，从“样式”下拉列表中选择“警告”选项，在“错误信息”文本框中输入“年龄输入有误，输入年龄必须在 20～55！”，如图 6-16 所示。

（5）单击“确定”按钮，返回工作表，可看到图 6-17 所示的提示信息。

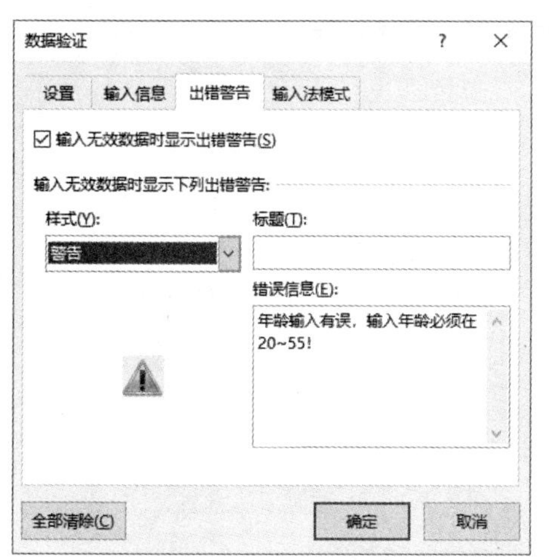

图6-16　设置“出错警告”

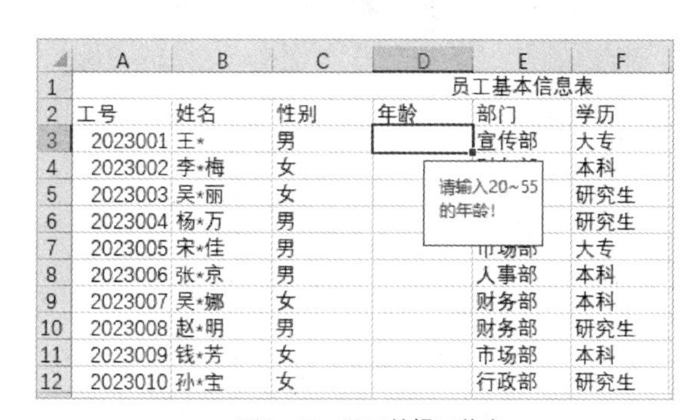

图6-17　显示的提示信息

（6）如果在单元格中输入了小于 20 或大于 55 的数据，将弹出图 6-18 所示的提示框，单击“取消”按钮，可重新输入数据。“年龄”列数据输入完成后的效果如图 6-19 所示。

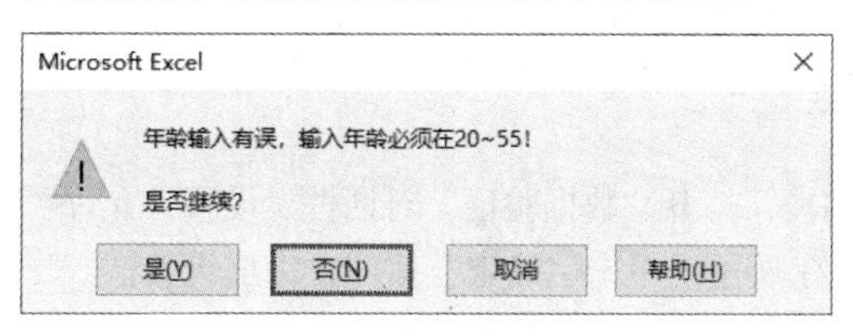

图6-18　提示框

	A	B	C	D	E	F
1	员工基本信息表					
2	工号	姓名	性别	年龄	部门	学历
3	2023001	王*	男	28	宣传部	大专
4	2023002	李*梅	女	36	财务部	本科
5	2023003	吴*丽	女	35	人事部	研究生
6	2023004	杨*万	男	27	行政部	研究生
7	2023005	宋*佳	男	29	市场部	大专
8	2023006	张*京	男	24	人事部	本科
9	2023007	吴*娜	女	47	财务部	本科
10	2023008	赵*明	男	51	财务部	研究生
11	2023009	钱*芳	女	38	市场部	本科
12	2023010	孙*宝	女	42	行政部	研究生

图6-19 “年龄”列输入完成后效果图

6.2.5 输入身份证号与联系方式

身份证号与联系方式是由数字组成的文本型数据，没有数值的意义，所以在输入数据前，要设置单元格的格式，操作步骤如下。

（1）按住<Ctrl>键，选择不连续的单元格区域 G3:G12、I3:I12，切换到“开始”选项卡，单击“数字”功能组右下角的对话框启动器按钮，打开“设置单元格格式”对话框，在“数字”选项卡的“分类”列表框中选择“文本”选项，如图 6-20 所示。

图6-20 设置单元格格式

（2）单击“确定”按钮，完成所选区域的单元格格式设置。

由于身份证号统一为 18 位，可以通过“数据验证”功能控制录入数据时的文本长度，防止身份证号的位数错误。操作步骤如下。

（1）选择单元格区域 G3:G12，打开“数据验证”对话框，设置“允许”为“文本长度”“数据”为“等于”“长度”为“18”，如图 6-21 所示。单击“确定”按钮，完成设置。

（2）根据图 6-22 所示，输入员工身份证号与联系方式。

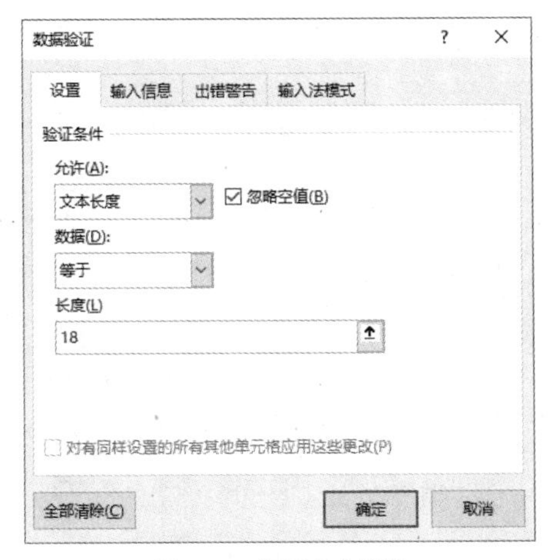

图6-21　设置文本长度

	A	B	C	D	E	F	G	H	I
1	员工基本信息表								
2	工号	姓名	性别	年龄	部门	学历	身份证号	工资	联系方式
3	2023001	王*	男	28	宣传部	大专	100************213		189******76
4	2023002	李*梅	女	36	财务部	本科	130************110		157******23
5	2023003	吴*丽	女	35	人事部	研究生	125************345		187******12
6	2023004	杨*万	男	27	行政部	研究生	320************114		151******34
7	2023005	宋*佳	男	29	市场部	大专	321************102		130******66
8	2023006	张*京	男	24	人事部	本科	451************212		157******78
9	2023007	吴*娜	女	47	财务部	本科	132************224		159******65
10	2023008	赵*明	男	51	财务部	研究生	130************113		132******22
11	2023009	钱*芳	女	38	市场部	本科	320************213		151******23
12	2023010	孙*宝	女	42	行政部	研究生	322************13X		131******11

图6-22　身份证号与联系方式输入完成后效果图

6.2.6　输入员工工资

员工的工资为货币型数据，可在输入之前设置单元格格式。操作步骤如下。

（1）选择单元格区域 H3:H12，打开“设置单元格格式”对话框，在“数字”选项卡的“分类”列表框中选择“货币”选项，保持其他默认值不变，如图 6-23 所示。单击“确定”按钮，完成所选区域的单元格格式设置。

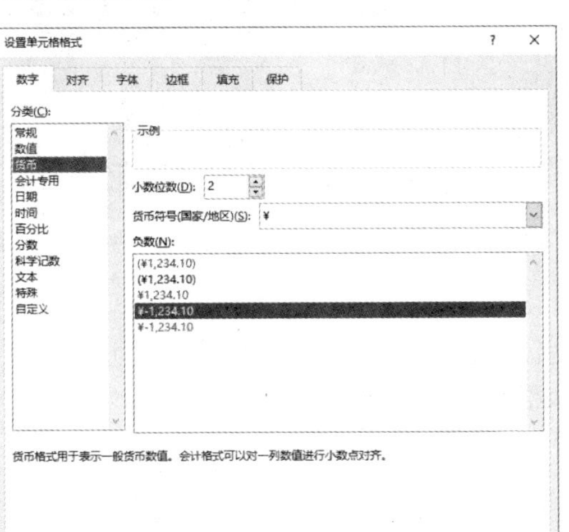

图6-23　设置货币型数据类型

（2）输入每位员工的工资，效果如图 6-24 所示。

	A	B	C	D	E	F	G	H	I
1	员工基本信息表								
2	工号	姓名	性别	年龄	部门	学历	身份证号	工资	联系方式
3	2023001	王*	男	28	宣传部	大专	100*******	¥4,500.00	189******76
4	2023002	李*梅	女	36	财务部	本科	130*******	¥4,750.00	157******23
5	2023003	吴*丽	女	35	人事部	研究生	125*******	¥6,750.00	187******12
6	2023004	杨*万	男	27	行政部	研究生	320*******	¥5,000.00	151******34
7	2023005	宋*佳	男	29	市场部	大专	321*******	¥4,300.00	130******66
8	2023006	张*京	男	24	人事部	本科	451*******	¥4,800.00	157******78
9	2023007	吴*娜	女	47	财务部	本科	132*******	¥4,850.00	159******65
10	2023008	赵*明	男	51	财务部	研究生	130*******	¥4,950.00	132******22
11	2023009	钱*芳	女	38	市场部	本科	320*******	¥4,800.00	151******23
12	2023010	孙*宝	女	42	行政部	研究生	322*******	¥5,200.00	131******11

图6-24　“工资”列数据输入完成后效果图

6.2.7　表格美化

表格内容输入完成后，需要对表格内容进行字体、对齐方式、边框、底纹等设置，以美化表格。具体操作如下。

（1）选择单元格 A1，切换到“开始”选项卡，在“字体”功能组中设置字体为“微软雅黑”，字号为“20”，加粗。

（2）选择单元格区域 A2:I12，在“字体”功能组中设置字体为“仿宋”，字号为“12”。单击“边框”下拉按钮，从下拉列表中选择“所有框线”选项，如图 6-25 所示，为所选区域添加边框。

图6-25　“所有框线”选项

（3）使单元格区域 A2:I12 处于选中状态，单击“对齐方式”功能组中的“水平居中”和“垂直居中”按钮，如图 6-26 所示，完成表格区域的对齐方式设置。

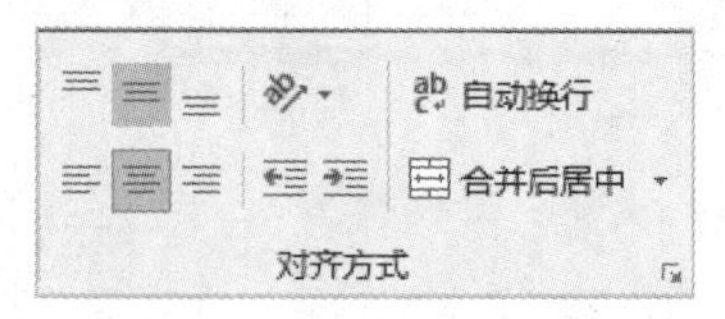

图6-26　设置“对齐方式”

（4）选中标题行，单击“单元格”功能组的“格式”下拉按钮，从下拉列表中选择“单元格大小”栏中的“行高”选项，如图6-27所示，打开“行高”对话框，在“行高”文本框中输入“40”，如图6-28所示。单击“确定”按钮，完成标题行行高的设置。

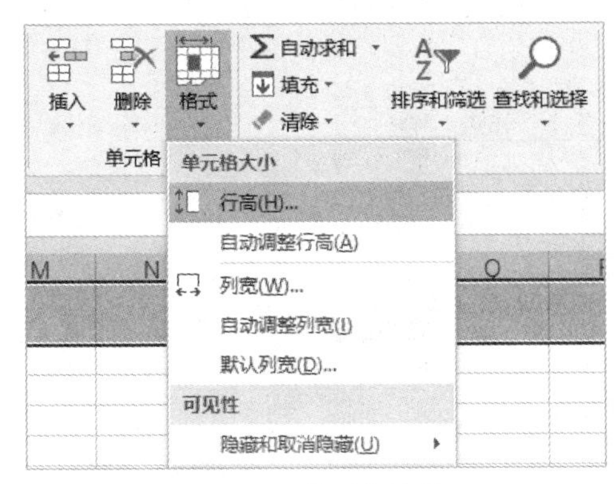

图6-27　“行高”选项

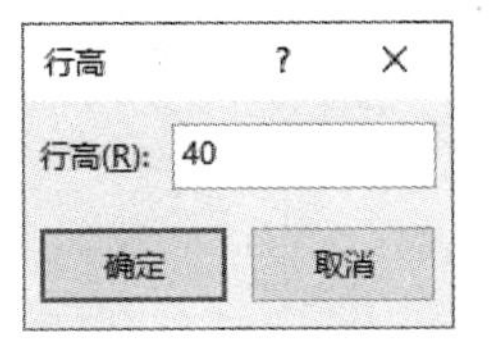

图6-28　“行高”对话框

（5）使用同样的方法，选择第2～12行，设置其行高为“20”。

（6）选择A、B、C、D、E、F列，设置其列宽为“9”，设置G、H、I列的列宽为“自动调整列宽”。

6.2.8　设置条件格式

微课6-8
设置条件格式

为了对工资列的数据加以区分，对于超过5000元的工资用红色加粗显示，以方便查看。具体操作步骤如下。

（1）选择单元格区域H3:H12。

（2）单击“样式”功能组中的“条件格式”下拉按钮，从下拉列表中选择“新建规则”选项，如图6-29所示，打开“新建格式规则”对话框。

（3）在“选择规则类型”列表框中选择“只为包含以下内容的单元格设置格式”选项，在“编辑规则说明”栏中设置条件下拉列表的值为“大于”，在其后的文本框中输入“5000”，如图6-30所示。单击“格式”按钮，打开“设置单元格格式”对话框。

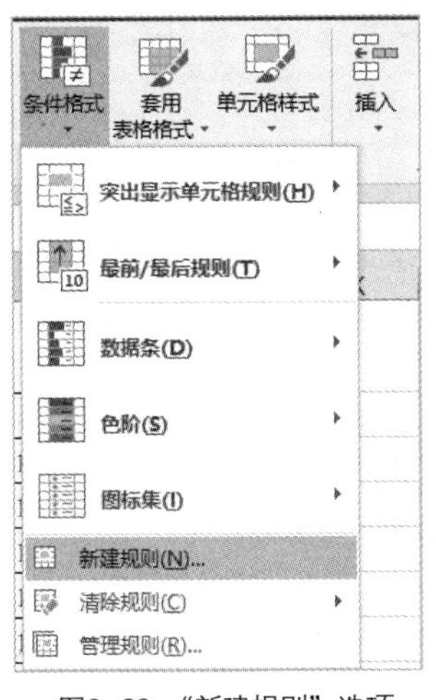

图6-29　“新建规则”选项

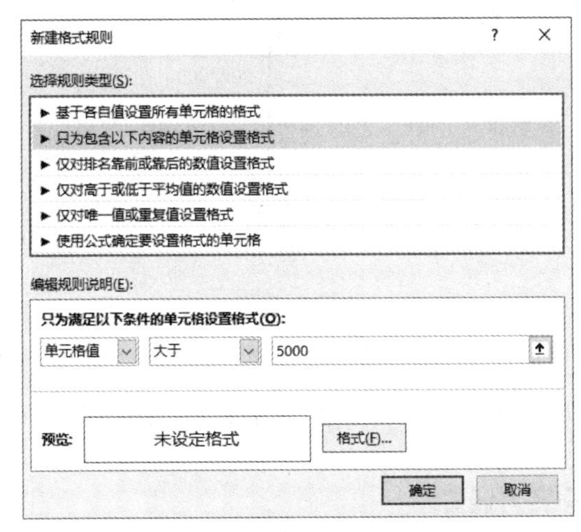

图6-30　“新建格式规则”对话框

（4）在“字体”选项卡中，选择“字形”列表框中的“加粗”选项，单击“颜色”下拉按钮，从下拉列表中选择“标准色”栏中的“红色”选项，如图6-31所示。单击“确定”按钮，返回“新建格式规则”对话框，再单击“确定”按钮，返回表格中，完成所选区域的条件格式设置。（小提示：当“金额”列数据设置完条件格式后，由于列宽限制，加粗后的数据显示为“# # #”的形式，可将鼠标指针移动到金额所在的列（H 列）标签的边框上双击，将列宽调整为最合适的列宽。）

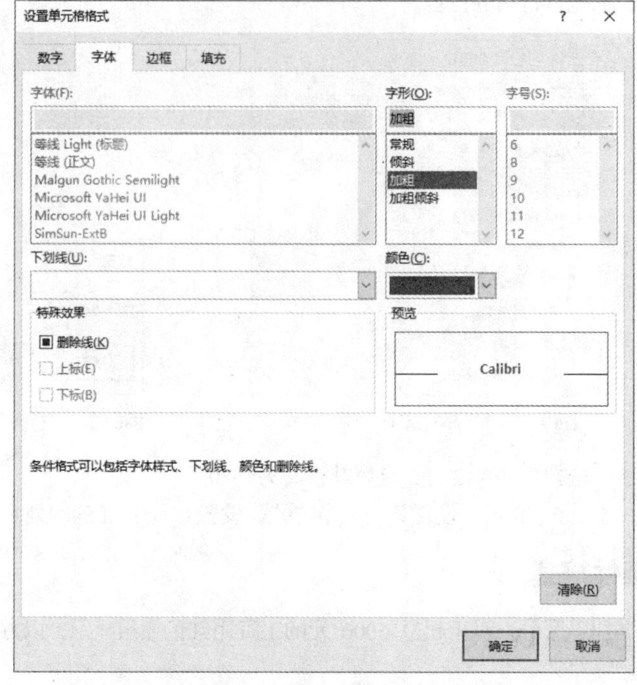

图6-31 “设置单元格格式”对话框

（5）右击工作表标签“Sheet1”，在弹出的快捷菜单中选择“重命名”选项，如图 6-32 所示。此时，工作表的名称将突出显示并进入编辑状态，输入新的工作表名称“员工基本信息”，按<Enter>键完成工作表的重命名。

图6-32 “重命名”选项

（6）单击“保存”按钮，保存工作簿文件，完成员工信息表的制作。

6.3 任务小结

本任务通过制作员工信息表讲解了 Excel 2019 中新建表格时的单元格格式设置、自定义单元格格式、设置数据验证、验证数据有效性、设置自定义序列、表格美化、条件格式设置等内容。

单元格中可以存放各种类型的数据，Excel 2019 中常见的数据类型有以下几种。

- 常规格式：不包含特定格式的数据格式，是 Excel 中默认的数据格式。
- 数值格式：主要用于设置小数点位数，还可以使用千位分隔符。默认对齐方式为右对齐。
- 货币格式：主要用于设置货币的形式，包括货币类型和小数位数。
- 会计专用格式：主要用于设置货币的形式，包括货币类型和小数位数。与货币格式的区别是，货币格式用于表示一般货币数据，会计专用格式可以对一列数值进行小数点对齐的操作。
- 日期和时间格式：用于设置日期和时间的格式，可以用其他的日期和时间格式来显示数字。
- 百分比格式：将单元格中的数字转换为百分比格式，会自动在转换后的数字后加“%”。
- 分数格式：使用此格式将以实际分数的形式显示或输入数字。如在没有设置分数格式的单元格中输入“3/4”，单元格中将显示“3 月 4 日”的日期格式。要将它显示为分数，可以先应用分数格式，再输入相应的数值。
- 文本格式：文本包含字母、数字和符号等，在文本格式的单元格中，数字作为文本处理，单元格中显示的内容与输入的内容完全一致。
- 自定义格式：当基本格式不能满足用户要求时，用户可以设置自定义格式。如任务中的员工编号，设置了自定义格式后，既可以简化输入的过程，又能保证位数一致。

6.4　经验技巧

6.4.1　在 Excel 中输入千分号（‰）

千分号（‰）是在银行的存、贷款利率表示或财务报表的各种财务指标中经常用到的符号，在单元格的格式设置中并没有这个符号，我们可以通过插入特殊符号实现，操作步骤如下。

（1）将光标定位到需要插入千分号（‰）的位置。

（2）切换到“插入”选项卡，单击“符号”功能组中的“符号”按钮，打开“符号”对话框，在“字体”下拉列表中选择“(普通文本)”选项，在“子集”下拉列表中选择“广义标点”选项，如图 6-33 所示。在显示的列表框中选择“‰”，单击“插入”按钮，即可完成千分号的插入。在此需要注意的是：插入的千分号只用于显示，不可用于计算。

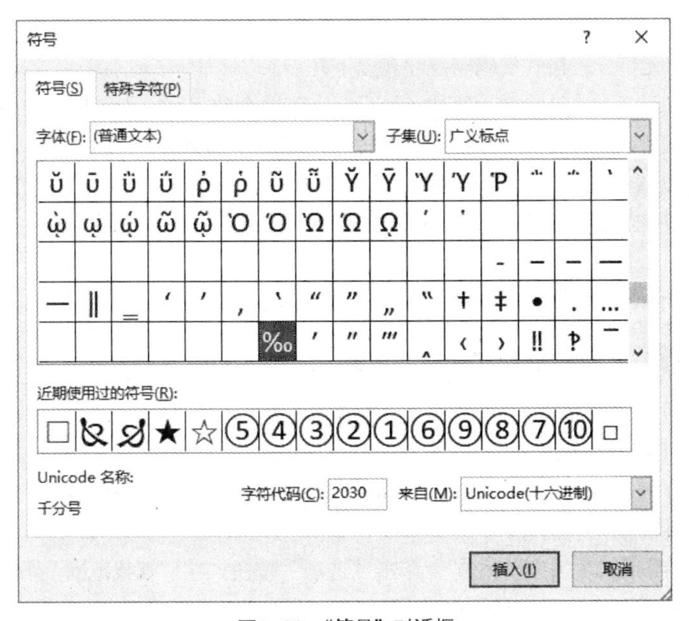

图6-33　“符号”对话框

6.4.2　快速输入性别

在输入员工信息时，对于“性别”列，如果用“0”或“1”来代替汉字“男”“女”，可使输入的速度大大加快，利用格式代码中的条件判断，可实现根据单元格的内容显示不同的性别。以任务中的“性别”列为例，可进行如下操作。

（1）选择单元格区域 C3:C12，打开“设置单元格格式”对话框，切换到“数字”选项卡，在“分类”列表框中选择“自定义”选项，在“类型”文本框中输入“[=1]"男";[=0]"女"”，如图 6-34 所示。

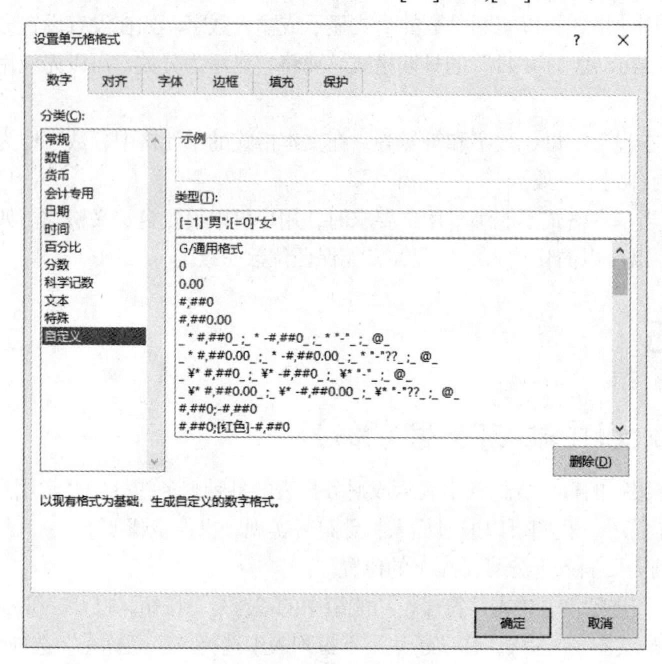

图6–34　自定义格式代码

（2）单击“确定”按钮，返回工作表，在所选单元格区域中输入“0”或“1”，即可实现性别的快速输入。代码中的符号均为英文状态下的符号。

在 Excel 中，对单元格设置格式代码需要注意以下几点。

（1）自定义格式中最多只有 3 个数字字段，且只能在前两个数字字段中包括 2 个条件测试，满足某个测试条件的数字使用相应字段中指定的格式，其余数字使用第 3 字段格式。

（2）条件要放到方括号中，必须进行简单比较。

（3）可以使用 6 种逻辑符号来设计一个条件格式，分别是大于（>）、大于等于（>=）、小于（<）、小于等于（<=）、等于（=）、不等于（<>）。

（4）代码 [=1]"男";[=0]"女"解析：表示若单元格的值为 1，则显示“男”，若单元格的值为 0，则显示“女”。

6.4.3　查找自定义格式单元格中的内容

自定义格式只是改变了数据的显示外观，并不改变数据的值。在查找自定义格式单元格中的内容时，以员工信息表为例，可进行如下操作。

（1）切换到“开始”选项卡，单击“编辑”功能组中的“查找和选择”下拉按钮，从下拉列表中选择“查找”选项打开“查找和替换”对话框。

（2）在“查找内容”文本框中输入“9”，单击“选项”按钮。在“查找范围”下拉列表中选择“公式”选项，勾选“单元格匹配”复选框，如图 6-35 所示。

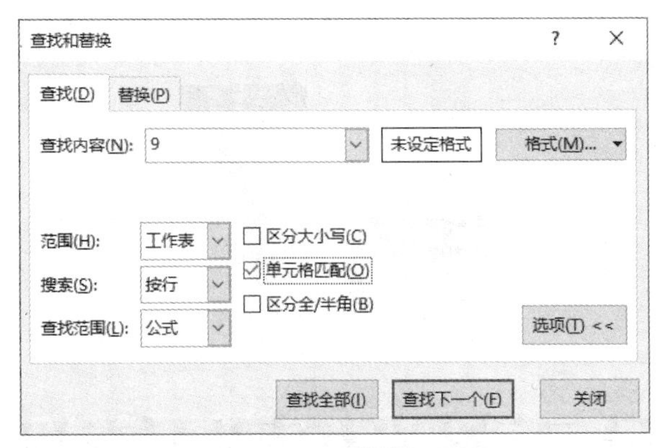

图6–35　“查找和替换”对话框

（3）单击“查找全部”按钮，即可查找到员工工号为“2023009”的 A11 单元格。

6.5　拓展训练

某公司为了统计 2023 年的电器销售情况，需要制作一个销售业绩表（效果见图 6-36），具体要求如下。

（1）根据效果图，新建工作簿文件“销售业绩表.xlsx”，将 Sheet1 工作表重命名为“销售业绩统计”，并在工作表中添加表格的标题和表头。

（2）根据效果图，自动填充“序号”列，向“姓名”“品名”列添加文本内容。

（3）设置“工号”列为文本型数据，自定义设置工号格式。

（4）添加“金额”列数据，并根据效果图设置数据类型，保留两位小数，设置千位分隔符，销售金额在 100000 元以上的数据用“红色”“加粗”“倾斜”的样式显示。

（5）向“日期”列添加数据，并设置日期格式。

（6）设置“销售方式”列数据为序列选择方式，序列内容为代理和直销两种。

（7）为表格添加边框，为列标题行添加“橙色”底纹。

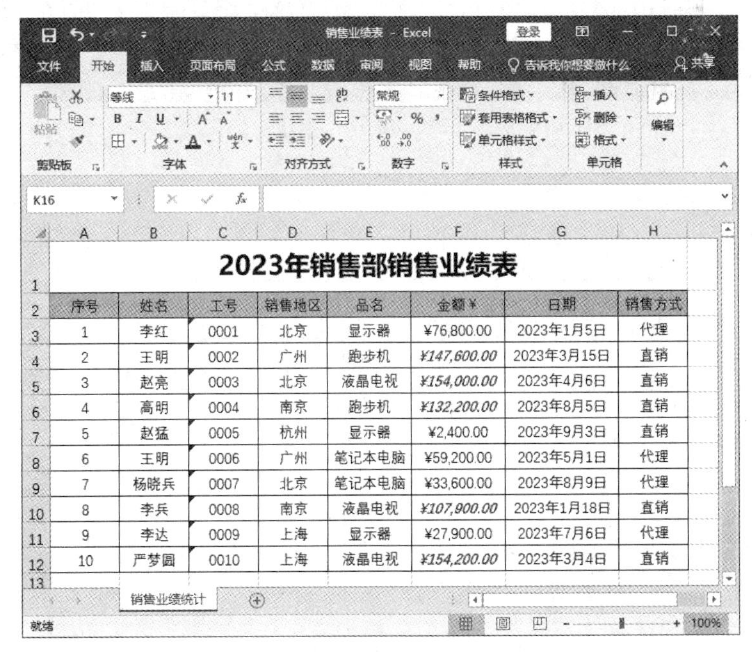
2023年销售部销售业绩表

序号	姓名	工号	销售地区	品名	金额¥	日期	销售方式
1	李红	0001	北京	显示器	¥76,800.00	2023年1月5日	代理
2	王明	0002	广州	跑步机	***¥147,600.00***	2023年3月15日	直销
3	赵亮	0003	北京	液晶电视	***¥154,000.00***	2023年4月6日	直销
4	高明	0004	南京	跑步机	***¥132,200.00***	2023年8月5日	直销
5	赵猛	0005	杭州	显示器	¥2,400.00	2023年9月3日	直销
6	王明	0006	广州	笔记本电脑	¥59,200.00	2023年5月1日	代理
7	杨晓兵	0007	北京	笔记本电脑	¥33,600.00	2023年8月9日	代理
8	李兵	0008	南京	液晶电视	***¥107,900.00***	2023年1月18日	直销
9	李达	0009	上海	显示器	¥27,900.00	2023年7月6日	代理
10	严梦圆	0010	上海	液晶电视	***¥154,200.00***	2023年3月4日	直销

图6–36　销售业绩表效果图

任务 7 员工社保情况统计

7.1 任务简介

下面展示任务的要求与效果，分析任务完成的学习目标。

7.1.1 任务需求与效果展示

孙权是某企业人事部的劳资员，主要负责企业员工档案的日常管理和员工每年各项基本社会保险费用的统计。针对年底企业员工的变动，需要对 2023 年度 12 月的员工社保进行统计，要求如下。

- 对员工的身份证号进行检验后将正确的身份证号写入“员工档案”表中。
- 统计员工的年龄及工龄工资。
- 统计员工社保费用。

根据以上要求，孙权利用 Excel 中的公式和常用函数很快做好了统计工作，部分效果如图 7-1 所示。

图7-1 员工社保情况统计效果图

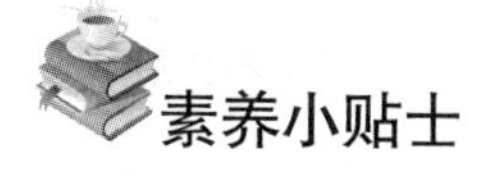

素养小贴士

社会保险

社会保险是指一种为丧失劳动能力、暂时失去劳动岗位或因健康原因造成损失的人口提供收入或补偿的一种社会和经济制度。社会保险的主要项目包括养老保险、医疗保险、失业保险、工伤保险、生育保险。

7.1.2　任务目标

知识目标：

- 了解公式的作用；
- 了解函数的作用。

技能目标：

- 掌握公式的输入与编辑；
- 掌握单元格的相对引用与绝对引用；
- 掌握常见函数的使用方法。

素养目标：

- 加强创新创业意识；
- 培养敬业、乐业的工作作风与质量意识。

7.2　任务实现

7.2.1　校对员工身份证号

员工的身份证号由 18 位数字组成，由于数字较多，录入时难免会出现遗漏或错误，为保证身份证号的正确性，需要对员工录入的身份证号进行校对。思路如下。

- 将员工的身份证号自左向右拆分到对应的列中。
- 将身份证号的前 17 位数字分别与对应系数相乘，将乘积之和除以 11，所得余数即为计算出的校验码。
- 将原身份证号的第 18 位与计算出的校验码进行对比，比对相符时说明输入的身份证号是正确的，不符时说明输入的身份证号有误。突出显示校对后的错误结果。

需要用到 COLUMN、MID、TEXT、MOD、SUMPRODUCT、VLOOKUP 和 IF 函数。

- COLUMN 函数功能：返回所选择的某一个单元格的列数。

语法格式：COLUMN(reference)。

参数说明：reference 为可选参数，如果省略，则默认返回函数 COLUMN 所在单元格的列数。

- MID 函数功能：从一个文本字符串的指定位置开始，截取指定数目的字符。

语法格式：MID(text,start_num,num_chars)。

参数说明：text 代表一个文本字符串；start_num 表示指定的起始位置；num_chars 表示要截取的数目。

- TEXT 函数功能：将指定的值转换为特定的格式表示。

语法格式：TEXT(value, format_text)。

参数说明：value 是需要转换的值；format_text 表示需要转换为的文本格式。

- MOD 函数功能：返回两个数相除的余数。

语法格式：MOD (number,divisor)。

参数说明：number 是被除数；divisor 为除数。

- SUMPRODUCT 函数功能：在给定的几组数组中，将数组间对应的元素相乘，并返回乘积之和。

语法格式：SUMPRODUCT(array1, [array2], [array3], ...)。

参数说明：array1 为必选参数，其元素是需要相乘并求和的第 1 个数组；[array2], [array3], ...为可选参数，为第 2 到第 255 个数组参数，其相应元素需要相乘并求和。此处需要注意，数组参数必须具有相同的维数，否则，函数 SUMPRODUCT 将返回错误值 #VALUE!。

了解了所需要的函数，根据拆分思路，可以通过 COLUMN 函数获取当前单元格的列数，之后将 COLUMN 函数的结果作为 MID 函数的参数，进行身份证号的截取。具体操作如下。

（1）打开素材中的工作簿文件“员工社保统计表.xlsx”，切换到“身份证校对”表。

（2）选择单元格 D3，在其中输入公式“=MID($C3,COLUMN(D2)−3,1)”，输入完成后，按<Enter>键，即可在单元格 D3 中显示出员工编号为“DF001”身份证号的第 1 位数字。再次选择单元格 D3，向右拖动填充句柄填充到单元格 U3，然后双击单元格 U3 的填充句柄向下自动填充到 U102 单元格，效果如图 7-2 所示。（小提示：由于 D2 单元格位于第 4 列，COLUMN(D2)的结果为 4，截取身份证号时要从第 1 位开始，所以 MID 函数中的第 2 个参数为 COLUMN(D2)−3。）

员工编号	身份证号	第1位	第2位	第3位	第4位	第5位	第6位	第7位	第8位	第9位	第10位	第11位	第12位	第13位	第14位	第15位	第16位	第17位	第18位	计算校验码	校验结果
DF001	310************136	3	1	0	•	•	•	•	•	•	•	•	•	•	•	•	1	3	6		
DF002	372************51X	3	7	2	•	•	•	•	•	•	•	•	•	•	•	•	5	1	X		
DF003	110************144	1	1	0	•	•	•	•	•	•	•	•	•	•	•	•	1	4	4		
DF004	110************129	1	1	0	•	•	•	•	•	•	•	•	•	•	•	•	1	2	9		
DF005	410************217	4	1	0	•	•	•	•	•	•	•	•	•	•	•	•	2	1	7		
DF006	110************122	1	1	0	•	•	•	•	•	•	•	•	•	•	•	•	1	2	2		
DF007	551************12X	5	5	1	•	•	•	•	•	•	•	•	•	•	•	•	1	2	X		
DF008	372************514	3	7	2	•	•	•	•	•	•	•	•	•	•	•	•	5	1	4		
DF009	410************231	4	1	0	•	•	•	•	•	•	•	•	•	•	•	•	2	3	1		
DF010	110************125	1	1	0	•	•	•	•	•	•	•	•	•	•	•	•	1	2	5		
DF011	370************154	3	7	0	•	•	•	•	•	•	•	•	•	•	•	•	1	5	4		
DF012	610************379	6	1	0	•	•	•	•	•	•	•	•	•	•	•	•	3	7	9		
DF013	420************219	4	2	0	•	•	•	•	•	•	•	•	•	•	•	•	2	1	9		
DF014	327************016	3	2	7	•	•	•	•	•	•	•	•	•	•	•	•	0	1	6		
DF015	110************101	1	1	0	•	•	•	•	•	•	•	•	•	•	•	•	1	0	1		
DF016	110************026	1	1	0	•	•	•	•	•	•	•	•	•	•	•	•	0	2	6		
DF017	210************123	2	1	0	•	•	•	•	•	•	•	•	•	•	•	•	1	2	3		
DF018	302************314	3	0	2	•	•	•	•	•	•	•	•	•	•	•	•	3	1	4		
DF019	110************108	1	1	0	•	•	•	•	•	•	•	•	•	•	•	•	1	0	8		
DF020	110************105	1	1	0	•	•	•	•	•	•	•	•	•	•	•	•	1	0	5		
DF021	412************217	4	1	2	•	•	•	•	•	•	•	•	•	•	•	•	2	1	7		
DF022	110************12X	1	1	0	•	•	•	•	•	•	•	•	•	•	•	•	1	2	X		

图7-2　身份证号分离后效果（部分）

身份证号截取完成后，结合“校对参数”表中的各位身份证号对应参数，根据校验码的获取规则：将身份证号的前 17 位数字分别与对应系数相乘，将乘积之和除以 11，得到的余数与“校对参数”表中的“余数与校验码对应关系”表相匹配，得到每一个身份证号所对应的校验码。具体操作如下。

（1）选择单元格 V3，在其中输入公式“=TEXT(VLOOKUP(MOD(SUMPRODUCT(D3:T3*校对参数!$E$5:$U$5),11),校对参数!$B$5:$C$15,2,0),"@")”，按<Enter>键结束输入，利用填充句柄填充到 V102 单元格。

（2）选择单元格 W3，切换到“公式”选项卡，单击“函数库”功能组中的“插入函数”按钮，如图 7-3 所示，打开“插入函数”对话框，选择“选择函数”列表框中的“IF”选项，如图 7-4 所示，打开“函数参数”对话框，在“Logical_test”文本框中输入条件表达式“U3=V3”，在“Value_if_true”文本框中输入“"正确"”，在“Value_if_false”文本框中输入“"错误"”，如图 7-5 所示。单击“确定”按钮返回表格中，得到计算结果“正确”，利用填充句柄填充到 W102 单元格。

图7-3　“插入函数”按钮

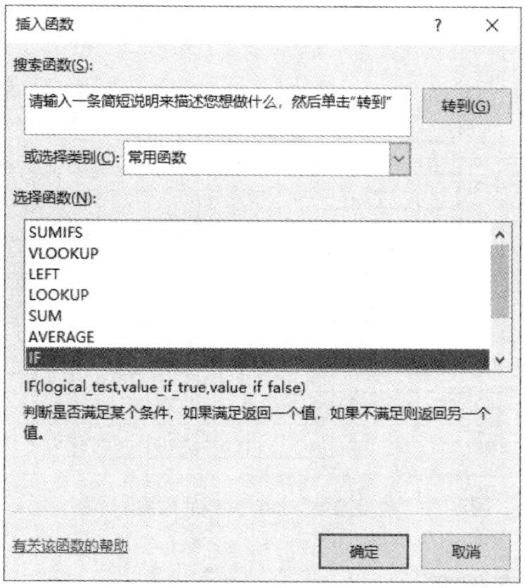

插入函数
搜索函数(S):
请输入一条简短说明来描述您想做什么，然后单击"转到"
转到(G)
或选择类别(C): 常用函数
选择函数(N):
SUMIFS
VLOOKUP
LEFT
LOOKUP
SUM
AVERAGE
IF
IF(logical_test,value_if_true,value_if_false)
判断是否满足某个条件，如果满足返回一个值，如果不满足则返回另一个值。
有关该函数的帮助
确定
取消

图7–4　“插入函数”对话框

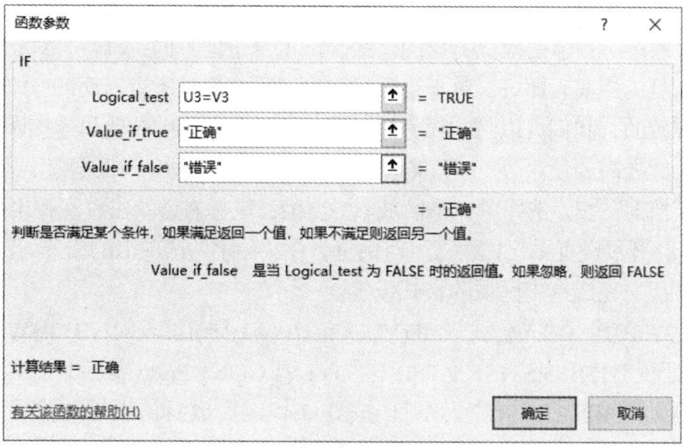

函数参数
IF
Logical_test　U3=V3　= TRUE
Value_if_true　"正确"　= "正确"
Value_if_false　"错误"　= "错误"
= "正确"
判断是否满足某个条件，如果满足返回一个值，如果不满足则返回另一个值。
Value_if_false　是当 Logical_test 为 FALSE 时的返回值。如果忽略，则返回 FALSE
计算结果 = 正确
有关该函数的帮助(H)
确定
取消

图7–5　“函数参数”对话框

（3）为了突出显示“错误”的校验结果，可以利用条件格式设置其字体颜色与填充颜色。使单元格区域 W3:W102 处于选中状态，切换到“开始”选项卡，单击“样式”功能组中的“条件格式”下拉按钮，在下拉列表中选择“新建规则”选项，打开“新建格式规则”对话框，在“选择规则类型”列表框中选择“使用公式确定要设置格式的单元格”选项，在“为符合此公式的值设置格式”文本框中输入公式“=IF($W3="错误",TRUE,FALSE)”，单击“格式”按钮，打开“设置单元格格式”对话框，在“字体”选项卡中设置“字体颜色”为“标准色”栏中的“红色”、设置“字形”为“加粗”，在“填充”选项卡中设置“背景色”为“浅绿”，单击“确定”按钮返回“新建格式规则”对话框，如图 7-6 所示。单击“确定”按钮，完成条件格式设置，效果如图 7-7 所示。

新建格式规则
选择规则类型(S):
► 基于各自值设置所有单元格的格式
► 只为包含以下内容的单元格设置格式
► 仅对排名靠前或靠后的数值设置格式
► 仅对高于或低于平均值的数值设置格式
► 仅对唯一值或重复值设置格式
► 使用公式确定要设置格式的单元格
编辑规则说明(E):
为符合此公式的值设置格式(O):
=if($W3="错误",TRUE,FALSE)
预览:
微软卓越 AaBbCc
格式(F)...
确定
取消

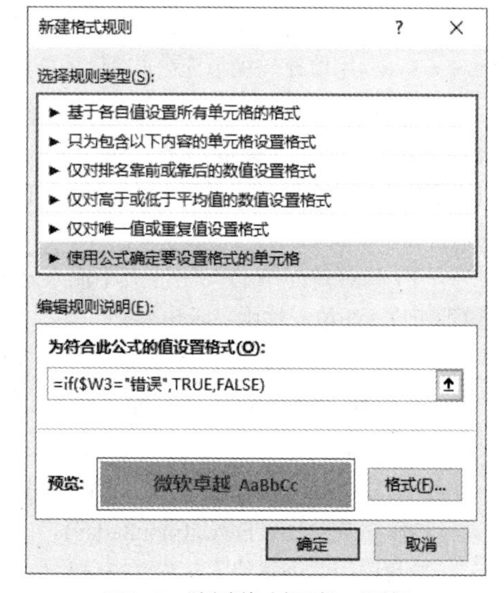

图7–6　“新建格式规则”对话框

	A	B	C	D	E	F	G	H	I	J	K	L	M	N	O	P	Q	R	S	T	U	V	W
1																							
2		员工编号	身份证号	第1位	第2位	第3位	第4位	第5位	第6位	第7位	第8位	第9位	第10位	第11位	第12位	第13位	第14位	第15位	第16位	第17位	第18位	计算校验码	校验结果
3		DF001	310************136	3	1	0	•	•	•	•	•	•	•	•	•	•	•	•	1	3	6	6	正确
4		DF002	372************51X	3	7	2	•	•	•	•	•	•	•	•	•	•	•	•	5	1	X	X	正确
5		DF003	110************144	1	1	0	•	•	•	•	•	•	•	•	•	•	•	•	1	4	4	4	正确
6		DF004	110************129	1	1	0	•	•	•	•	•	•	•	•	•	•	•	•	1	2	9	5	错误
7		DF005	410************217	4	1	0	•	•	•	•	•	•	•	•	•	•	•	•	2	1	7	7	正确
8		DF006	110************122	1	1	0	•	•	•	•	•	•	•	•	•	•	•	•	1	2	2	2	正确
9		DF007	551************12X	5	5	1	•	•	•	•	•	•	•	•	•	•	•	•	1	2	X	X	正确
10		DF008	372************514	3	7	2	•	•	•	•	•	•	•	•	•	•	•	•	5	1	4	4	正确
11		DF009	410************231	4	1	0	•	•	•	•	•	•	•	•	•	•	•	•	2	3	1	1	正确
12		DF010	110************125	1	1	0	•	•	•	•	•	•	•	•	•	•	•	•	1	2	5	5	正确
13		DF011	370************154	3	7	0	•	•	•	•	•	•	•	•	•	•	•	•	1	5	4	4	正确
14		DF012	610************379	6	1	0	•	•	•	•	•	•	•	•	•	•	•	•	3	7	9	9	正确
15		DF013	420************219	4	2	0	•	•	•	•	•	•	•	•	•	•	•	•	2	1	9	9	正确
16		DF014	327************016	3	2	7	•	•	•	•	•	•	•	•	•	•	•	•	0	1	6	6	正确
17		DF015	110************101	1	1	0	•	•	•	•	•	•	•	•	•	•	•	•	1	0	1	1	正确
18		DF016	110************026	1	1	0	•	•	•	•	•	•	•	•	•	•	•	•	0	2	6	6	正确
19		DF017	210************123	2	1	0	•	•	•	•	•	•	•	•	•	•	•	•	1	2	3	3	正确
20		DF018	302************314	3	0	2	•	•	•	•	•	•	•	•	•	•	•	•	3	1	4	4	正确
21		DF019	110************108	1	1	0	•	•	•	•	•	•	•	•	•	•	•	•	1	0	8	8	正确
22		DF020	110************105	1	1	0	•	•	•	•	•	•	•	•	•	•	•	•	1	0	5	5	正确
23		DF021	412************217	4	1	2	•	•	•	•	•	•	•	•	•	•	•	•	2	1	7	7	正确
24		DF022	110************12X	1	1	0	•	•	•	•	•	•	•	•	•	•	•	•	1	2	X	X	正确

图7-7　“校验结果”计算完成后效果图（部分）

7.2.2　完善员工档案信息

员工的身份证号中包含了员工的性别、出生日期等信息，所以在员工档案表中录入正确的身份证号很重要。通过上一节的操作，我们已经验证了身份证号的正确性，对于正确的号码，直接将其录入员工档案表即可；对于错误的身份证号，假设所有错误的号码都是最后一位校验码输错导致的，我们可以将错误号码的前 17 位与正确的校验码连接，即可得到正确的身份证号。此处需要使用 IF、VLOOKUP、MID 函数的嵌套。根据以上思路具体操作如下。

（1）切换到“员工档案”表，选择单元格区域 C3:C102，鼠标右键单击，从弹出的快捷菜单中选择“设置单元格格式”选项，打开“设置单元格格式”对话框，在“数字”选项卡的“分类”列表框中选择“常规”选项，单击“确定”按钮，完成选中区域的格式设置。

（2）选择单元格 C3，在其中输入公式“=IF(VLOOKUP(A3,身份证校对!$B$3:$W$102,22,0)="错误",MID(VLOOKUP(A3,身份证校对!$B$3:$W$102,2,0),1,17) & VLOOKUP(A3,身份证校对!$B$3:$W$102,21,0),VLOOKUP(A3,身份证校对!$B$3:$W$102,2,0))”，按<Enter>键完成身份证号的输入。（小提示：公式利用 VLOOKUP 函数查找员工档案工作表中“员工编号”与身份证校对工作表中对应的“校验结果”，如果返回结果为“正确”则直接返回与查找编号相对应的身份证号，如果返回结果为“错误”则利用 MID 函数截取员工编号相对应的身份证号前 17 位之后将其与正确的校验码相连接，从而得到正确的身份证号。）

（3）利用填充句柄填充公式到 C102 单元格，效果如图 7-8 所示。

在 18 位的身份证号中，第 17 位是判断性别的数字，奇数代表男性，偶数代表女性，可以利用 MID 函数将第 17 位数字提取出来，然后利用 MOD 函数取第 17 位数字除以 2 的余数，如果余数为 0，则第 17 位是偶数，也就是该身份证号对应员工的性别是女性，反之，则说明身份证号对应员工性别为男性。具体操作如下。

（1）选择单元格 D3，并在其中输入公式“=IF(MOD(MID(C3,17,1),2),"男","女")”，输入完成后，按<Enter>键即可在 D3 单元格中显示出性别。

（2）再次选择单元格 D3，利用填充句柄填充到 D102 单元格，效果如图 7-9 所示。

在 18 位身份证号中，第 7 至 14 位是出生日期，可以利用 MID 函数提取年、月、日数字，然后利用 DATE 函数进行格式转换。

DATE 函数功能：返回代表特定日期的序列号。

语法格式：DATE(year,month,day)。

参数说明：year 代表年份；month 是每年中月份的数字，day 是在该月份中第几天的数字。

了解了所需要的函数之后，具体操作如下。

	A	B	C
1			
2	员工编号	姓名	身份证号
3	DF001	万*山	310************136
4	DF002	林*龙	372************51X
5	DF003	花*影	110************144
6	DF004	杨*慧	110************125
7	DF005	卓*雄	410************217
8	DF006	逍*玲	110************122
9	DF007	马*	551************12X
10	DF008	袁*南	372************514
11	DF009	常*风	410************231
12	DF010	盖*鸣	110************125
13	DF011	萧*和	370************154
14	DF012	周*信	610************379
15	DF013	史*俊	420************219
16	DF014	徐*客	327************016
17	DF015	丁*	110************101
18	DF016	杜*江	110************026
19	DF017	吕*妹	210************123
20	DF018	莫*明	302************314
21	DF019	陈*凤	110************108
22	DF020	李*愁	110************105

图7-8　员工身份证号输入完成后效果（部分）

	A	B	C	D
1				
2	员工编号	姓名	身份证号	性别
3	DF001	万*山	310************136	男
4	DF002	林*龙	372************51X	男
5	DF003	花*影	110************144	女
6	DF004	杨*慧	110************125	女
7	DF005	卓*雄	410************217	男
8	DF006	逍*玲	110************122	女
9	DF007	马*	551************12X	女
10	DF008	袁*南	372************514	男
11	DF009	常*风	410************231	男
12	DF010	盖*鸣	110************125	女
13	DF011	萧*和	370************154	男
14	DF012	周*信	610************379	男
15	DF013	史*俊	420************219	男
16	DF014	徐*客	327************016	男
17	DF015	丁*	110************101	女
18	DF016	杜*江	110************026	女
19	DF017	吕*妹	210************123	女
20	DF018	莫*明	302************314	男
21	DF019	陈*凤	110************108	女
22	DF020	李*愁	110************105	女

图7-9　员工性别输入完成后效果（部分）

（1）选择单元格 E3，并在其中输入公式“=DATE(MID(C3,7,4),MID(C3,11,2),MID(C3,13,2))”，输入完成后，按<Enter>键即可在 E3 单元格中显示出获取的出生日期。

（2）再次选择单元格 E3，利用填充句柄填充到 E102 单元格。

统计了员工的出生日期以后，计算每位员工截止到 2023 年 12 月 31 日的年龄，每满一年才计一岁，一年按 365 天计算。可以利用 DATE 函数将 2023 年 12 月 31 日转换成日期型数据，使其与出生日期的日期型数据做减法，得到的结果除以 365，再用 INT 函数取整。

INT 函数功能：将数值向下取整为最接近的整数。

语法格式：INT(number)。

参数说明：number 是需要进行向下取整的实数。

了解了所需要的函数后，具体操作如下。

（1）选择单元格 F3，并在其中输入公式“=INT((DATE(2023,12,31)-E3)/365)”，输入完成后，按<Enter>键即可在 F3 单元格中显示出第 1 位员工的年龄。

（2）向下拖动填充句柄填充至 F102 单元格，效果如图 7-10 所示。

	A	B	C	D	E	F
1						
2	员工编号	姓名	身份证号	性别	出生日期	年龄
3	DF001	万*山	310************136	男	1977年12月12日	46
4	DF002	林*龙	372************51X	男	1975年10月9日	48
5	DF003	花*影	110************144	女	1972年9月2日	51
6	DF004	杨*慧	110************125	女	1978年12月12日	45
7	DF005	卓*雄	410************217	男	1964年12月27日	59
8	DF006	逍*玲	110************122	女	1973年5月12日	50
9	DF007	马*	551************12X	女	1986年7月31日	37
10	DF008	袁*南	372************514	男	1973年10月7日	50
11	DF009	常*风	410************231	男	1979年8月27日	44
12	DF010	盖*鸣	110************125	女	1985年4月4日	38
13	DF011	萧*和	370************154	男	1972年2月21日	51
14	DF012	周*信	610************379	男	1981年11月2日	42
15	DF013	史*俊	420************219	男	1974年9月28日	49
16	DF014	徐*客	327************016	男	1983年10月12日	40
17	DF015	丁*	110************101	女	1964年10月2日	59
18	DF016	杜*江	110************026	女	1981年11月9日	42
19	DF017	吕*妹	210************123	女	1979年12月3日	44
20	DF018	莫*明	302************314	男	1985年8月9日	38
21	DF019	陈*凤	110************108	女	1978年9月12日	45
22	DF020	李*愁	110************105	女	1980年10月12日	43

图7-10　统计出生日期、年龄后效果图（部分）

7.2.3 计算员工工资总额

员工的工资总额由工龄工资、签约工资、上年月均奖金三部分组成。员工的工龄工资由员工在本公司工龄乘以 50 得到。员工的工龄从员工入职时间开始计算，不足半年按半年计、超过半年按一年计，一年按 365 天计算，计算结果需要保留一位小数。可以利用 DATE 函数将 2023 年 12 月 31 日转换成日期型数据，将其与入职时间做减法，得到的结果除以 365，再用 CEILING 函数四舍五入。

CEILING 函数功能：将参数 number 向上舍入（沿绝对值增大的方向）为最接近的 significance 的倍数。

语法格式：CEILING(number, significance)。

参数说明：number 为必需参数，表示要舍入的值；significance 为必需参数，表示要舍入到的倍数。

了解了所需要的函数后，具体操作如下。

（1）选中 K3 单元格，并在其中输入公式“=CEILING((DATE(2023,12,31)−J3)/365,0.5)”，输入完成后，按<Enter>键即可在 K3 单元格中显示出第一位员工的工龄。

（2）利用填充句柄计算出所有员工的工龄。

（3）选择单元格区域 K3:K102，打开“设置单元格格式”对话框，切换到“数字”选项卡，在“分类”列表框中选择“数值”选项，设置右侧“小数位数”为“1”，如图 7-11 所示。单击“确定”按钮，完成小数位数的设置。

图7−11 “设置单元格格式”对话框

（4）选择单元格 M3，并在其中输入公式“=K3*50”，按<Enter>键确认输入，并利用填充句柄填充到 M102 单元格。

（5）选择单元格 O3，并在其中输入公式“=SUM(L3:N3)”，按<Enter>键确认输入，并利用填充句柄填充到 O102 单元格，效果如图 7-12 所示。

	B	C	D	E	F	G	H	I	J	K	L	M	N	O
1														
2	姓名	身份证号	性别	出生日期	年龄	部门	职务	学历	入职时间	本公司工龄	签约工资	工龄工资	上年月均奖金	工资总额
3	万*山	310************136	男	1977年12月12日	46	管理	项目经理	硕士	2003年7月1日	21.0	12,000.00	1,050.00	972.00	14,022.00
4	林*龙	372************51X	男	1975年10月9日	48	研发	员工	本科	2003年7月2日	21.0	5,600.00	1,050.00	454.00	7,104.00
5	花*影	110************144	女	1972年9月2日	51	人事	员工	本科	2001年6月1日	23.0	5,600.00	1,150.00	454.00	7,204.00
6	杨*慧	110************125	女	1978年12月12日	45	研发	员工	本科	2005年9月1日	18.5	6,000.00	925.00	486.00	7,411.00
7	卓*雄	410************217	男	1964年12月27日	59	管理	技术经理	硕士	2001年3月1日	23.0	10,000.00	1,150.00	810.00	11,960.00
8	逍*玲	110************122	女	1973年5月12日	50	管理	销售经理	硕士	2001年10月1日	22.5	15,000.00	1,125.00	1,215.00	17,340.00
9	马*	551************12X	女	1986年7月31日	37	行政	员工	本科	2010年5月1日	14.0	4,000.00	700.00	324.00	5,024.00
10	袁*南	372************514	男	1973年10月7日	50	研发	员工	本科	2006年5月1日	18.0	6,000.00	900.00	486.00	7,386.00
11	常*风	410************231	男	1979年8月27日	44	研发	员工	本科	2011年4月1日	13.0	6,500.00	650.00	527.00	7,677.00
12	盖*鸣	110************125	女	1985年4月4日	38	市场	员工	中专	2013年1月1日	11.5	3,000.00	575.00	243.00	3,818.00
13	萧*和	370************154	男	1972年2月21日	51	研发	项目经理	硕士	2003年8月1日	20.5	12,000.00	1,025.00	972.00	13,997.00
14	周*信	610************379	男	1981年11月2日	42	行政	员工	本科	2009年5月1日	15.0	4,700.00	750.00	381.00	5,831.00
15	史*俊	420************219	男	1974年9月28日	49	管理	人事经理	硕士	2006年12月1日	17.5	9,500.00	875.00	770.00	11,145.00
16	徐*客	327************016	男	1983年10月12日	40	研发	员工	本科	2010年2月1日	14.0	6,000.00	700.00	486.00	7,186.00
17	丁*	110************101	女	1964年10月2日	59	研发	项目经理	博士	2001年6月1日	23.0	18,000.00	1,150.00	1,458.00	20,608.00
18	杜*江	110************026	女	1981年11月9日	42	市场	员工	中专	2008年12月28日	15.5	3,500.00	775.00	284.00	4,559.00
19	吕*妹	210************123	女	1979年12月3日	44	行政	员工	本科	2007年1月1日	17.5	4,500.00	875.00	365.00	5,740.00
20	莫*明	302************314	男	1985年8月9日	38	研发	员工	硕士	2010年3月1日	14.0	8,500.00	700.00	689.00	9,889.00
21	陈*凤	110************108	女	1978年9月12日	45	研发	员工	本科	2010年3月2日	14.0	6,500.00	700.00	527.00	7,727.00
22	李*愁	110************105	女	1980年10月12日	43	行政	员工	高中	2010年3月3日	14.0	2,500.00	700.00	203.00	3,403.00

图7-12 “工资总额”计算完成后效果图（部分）

7.2.4 计算员工社保

本市上年职工平均月工资为 7086 元，社保基数最低为人均月工资的 60%，最高为人均月工资的 3 倍。当工资总额小于最低基数时，社保基数为最低基数；当工资总额大于最高基数时，社保基数为最高基数；当工资总额在最低基数与最高基数之间时，社保基数为工资总额。利用 IF 函数即可计算社保，具体操作如下。

（1）切换到“员工档案”工作表，按住<Ctrl>键，选择“员工编号”“姓名”“工资总额”3 列数据（注意选择时不包含列标题），右击，在弹出的快捷菜单中选择“复制”选项。

（2）切换到“社保计算”工作表，选择单元格 B4，右击，从弹出的快捷菜单中选择“粘贴选项”栏中的“值”选项，如图 7-13 所示。

图7-13 粘贴选项

（3）选择单元格 E4，并在其中输入公式“=IF(D4<7086*60%,7086*60%,IF(D4>7086*3,7086*3,D4))”。按<Enter>键确认输入，利用填充句柄填充到单元格 E103。

（4）由于每位员工每个险种的应缴社保费用等于个人的社保基数乘以相应的险种费率，所以选择单元格 F4，并在其中输入公式“=E4*社保费率!$B$4”，按<Enter>键确认输入，利用填充句柄填充到单元格 F103。

（5）选择单元格 G4，并在其中输入公式“=E4*社保费率!$C$4”，按<Enter>键确认输入，利用填充句柄填充到单元格 G103。

（6）选择单元格 H4，并在其中输入公式“=E4*社保费率!$B$5”，按<Enter>键确认输入，利用填充句柄填充到单元格 H103。

（7）选择单元格 I4，并在其中输入公式“=E4*社保费率!$C$5”，按<Enter>键确认输入，利用填充句柄填充到单元格 I103。

（8）选择单元格 J4，并在其中输入公式“=E4*社保费率!$B$6”，按<Enter>键确认输入，利用填充句柄填充到单元格 J103。

（9）选择单元格 K4，并在其中输入公式“=E4*社保费率!$C$6”，按<Enter>键确认输入，利用填充句柄填充到单元格 K103。

（10）选择单元格 L4，并在其中输入公式“=E4*社保费率!$B$7”，按<Enter>键确认输入，利用填充句柄填充到单元格 L103。

（11）选择单元格 M4，并在其中输入公式“=E4*社保费率!$C$7”，按<Enter>键确认输入，利用填充句柄填充到单元格 M103。

（12）选择单元格 N4，并在其中输入公式“=E4*社保费率!$B$8”，按<Enter>键确认输入，利用填充句柄填充到单元格 N103。

（13）由于医疗个人负担部分还有个人额外费用一项，所以在单元格 O4 中输入公式“=E4*社保费率!$C$8+社保费率!$D$8”，按<Enter>键确认输入，利用填充句柄填充到单元格 O103。

（14）选中表格中所有的金额数据，即单元格区域 D4:O103，打开“设置单元格格式”对话框，在“数字”选项卡的“分类”列表框中选择“货币”选项，设置“小数位数”为“2”，设置“货币符号”为“¥”，如图 7-14 所示。单击“确定”按钮，完成所选区域的单元格格式设置。

图7-14　设置“货币”格式

（15）单击“保存”按钮，保存工作簿文件，完成员工社保情况的数据统计。

7.3 任务小结

本任务通过对员工社保情况的统计分析讲解了 Excel 2019 中公式和函数的使用、单元格的引用、函数嵌套使用等内容。在实际操作中大家还需要注意以下问题。

1. 当公式中引用了自身所在的单元格时，不论是直接引用还是间接引用，都称为循环引用。例如，在单元格 A2 中输入公式“=1+A2”，由于公式出现在单元格 A2 中，相当于单元格 A2 引用了单元格 A2，此时就产生了循环引用，公式输入完成，按<Enter>键后，系统将弹出图 7-15 所示的提示框。单击“确定”按钮，将会定位循环引用；单击“帮助”按钮，可查看循环引用更多的信息。

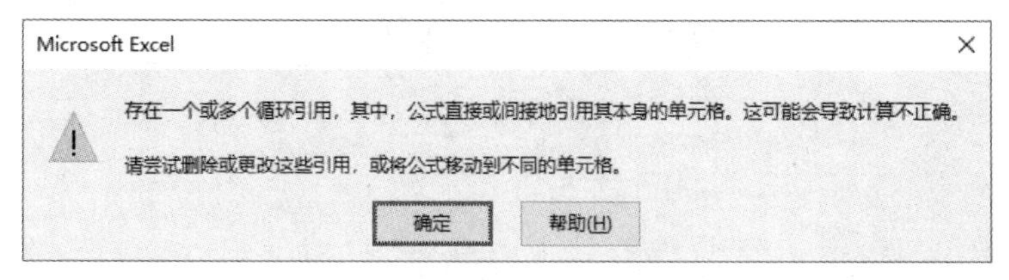

图7-15　循环引用后的提示框

若必须使用循环引用，且需要得到正确的结果，需要启用迭代计算功能。如在单元格 A3 中输入公式“=A1+A2”，在单元格 A1 中输入数据“1”，在单元格 A2 中输入公式“=A3*2”，这样单元格 A2 的值又依赖于 A3，而 A3 单元格的值又依赖于 A2，形成了间接的循环引用。此时可进行如下操作。

（1）新建一个空白工作簿，单击“文件”按钮，在下拉列表中选择“选项”选项，打开“Excel 选项”对话框。

（2）选择“公式”选项，在“计算选项”栏中勾选“启用迭代计算”复选框，如图 7-16 所示。

图7-16　“Excel选项”对话框

（3）单击“确定”按钮，完成循环引用的设置。

2. 由于 Excel 内置函数太多，我们无法一一掌握，此时可以利用 Excel 内置的帮助系统。利用该系统，用户可以解决使用 Excel 过程中的各种疑问，包括 Excel 的新技术、函数说明及应用等。启用 Excel 的帮助系统，操作如下。

（1）打开工作簿窗口，按<F1>键，打开 Excel“帮助”窗格，如图 7-17 所示。

（2）在搜索框中输入关键词“RANK”，在下拉列表中将自动出现“RANK”关键词相关的选项，如图 7-18 所示选择列表中的“rank 函数”选项，按<Enter>键即可在窗口中看到 RANK 函数的说明、参数含义等内容，如图 7-19 所示。

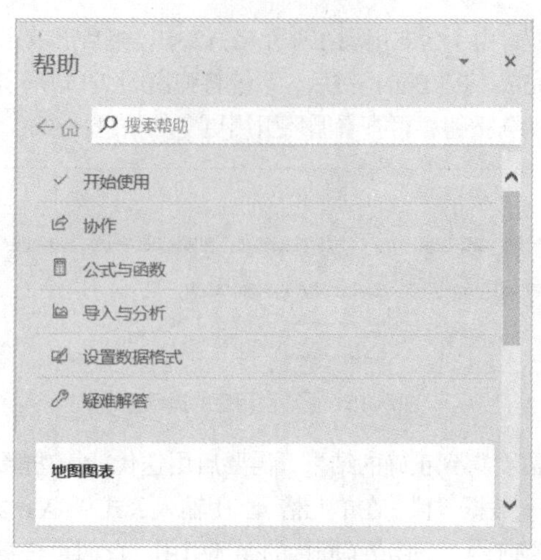

图7-17 “帮助”窗格

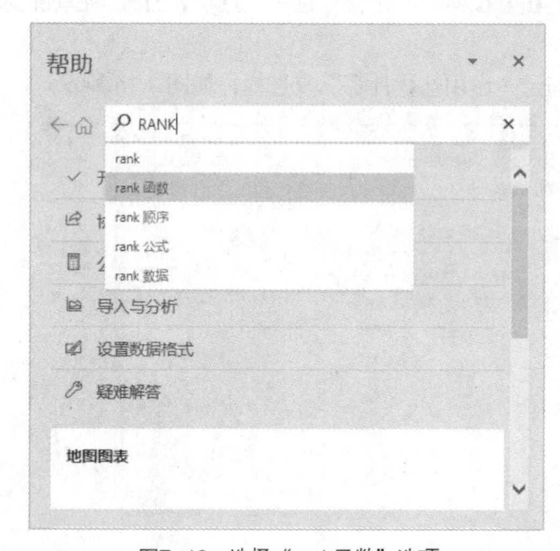

图7-18 选择“rank函数”选项

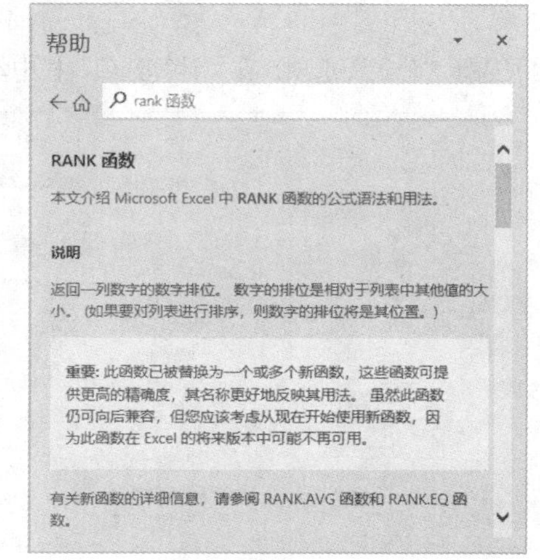

图7-19 “RANK函数”相关信息（部分）

3. 常见函数举例

查找引用函数。

- VLOOKUP：一般格式是VLOOKUP(要查找的值,查找区域,数值所在列,匹配方式)，功能是按列查找，最终返回该列所需查询列序所对应的值。其中匹配方式是一个逻辑值，如果为TRUE或1，函数将查找近似匹配值，如果为FALSE或0，则返回精确匹配结果。
- HLOOKUP：一般格式是HLOOKUP(要查找的值,查找区域,数值所在行,匹配方式)，功能是按行查找，最终返回该行所需查询行序所对应的值。其中匹配方式是一个逻辑值，如果为TRUE或1，函数将查找近似匹配值，如果为FALSE或0，则返回精确匹配结果。

文本函数。

- LEFT：一般格式是LEFT(文本字符串,截取长度)，用于从文本的开头返回指定长度的子串。
- RIGHT：一般格式是RIGHT(文本字符串,截取长度)，用于从文本的尾部返回指定长度的子串。
- MID：一般格式是MID(文本字符串,起始位置,截取长度)，用于从文本的指定位置返回指定长度的子串。
- LEN：一般格式是LEN(文本字符串)，用于统计文本字符串中的字符个数。

日期与时间函数。

- TODAY：一般格式是TODAY()，功能是显示当前的日期。该函数没有参数。

- NOW：一般格式是 NOW()，功能是返回当前的日期和时间。该函数没有参数。
- YEAR：一般格式是 YEAR(serial-number)，功能是返回某日期对应的年份。serial-number 为一个日期值，其中包含需要查找年份的日期。
- MONTH：一般格式是 MONTH(serial-number)，功能是返回某日期对应的月份。
- DAY：一般格式是 DAY(serial-number)，功能是返回某日期对应当月的第几天。
- WEEKDAY：一般格式是 WEEKDAY(serial-number,return_type)，功能是返回某日为星期几。serial-number 为必需的参数，代表指定的日期或引用含有日期的单元格；return_type 为可选参数，表示返回值类型，其值为 1 或省略时，返回数字 1（星期日）到数字 7（星期六），其值为 2 时，返回数字 1（星期一）到数字 7（星期日），其值为 3 时，返回数字 0（星期一）到数字 6（星期日）。

7.4 经验技巧

7.4.1 巧用剪贴板

Office 剪贴板是内存中的一块区域，能够暂存 Office 文档或其他程序复制的多个文本和图片项目，并将其粘贴到另一个 Office 文档中。使用剪贴板，可以在文档中根据需要排列所复制的项目。

Office 剪贴板使用标准的“复制”和“粘贴”命令。只需要将项目复制到剪贴板，将其添加到项目集合中，就可以随时将其从剪贴板粘贴到任何 Office 文档中。收集的项目将保留在剪贴板中，直到退出所有 Office 程序或从剪贴板窗格中将其删除。

在日常的工作中，复制和粘贴操作非常频繁，经常出现需要多次复制多个文本或图片的情况，如果文本和图片放在不同的文件中，每次都要到不同的文件中去复制，会花费很多时间，降低工作效率，此时，利用剪贴板可以很好地解决此问题，操作如下。

（1）在打开的工作簿文件中，切换到“开始”选项卡，单击“剪贴板”功能组右下角的对话框启动器按钮，打开“剪贴板”窗格，如图 7-20 所示。

（2）右击需要粘贴的项目右侧的下拉按钮，在下拉列表中选择“粘贴”选项，如图 7-21 所示，即可实现该项目的快速粘贴。

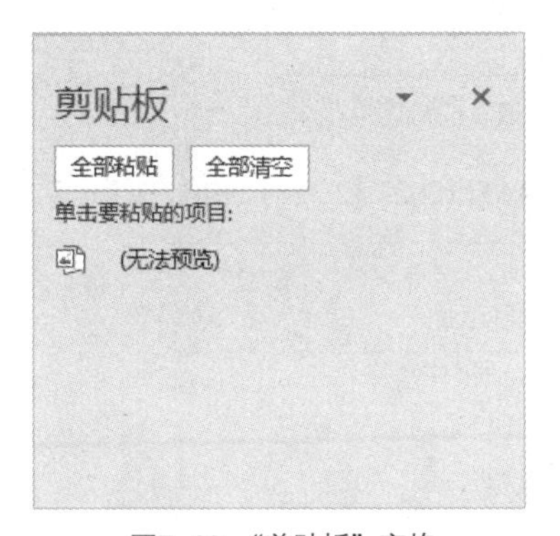

图7-20 “剪贴板”窗格

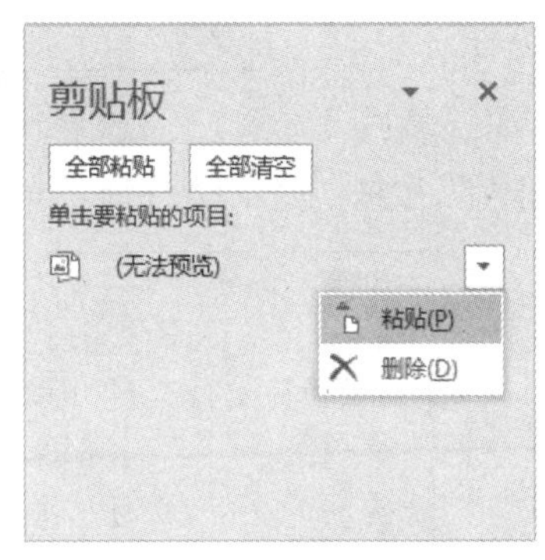

图7-21 “粘贴”选项

使用此方法进行快速粘贴时，需要注意以下事项。

- 剪贴板中可容纳的项目数最多为 24 个，若超出此限制，则按复制时间的先后次序依次被后来的项目所替换。
- 单击“选项”下拉按钮，可以通过其中的“按 Ctrl+C 两次后显示 Office 剪贴板”选项，快速调出 Office 剪贴板窗格，如图 7-22 所示。

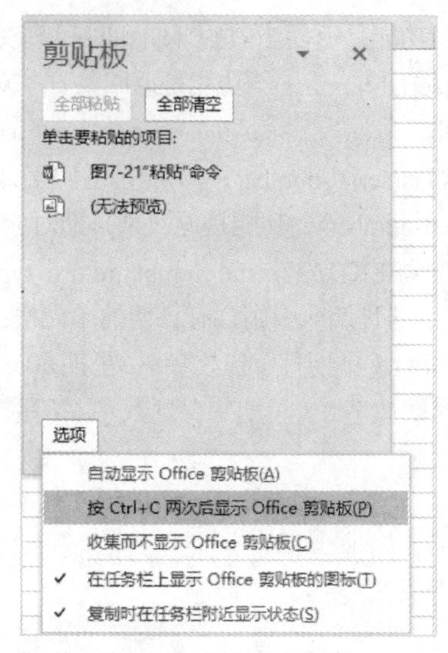

图7-22　剪贴板“选项”

7.4.2　使用公式求值分步检查

Excel 公式运用无处不在，当对公式计算结果产生怀疑，想查看指定单元格中公式的计算过程与结果时，可利用 Excel 提供的公式求值功能，使用该功能可大大提高检查错误公式的效率。以“员工档案”表为例，可进行如下操作。

（1）切换到“员工社保统计表”工作簿中的“员工档案”表，选择单元格 F3。

（2）切换到“公式”选项卡，单击“公式审核”功能组中的“公式求值”按钮，如图 7-23 所示，打开“公式求值”对话框。

图7-23　“公式求值”按钮

（3）单击“求值”按钮，如图 7-24 所示，可看到“DATE(2023,12,31)”的值，如图 7-25 所示。

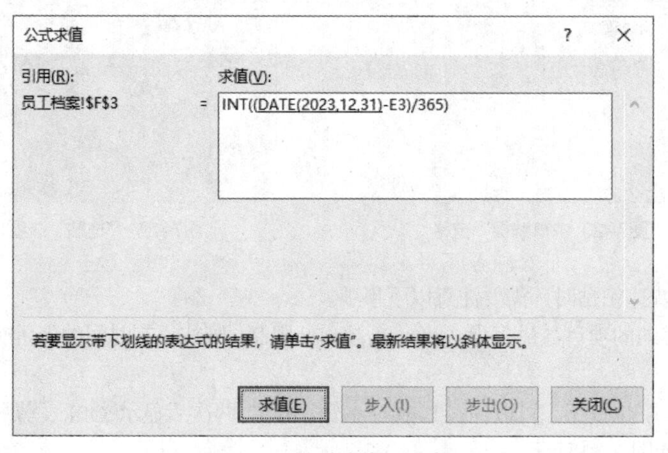

图7-24　“公式求值”对话框

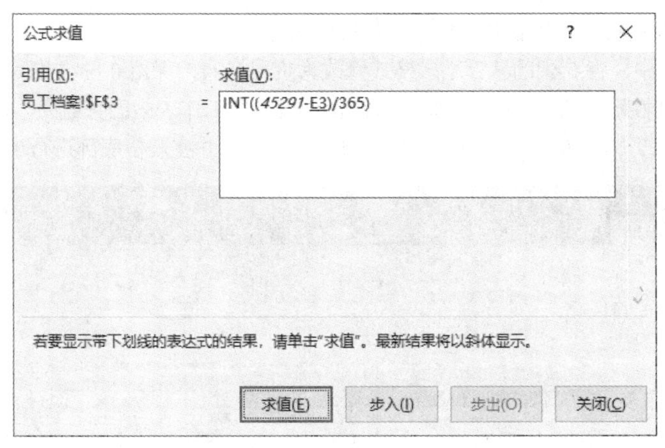

图7-25　DATE函数求值结果

（4）继续单击"求值"按钮，最后可在界面中看到公式计算的结果，最后单击"关闭"按钮，如图 7-26 所示。单击"重新启动"按钮，可重新进行分步计算。

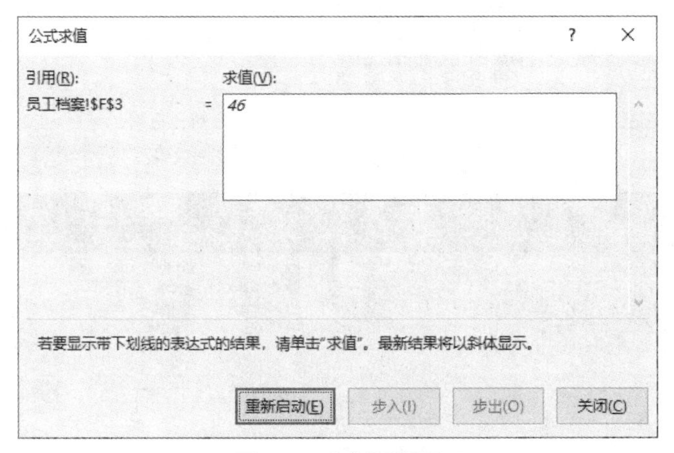

图7-26　公式最后结果

7.5　拓展训练

王明是某在线销售数码产品公司的管理人员，于 2023 年年初随机抽取了 100 名网站注册会员，准备使用 Excel 分析他们上一年度的消费情况（效果如图 7-27、图 7-28 所示），请根据素材文件夹中的"Excel.xlsx"进行操作。具体要求如下。

（1）将"客户资料"工作表中数据区域 A1:F101 转换为表，将表的名称修改为"客户消费资料"，并取消隔行的底纹效果。

（2）将"客户消费资料"工作表 B 列中所有的"M"替换为"男"，所有的"F"替换为"女"。

（3）修改"客户消费资料"工作表 C 列中的日期格式，要求格式如"80 年 5 月 9 日"（年份只显示后两位）。

（4）在"客户消费资料"工作表 D 列中，计算每位顾客到 2023 年 1 月 1 日为止的年龄，规则为每到下一个生日，计 1 岁。

（5）在"客户消费资料"工作表 E 列中，计算每位顾客到 2023 年 1 月 1 日为止所处的年龄段，年龄段的划分标准位于 H 和 I 列中。

（6）在“客户消费资料”工作表 F 列中，计算每位顾客 2022 年全年消费金额，各季度的消费情况位于“2022 年消费”工作表中，将 F 列的计算结果格式修改为货币格式，保留 0 位小数。

（7）在“按年龄和性别”工作表中，根据“客户消费资料”工作表中已完成的数据，在 B 列、C 列和 D 列中分别计算各年龄段男顾客人数、女顾客人数、顾客总人数，并在表格底部进行求和汇总。

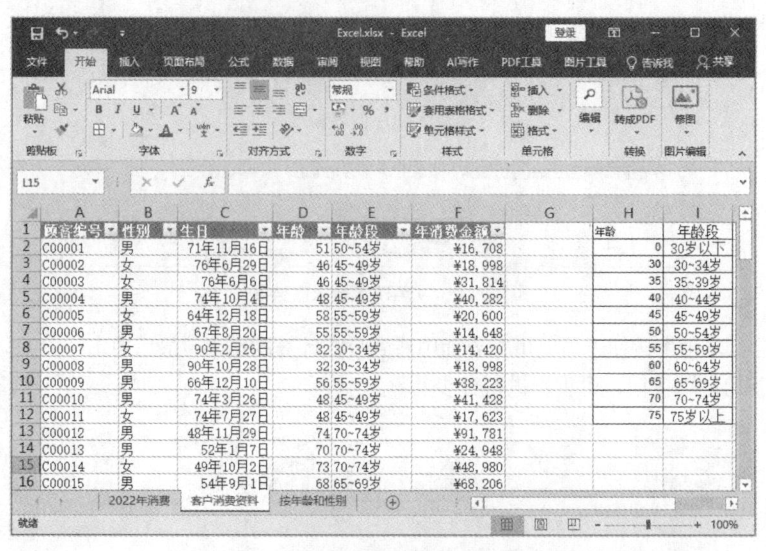

图7-27 完成后的“客户消费资料”表效果图

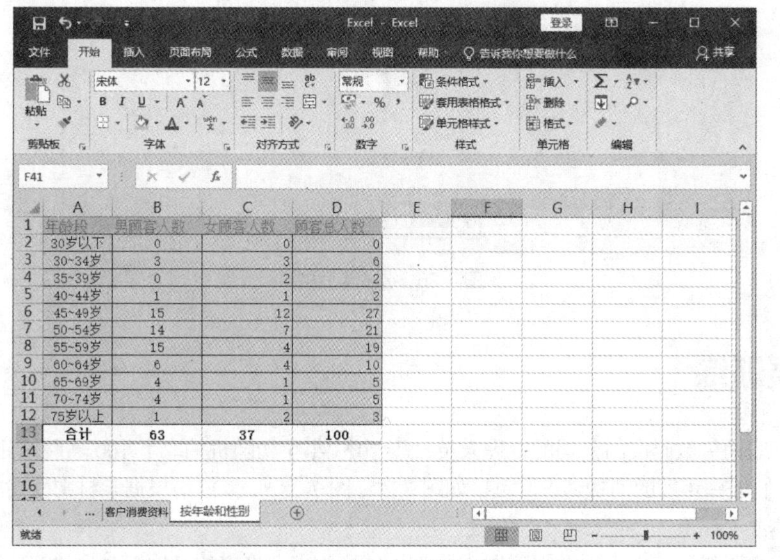

图7-28 完成后的顾客人数统计表效果图

任务8

制作销售图表

8.1 任务简介

下面展示任务的要求与效果，分析任务完成的学习目标。

8.1.1 任务需求与效果展示

李玲是某办公用品经营公司的经理助理，现在要统计分析 2022 年、2023 年公司公文包销售的情况，需要在每月销售数据的基础上制作一张统计图表，以查看两年销售量对比情况。利用 Excel 的图表功能李玲完成了此任务，效果如图 8-1 所示。

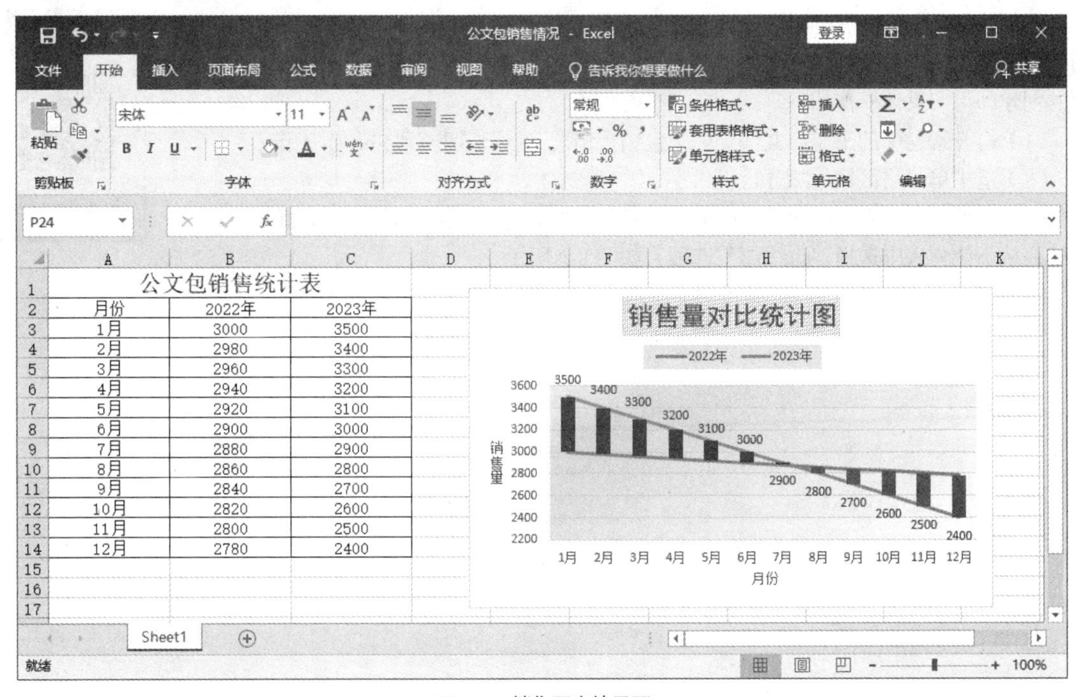

公文包销售统计表

月份	2022年	2023年
1月	3000	3500
2月	2980	3400
3月	2960	3300
4月	2940	3200
5月	2920	3100
6月	2900	3000
7月	2880	2900
8月	2860	2800
9月	2840	2700
10月	2820	2600
11月	2800	2500
12月	2780	2400

图8-1 销售图表效果图

素养小贴士

脱贫攻坚精神

脱贫攻坚精神，即上下同心、尽锐出战、精准务实、开拓创新、攻坚克难、不负人民。

8.1.2 任务目标

知识目标：

- 了解图表的分类；
- 了解图表的作用。

技能目标：

- 掌握图表的创建；
- 掌握图表元素的添加与格式设置；
- 掌握图表的美化。

素养目标：

- 树立敢于创造的思想观念；
- 培养追求进步的责任感与使命感。

8.2 任务实现

8.2.1 创建图表

在创建图表之前，需要制作或打开一个需要创建图表的数据表格，然后再选择合适的图表类型进行图表的创建。本任务中已有两年的销售数据，所以根据素材数据直接进行图表的创建即可。具体操作如下。

（1）打开素材中的工作簿文件“公文包销售情况.xlsx”，切换到 Sheet1 工作表。

（2）选中单元格区域 A2:C14。

（3）切换到“插入”选项卡，单击“图表”功能组中的“插入折线图或面积图”下拉按钮，从下拉列表中选择“折线图”选项，如图 8-2 所示。

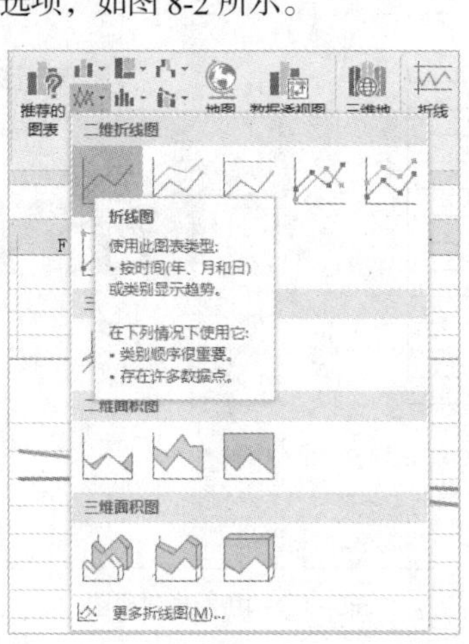

图8–2 “折线图”选项

（4）工作表中插入一个折线图，如图 8-3 所示。

公文包销售统计表		
月份	2022年	2023年
1月	3000	3500
2月	2980	3400
3月	2960	3300
4月	2940	3200
5月	2920	3100
6月	2900	3000
7月	2880	2900
8月	2860	2800
9月	2840	2700
10月	2820	2600
11月	2800	2500
12月	2780	2400

图表标题

4000 3500 3000 2500 2000 1500 1000 500 0

1月 2月 3月 4月 5月 6月 7月 8月 9月 10月 11月 12月

2022年　2023年

图8-3　插入“折线图”

8.2.2　图表元素的添加与格式设置

一个专业的图表是由多个不同的图表元素组合而成的。用户在实际操作中经常需要对图表的各元素进行格式设置。根据任务的效果图，我们逐一进行操作。

1. 设置图表标题

图表标题是图表的一个重要组成部分，通过图表标题用户可以快速了解图表的作用，具体操作如下。

（1）单击“图表标题”占位符，修改其文字为“销售量对比统计图”。

（2）再次单击“图表标题”占位符，切换到“开始”选项卡，在“字体”功能组中，设置图表标题文本的字体为“黑体”，字号为“18”，加粗。

（3）右击“图表标题”占位符，从弹出的快捷菜单中选择“设置图表标题格式”选项，如图 8-4 所示，打开“设置图表标题格式”窗格。

（4）在“填充与线条”选项卡中单击“图案填充”单选按钮，在“图案”栏中选择“点线：25%”选项，如图 8-5 所示。

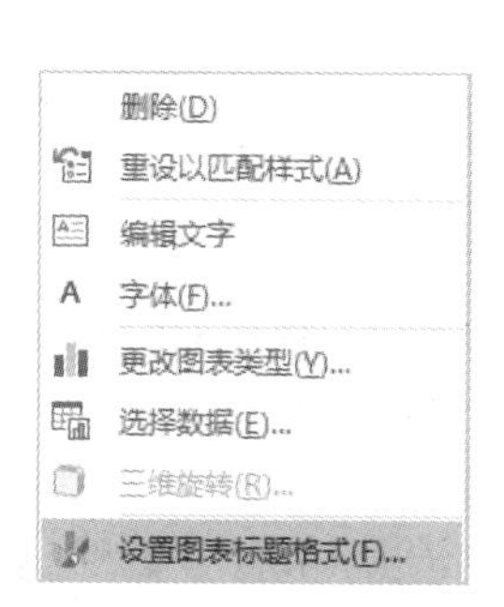

图8-4　“设置图表标题格式”选项

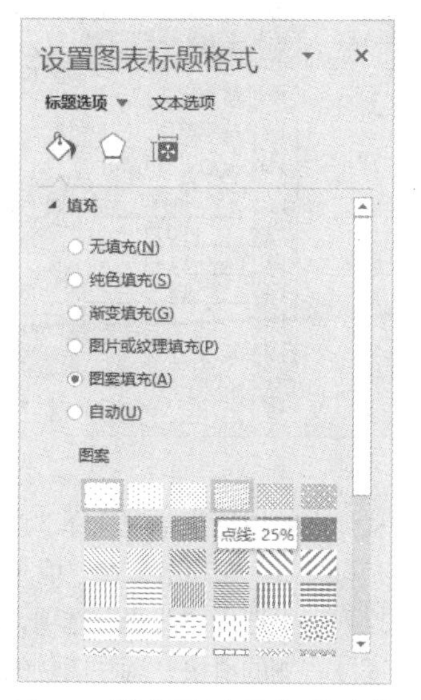

图8-5　“设置图表标题格式”窗格

（5）单击“设置图表标题格式”窗格的“关闭”按钮，返回工作表中，即可完成图表标题的格式设置，效果如图 8-6 所示。

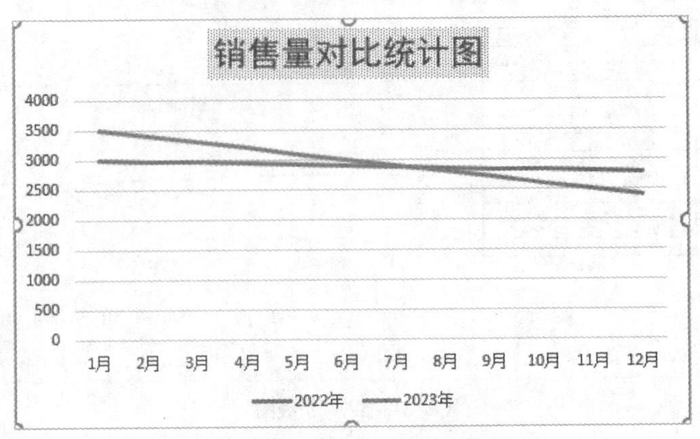

图8-6　“图表标题”设置完成后效果图

2. 设置图例

图例是图表的一个重要元素，它的存在保证了用户可以快速、准确地识别图表，用户不仅可以调整图例的位置，还可以对图例的格式进行修改。具体操作如下。

（1）选中图表，切换到“图表工具 | 设计”选项卡，单击“图表布局”功能组中的“添加图表元素”下拉按钮，从下拉列表中选择“图例”级联菜单中的“顶部”选项，如图 8-7 所示。

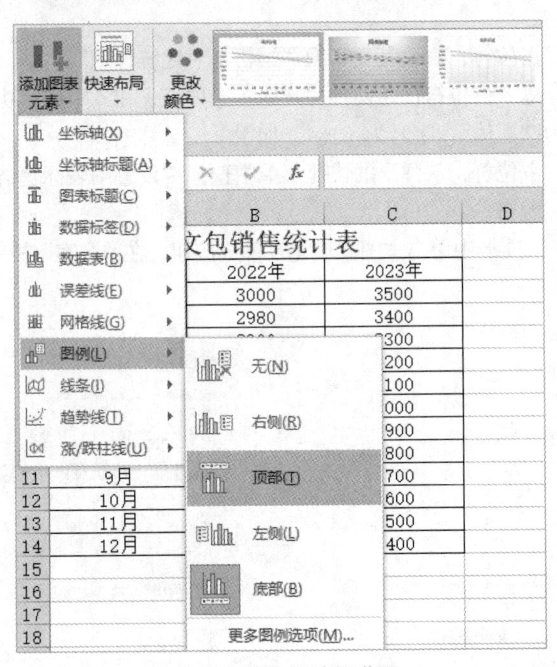

图8-7　设置“图例”位置

（2）右击图例，从弹出的快捷菜单中选择“设置图例格式”选项，打开“设置图例格式”窗格。

（3）切换到“填充与线条”选项卡，在“填充”栏中单击“纯色填充”单选按钮，之后单击“颜色”右侧的下拉按钮，从下拉列表中选择“浅绿”选项，如图 8-8 所示。

（4）拖动“透明度”右侧的滑块，调整图例的填充颜色透明度为“70%”，如图 8-9 所示。

（5）单击“设置图例格式”窗格的“关闭”按钮，完成图例的格式设置，如图 8-10 所示。

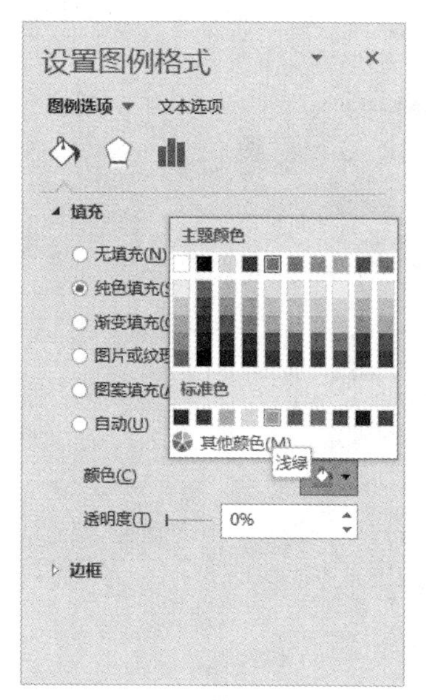

图8-8　设置图例填充颜色

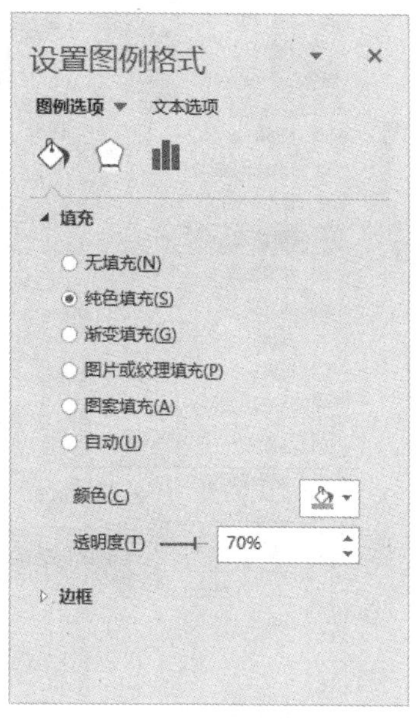

图8-9　设置图例透明度

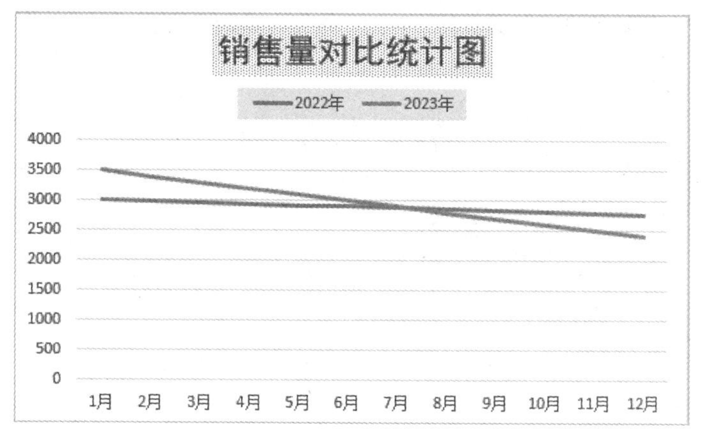

图8-10　图例设置完成后效果图

3. 添加数据标签

为了使用户快速识别图表中的数据系列，可以为图表的数据点添加数据标签，使用户更加清楚地了解该数据系列的具体数值。由于默认情况下图表中的数据标签没有显示出来，需要用户手动将其添加到图表中。具体操作如下。

（1）选择图表中的“2023 年”数据系列，切换到“图表工具 | 设计”选项卡，单击“图表布局”功能组中的“添加图表元素”下拉按钮，从下拉列表中选择“数据标签”级联菜单中的“下方”选项，如图 8-11 所示，即可为选中的数据系列添加数据标签。

（2）单击图表中的数据标签，选择所有数据标签。再单击“3500”数据标签，此时只选中了一个数据标签，用鼠标拖动此数据标签到折线上方，然后用同样的方法将大于等于 3000 的数据标签拖动到折线上方适当的位置。

（3）在拖动数据标签的过程中，随着数据标签与数据系列距离的增大，在数据标签与数据系列之间会出现引导线，为了去除这些引导线，可右击数据标签，从弹出的快捷菜单中选择“设置数据标签格式”选项，打开“设置数据标签格式”窗格，在“标签选项”栏中取消勾选“显示引导线”复选框，如图 8-12 所示。

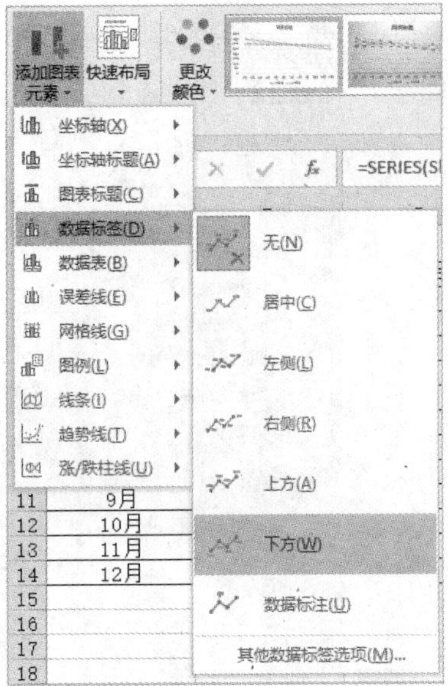

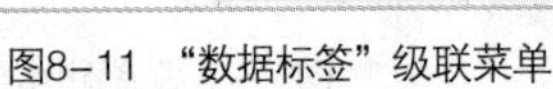

图8-11 “数据标签”级联菜单

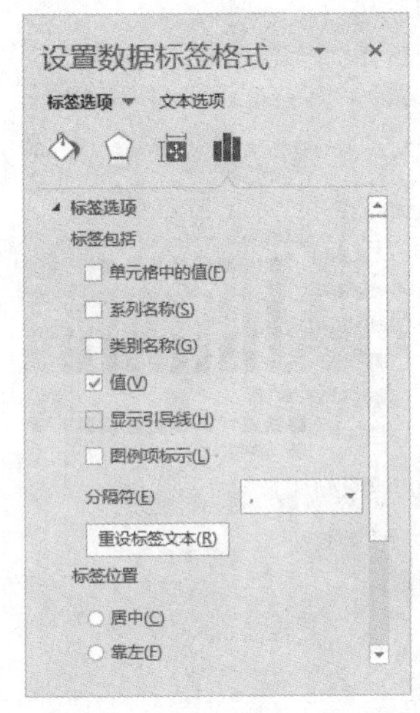

图8-12 “设置数据标签格式”窗格

（4）单击“设置数据标签格式”窗格的“关闭”按钮，返回工作表，完成数据标签格式的设置，如图 8-13 所示。

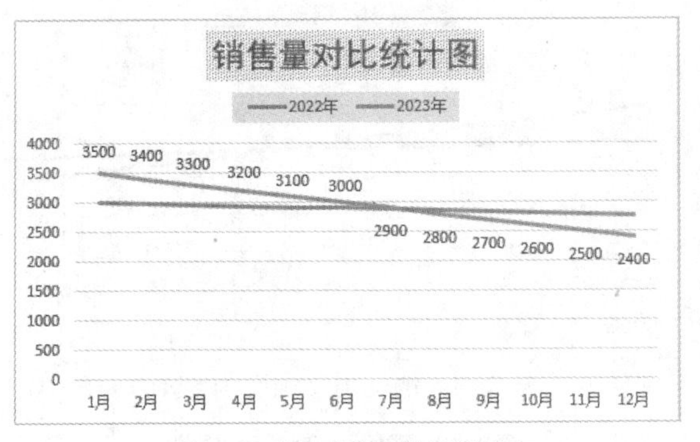

图8-13 添加数据标签后效果图

4. 添加坐标轴标题

为了帮助用户更轻松地查看图表的数据内容，可以在创建图表时为坐标轴添加标题。具体操作如下。

（1）选中图表，单击右侧的“图表元素”按钮，从展开的列表中勾选“坐标轴标题”复选框，如图 8-14 所示。

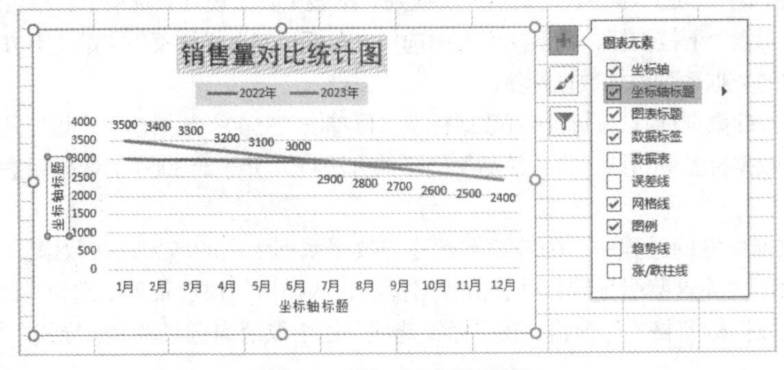

图8-14 添加“坐标轴标题”

（2）修改图表左侧纵坐标标题为“销售量”，修改图表下方横坐标标题为“月份”。

（3）右击图表左侧纵坐标标题，在弹出的快捷菜单中选择“设置坐标轴标题格式”选项，打开“设置坐标轴标题格式”窗格，切换到“大小与属性”选项卡，在“文本框”栏中单击“文字方向”下拉按钮，从下拉列表中选择“竖排”选项，如图 8-15 所示。

（4）单击“设置坐标轴标题格式”窗格的“关闭”按钮，返回工作表，即可看到在图表中添加了坐标轴标题后的效果，如图 8-16 所示。

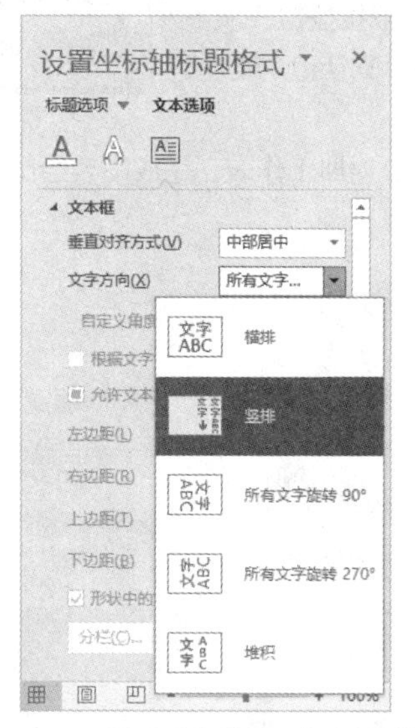

图8-15　“设置坐标轴标题格式”窗格

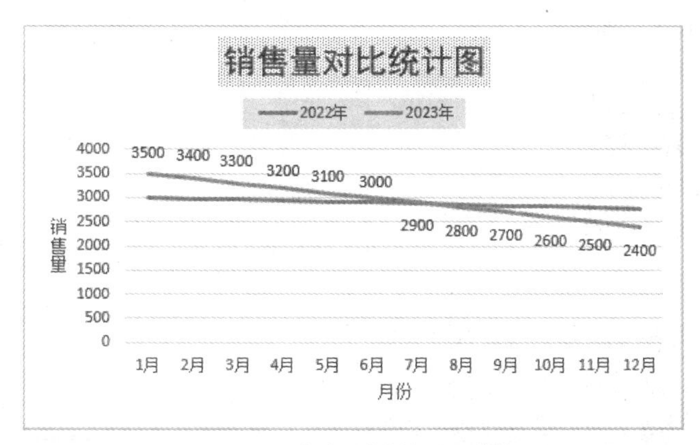

图8-16　添加坐标轴标题后的效果

5. 设置纵坐标轴起始值

从已添加坐标轴标题的图表可以看出，图表折线下方有大片空白区域，为了不显示此空白区域，可以设置纵坐标轴的起点值为“2200”，具体操作如下。

（1）双击纵坐标轴，打开“设置坐标轴格式”窗格。

（2）切换到“坐标轴选项”选项卡，设置“边界”栏中的“最小值”为“22000”，如图 8-17 所示，从而实现纵坐标起点的改变，效果如图 8-18 所示。

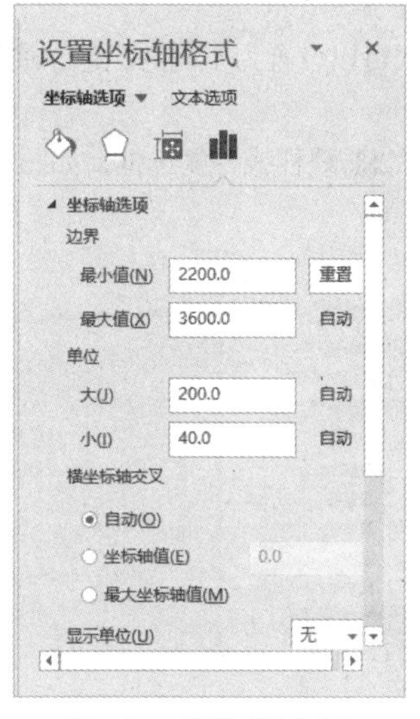

图8-17　设置“最小值”

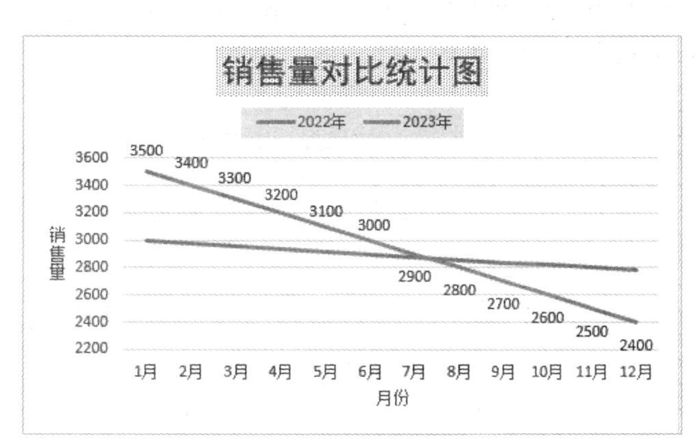

图8-18　更改纵坐标起点后效果图

8.2.3　图表美化

为了让图表看起来更加美观，可以通过设置图表“绘图区”的格式，给图表添加背景颜色。具体操作如下。

微课 8-3

图表美化

（1）右击图表的绘图区，从弹出的快捷菜单中选择“设置绘图区格式”选项，打开“设置绘图区格式”窗格。

（2）在“填充”栏中单击“渐变填充”单选按钮，单击“预设渐变”下拉按钮，从下拉列表中选择“浅色渐变 - 个性色 4”选项，如图 8-19 所示。保持“类型”默认值“线性”不变，调整“角度”为“240°”。

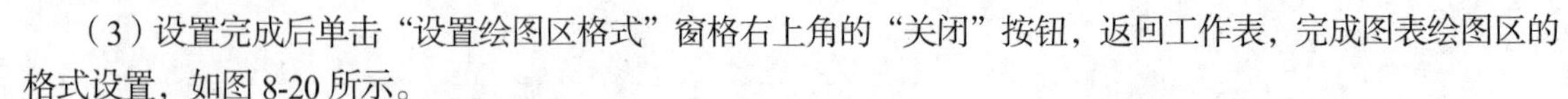

（3）设置完成后单击“设置绘图区格式”窗格右上角的“关闭”按钮，返回工作表，完成图表绘图区的格式设置，如图 8-20 所示。

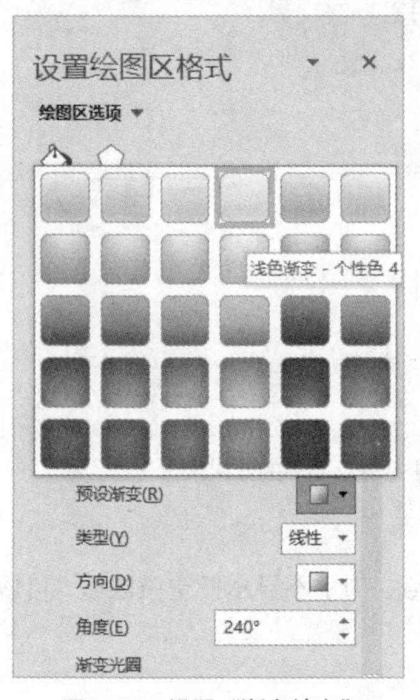

图8-19　设置“渐变填充”

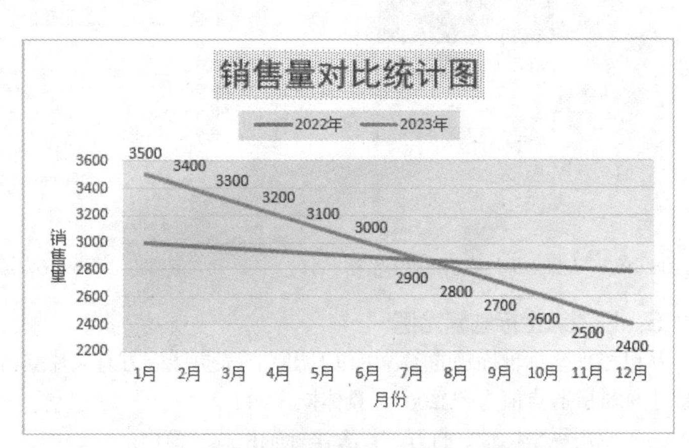

图8-20　设置“绘图区”填充颜色后的效果

8.2.4　设置涨跌柱线

Excel 中制作的多个系列的折线图可以添加涨跌柱线，涨柱线和跌柱线可以设置为不同的颜色，通过涨跌柱线可以直观地看到数据的涨跌。具体操作如下。

（1）选中图表，单击右侧的“图表元素”按钮，从展开的列表中勾选“涨/跌柱线”复选框，如图 8-21 所示，此时在图表中即可显示涨跌柱线。

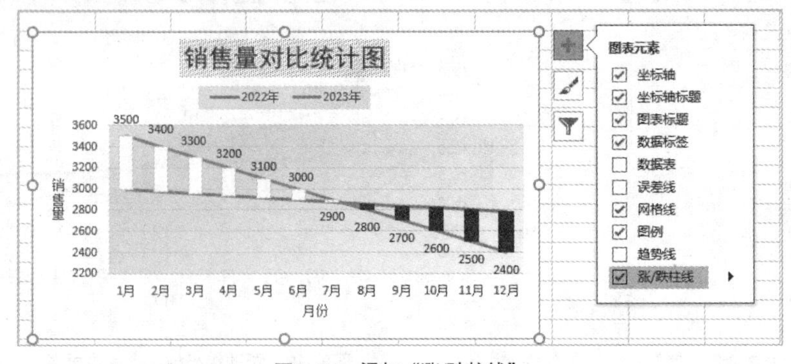

图8-21　添加“涨/跌柱线”

（2）选中左上方的白色“涨/跌柱线”，切换到“图表工具 | 格式”选项卡，单击“形状填充”下拉按钮，从下拉列表中选择“标准色”栏中的“红色”选项，如图 8-22 所示。单击“形状轮廓”下拉按钮，从下拉列表中选择“无轮廓”选项，如图 8-23 所示。

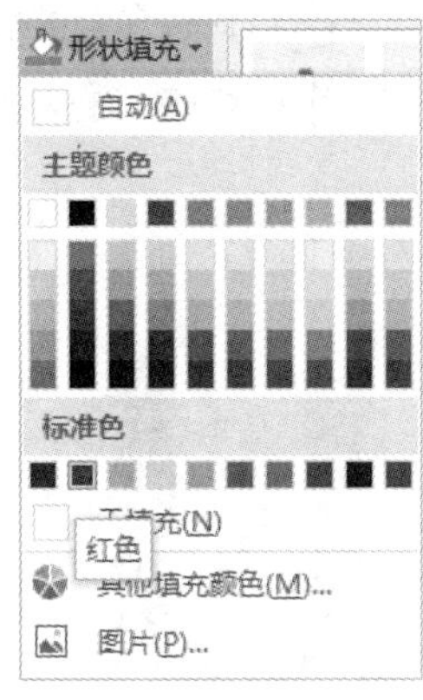

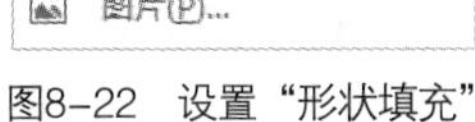

图8-22 设置“形状填充”

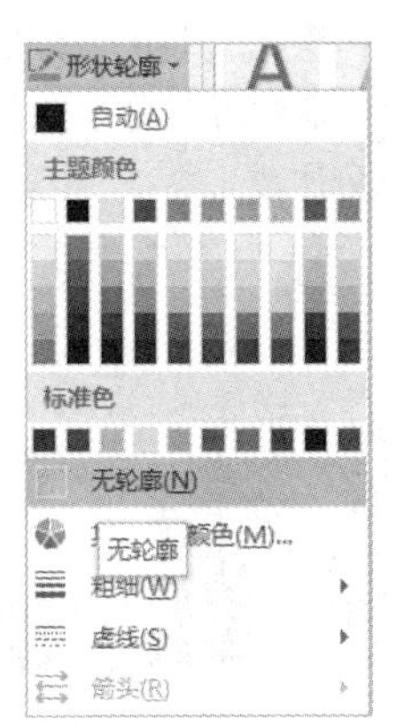

图8-23 设置“形状轮廓”

（3）用同样的方法，设置右下方的深灰色“涨/跌柱线”的“形状填充”为“标准色”栏中的“绿色”，“形状轮廓”为“无轮廓”。

（4）调整图表的位置，如图 8-1 所示，保存工作簿文件，完成案例的制作。

8.3 任务小结

本任务通过制作销售图表讲解了 Excel 中图表的创建、图表的格式化等操作。在实际操作中大家还需要注意以下问题。

1. Excel 2019 中的图表类型包含 16 个标准类型和多种组合类型，如图 8-24 所示。

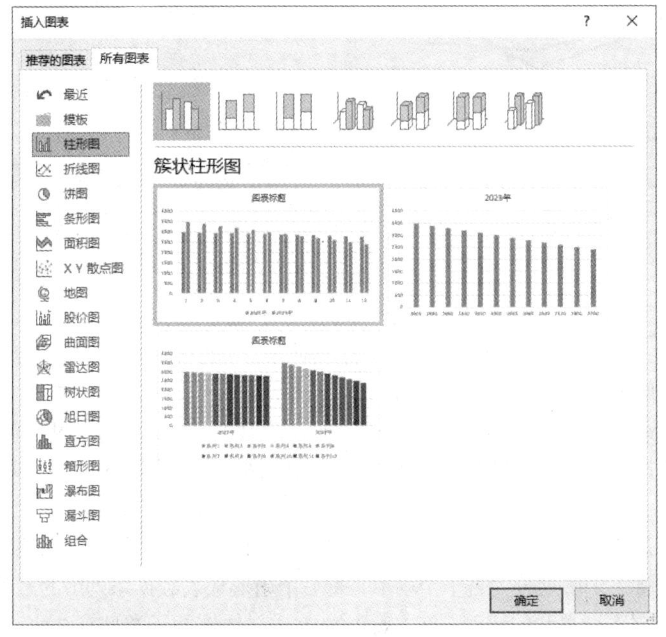

图8-24 图表类型

制作图表时要选择适当的图表类型。下面介绍几种常用的图表类型。

（1）柱形图。

柱形图是最常用的图表类型之一，主要用于表现数据之间的差异。在 Excel 2019 中，柱形图包括“簇状柱形图”“堆积柱形图”“百分比堆积柱形图”“三维簇状柱形图”“三维堆积柱形图”“三维百分比堆积柱形图”“三维柱形图”7 种子类型。其中，簇状柱形图（见图 8-25）可比较多个类别的值，堆积柱形图（见图 8-26）可用于比较不同类别对所有类别总体的贡献，百分比堆积柱形图和三维百分比堆积柱形图可以跨类别比较每个值占总体的百分比。

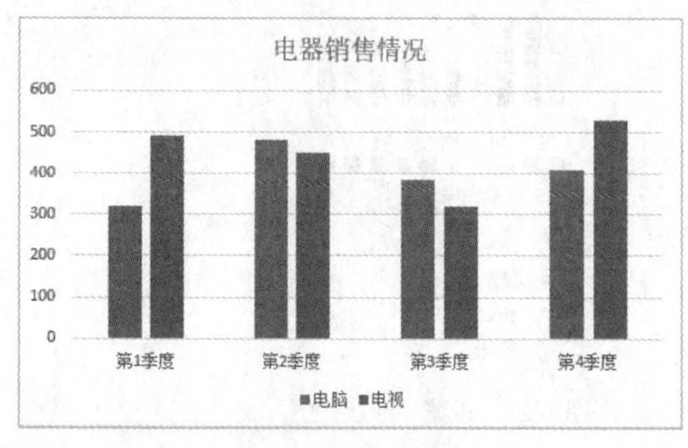

图8-25 簇状柱形图

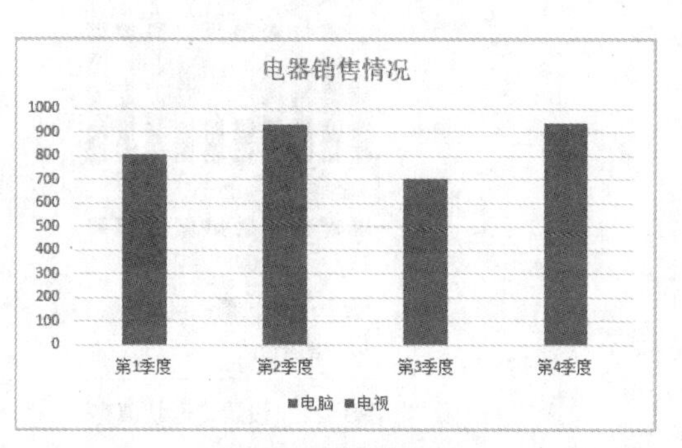

图8-26 堆积柱形图

（2）折线图。

折线图是最常用的图表类型之一，主要用于表现数据变化的趋势。在 Excel 2019 中，折线图的子类型也有 7 种，包括“折线图”“堆积折线图”“百分比堆积折线图”“带数据标记的折线图”“带标记的堆积折线图”“带数据标记的百分比堆积折线图”“三维折线图”。其中折线图（见图 8-27）可以显示随时间变化的连续数据，因此非常适合用于显示在相等时间间隔下的数据变化趋势。堆积折线图（见图 8-28）用于显示每个值所占大小随时间变化的趋势。

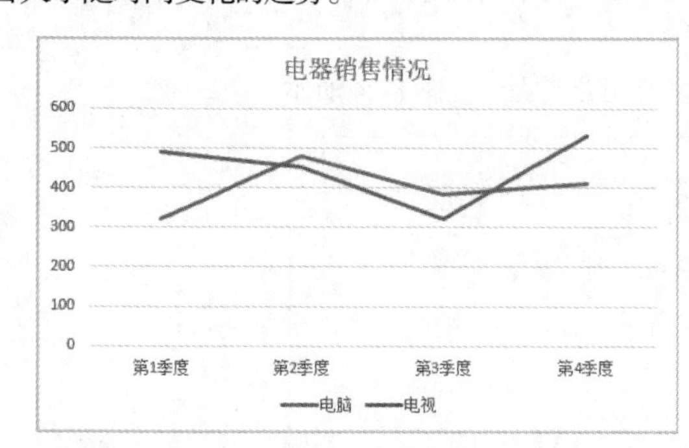

图8-27 折线图

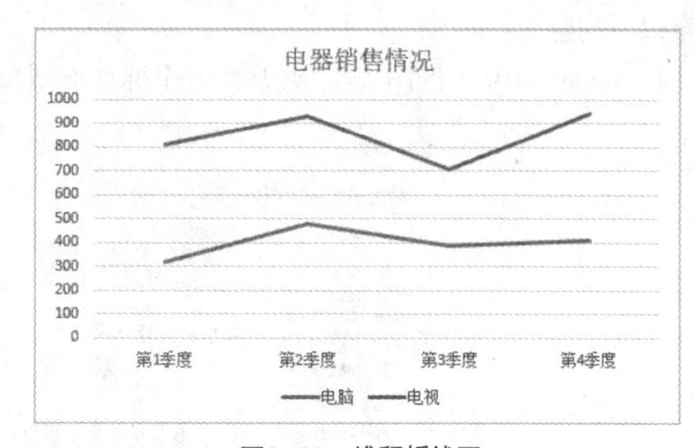

图8-28 堆积折线图

（3）条形图。

将柱形图旋转 90° 则为条形图。条形图显示了各个项目之间的对比情况，当图表的轴标签过长或显示的数值是持续型时，一般使用条形图。在 Excel 2019 中，条形图的子类型有 6 种，包括“簇状条形图”“堆积条形图”“百分比堆积条形图”“三维簇状条形图”“三维堆积条形图”“三维百分比堆积条形图”。其中簇状条形图（见图 8-29）可用于比较多个类别的值，堆积条形图（见图 8-30）可用于显示单个项目与总体的关系。

（4）饼图。

饼图（见图 8-31）是最常用的图表类型之一，主要用于强调总体与个体之间的关系，通常只用一个数据系列作为数据源。饼图将一个圆划分为若干个扇形，每一个扇形代表数据系列中的一项数据值，其大小用于表示相应数据项占该数据系列总和的比例。在 Excel 2019 中，饼图的子类型有 5 种，包括“饼图”“三维饼图”“子母饼图”“复合条饼图”“圆环图”。其中圆环图（见图 8-32）可以含有多个数据系列，每一个圆环都代表一个数据系列。

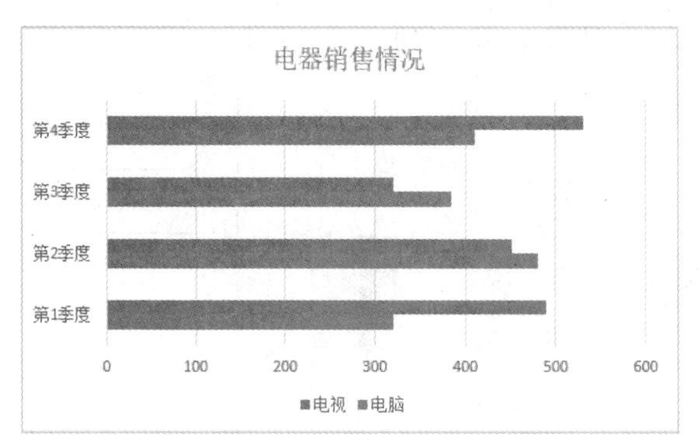

图8-29　簇状条形图

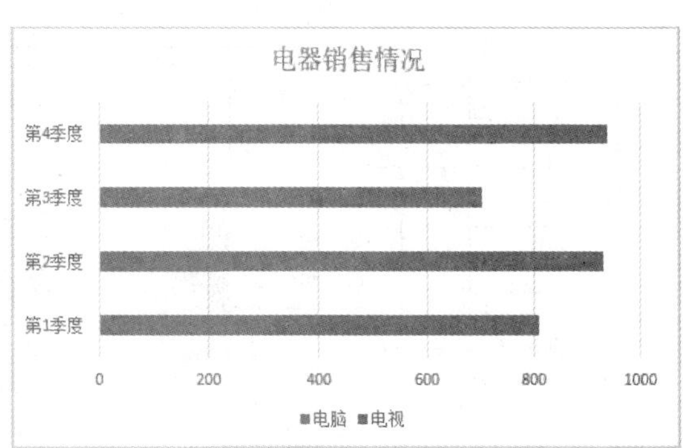

图8-30　堆积条形图

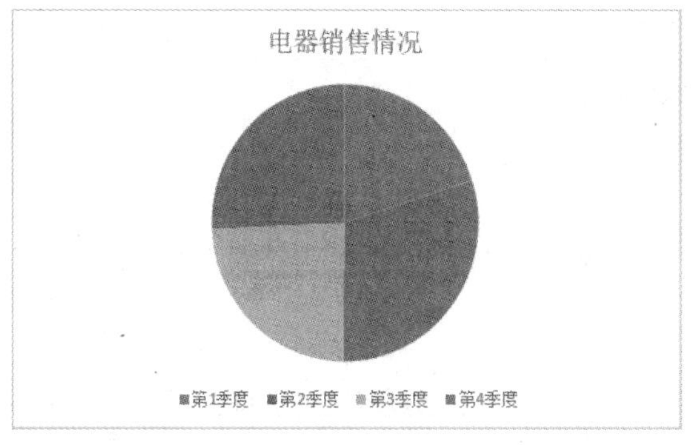

图8-31　饼图

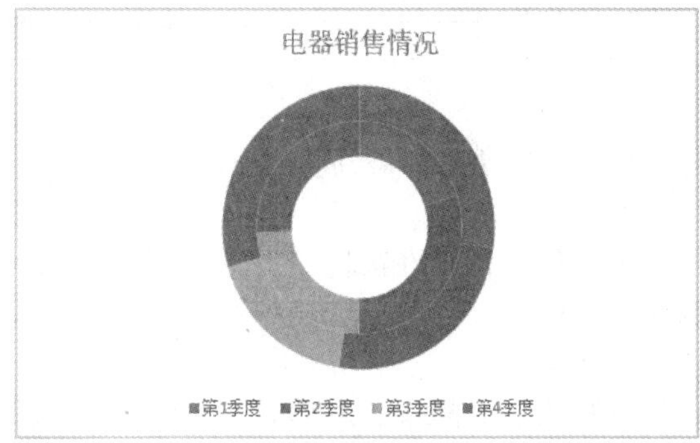

图8-32　圆环图

（5）面积图。

面积图（见图 8-33）用于显示不同数据系列之间的对比关系，显示各数据系列与整体的比例关系，强调数量随时间变化的程度，能直观地表现出整体和部分的关系。在 Excel 2019 中，面积图的子类型有 6 种，包括“面积图”“堆积面积图”“百分比堆积面积图”“三维面积图”“三维堆积面积图”“三维百分比堆积面积图”。其中，面积图用于显示各种数值随时间或类别变化的趋势。堆积面积图（见图 8-34）用于显示每个数值所占大小随时间或类别变化的趋势。可以用来比较在一个区间内的多个变量。但是需要注意，在使用堆积面积图时，一个系列中的数据可能会被另一个系列中的数据遮住。

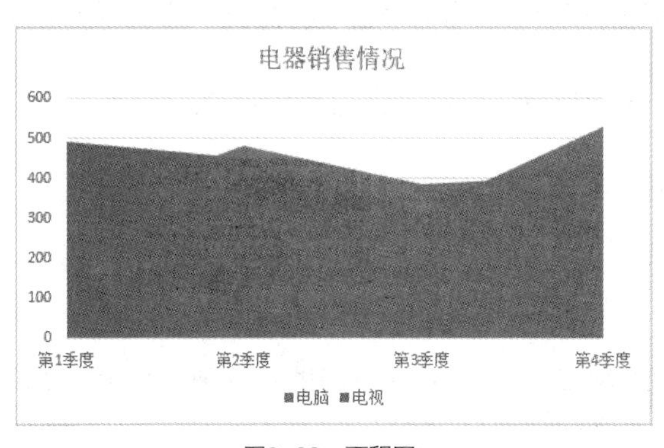

图8-33　面积图

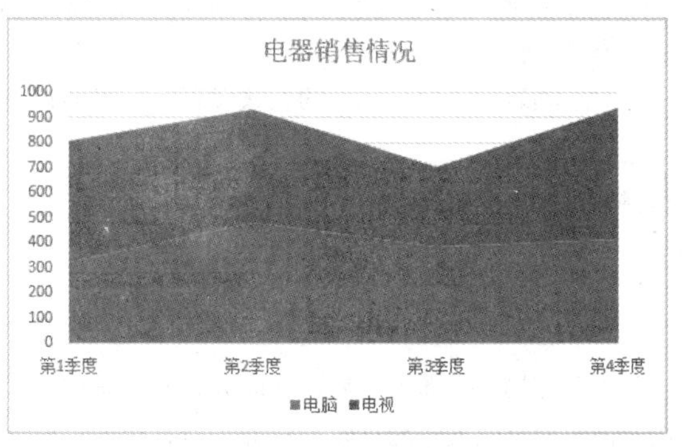

图8-34　堆积面积图

2. Excel 图表由图表区、绘图区、标题、图例、数据系列、坐标轴、趋势线、网格线、数据标签等基本组成部分构成，如图 8-35 所示。

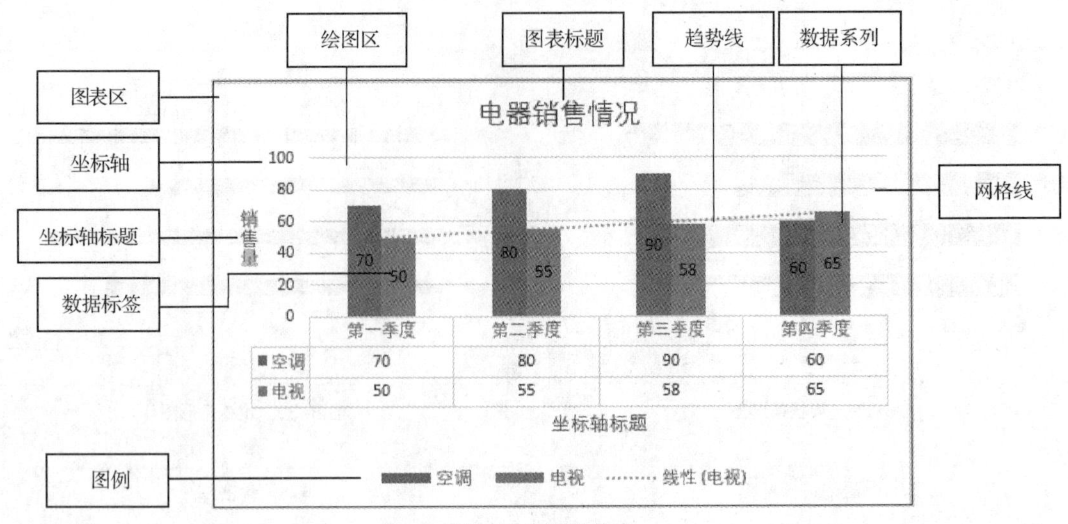

图8-35 图表的构成

下面介绍图表的基本组成部分。

（1）图表区。

图表区是指图表的全部范围。选中图表区时，将显示图表对象边框以及用于调整图表大小的 8 个控制点。

（2）绘图区。

绘图区是指图表区内的图形表示区域。选中绘图区时，将显示绘图区边框以及用于调整绘图区大小的 8 个控制点。

（3）标题。

标题包括图表标题和坐标轴标题。图表标题一般显示在绘图区上方，坐标轴标题显示在坐标轴外侧。

（4）数据系列。

数据系列是由数据点构成的，每个数据点对应工作表中某个单元格内的数据，数据系列对应工作表中的一行或一列的数据。数据系列在绘图区中表现为彩色的点、线、面等图形。

（5）图例。

图例由图例项和图例项标识组成，默认情况下，包含图例的无边框矩形区域显示在图表区底部。

（6）坐标轴。

坐标轴按位置不同分为主坐标轴和次坐标轴。Excel 默认显示的是绘图区左边的主要纵坐标轴和下边的主要横坐标轴。

对于图表的各部分元素的格式设置，均可通过右击选择快捷菜单中的设置格式选项实现。

8.4 经验技巧

8.4.1 快速调整图表布局

图表布局是指图表中显示的图表元素及其位置、格式等的组合。Excel 2019 提供了 12 种内置图表样式，用于快速调整图表布局。以本任务为例，快速调整图表布局的操作如下。

选中图表，切换到“图表工具 | 设计”选项卡，单击“图表布局”功能组中的“快速布局”下拉按钮，从下拉列表中选择“布局 5”选项，如图 8-36 所示，即可将此图表布局应用到选中的图表，如图 8-37 所示。

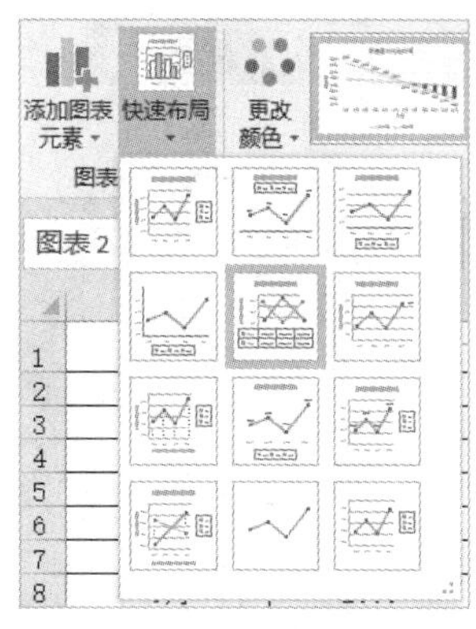

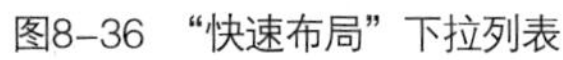
图8–36 “快速布局”下拉列表

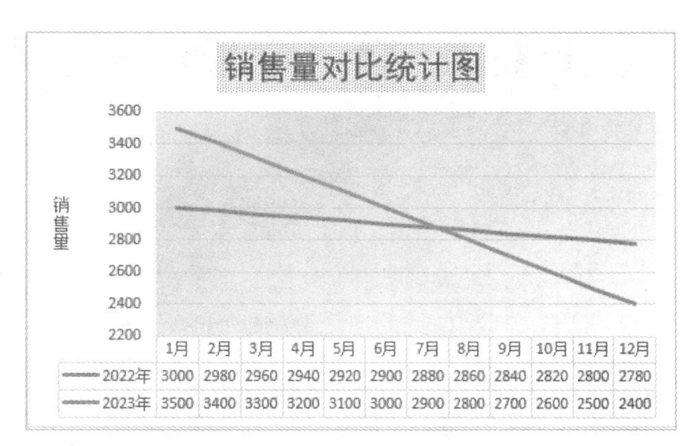

图8–37 应用“布局5”后的图表

8.4.2 图表打印技巧

图表设置完成后，可按照用户需要进行打印。为了避免图表打印在两张纸上，打印之前应先预览一下打印效果，然后进行适当调整，这样可避免不必要的纸张浪费。

图表的打印有以下的几种情况。

（1）仅打印图表。

当用户只需要打印图表时，可选中图表，切换到“文件”选项卡，选择“打印”选项，根据图表的预览效果，调整纸张方向为“横向”，在 Excel 窗口的右侧可显示打印效果预览，如图 8-38 所示。调整完成后，单击“打印”按钮，即可实现图表的打印。

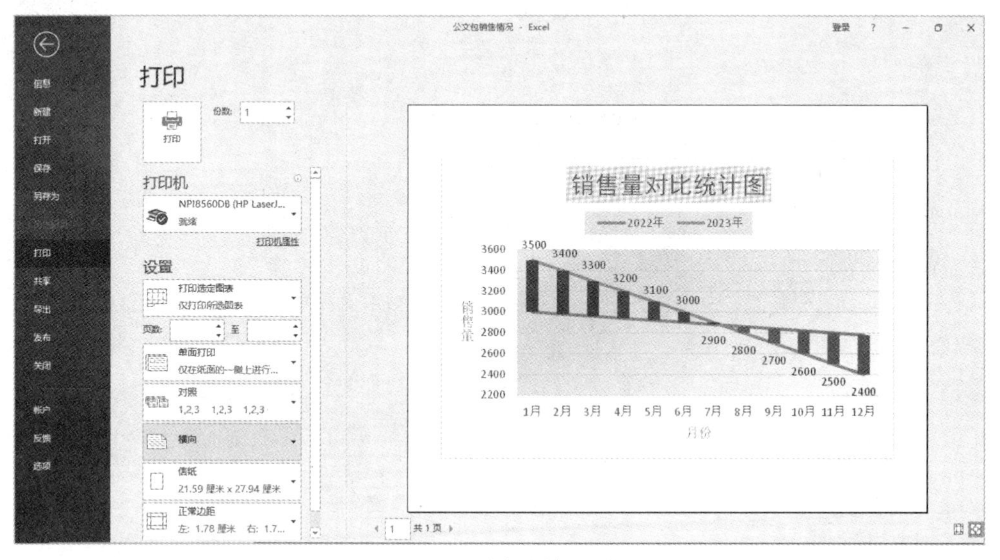

图8–38 图表打印效果预览

（2）打印数据与图表。

需要打印数据与图表时，可选中工作表中的任意单元格，切换到“视图”选项卡，单击“工作簿视图”功能组中的“页面布局”按钮，显示工作表的页面布局视图，如图 8-39 所示。如数据与图表不在一页，在此视图下，可调整页边距，使打印的内容集中在同一页中，最后选择“文件”选项卡中的“打印”选项即可实现数据与图表的打印。

（3）不打印图表。

当用户只想打印表格数据，不打印图表时，可通过以下操作实现。

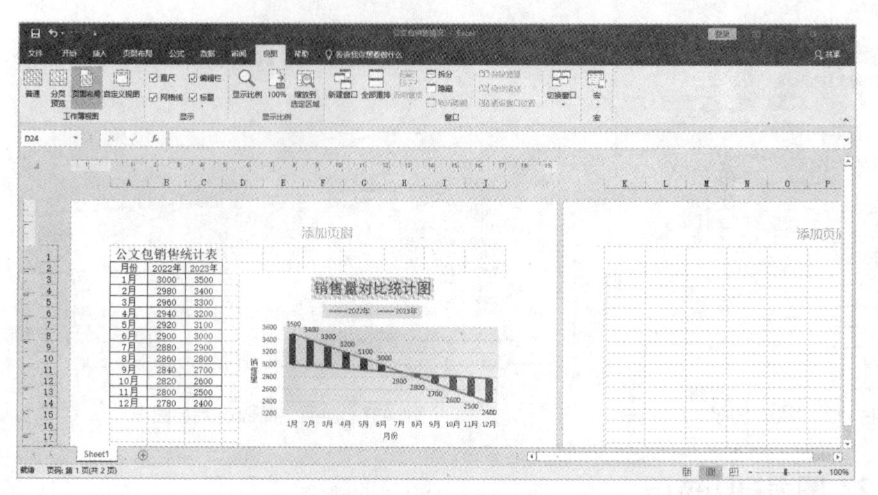

图8-39　页面布局视图

右击图表，从弹出的快捷菜单中选择“设置图表区域格式”选项，打开“设置图表区格式”窗格，切换到“大小与属性”选项卡，在“属性”栏中取消勾选“打印对象”复选框，如图 8-40 所示。单击“关闭”按钮，返回工作表，完成设置。此时，选中工作表任意单元格，选择“文件”选项卡中的“打印”选项，即可在打印预览中只看到表格数据。

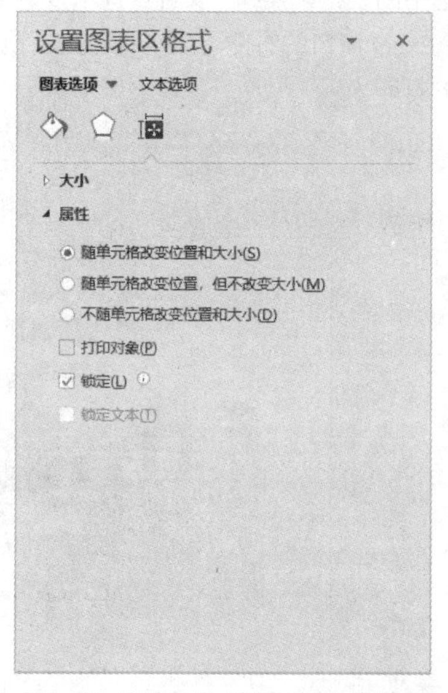

图8-40　取消勾选“打印对象”复选框

8.5　拓展训练

王芳负责某地产公司的房屋销售统计工作，根据上半年的预计销售量和实际销售量的数据，需要制作一张统计图表，为下半年的销售做准备，效果如图 8-41 所示。打开素材中的“房屋销售量统计情况.xlsx”，帮助王芳完成以下操作。

（1）根据销售数据，制作“组合图”图表，实际销售量为“簇状柱形图”，预计销售量为“带数据标记的折线图”。

（2）根据效果图，为图表添加图表标题、坐标轴标题，调整图例位置。

（3）调整“实际销售量”数据系列的颜色为“绿色”、“预计销售量”数据系列的颜色为“橙色”，为数据系列添加数据标签。

（4）设置绘图区格式填充为“对角线：浅色下对角”。

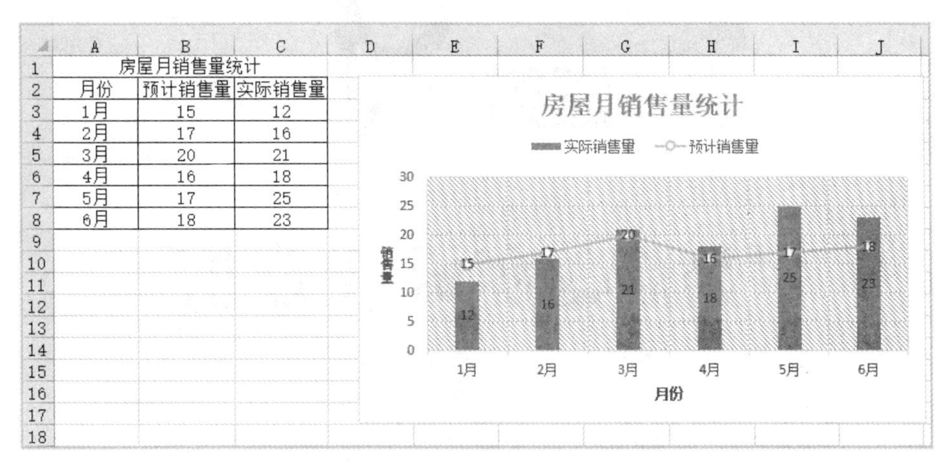

图8-41　完成后的效果图

任务 9

技能竞赛成绩分析

9.1 任务简介

下面展示任务的要求与效果，分析任务完成的学习目标。

9.1.1 任务需求与效果展示

为激发员工的进取心，推动全体员工协作互助，增强团队凝聚力，某科技公司举办了科技“大比武”活动。赵云是本次活动的负责人，赛项结束后，他需要对员工的竞赛成绩进行分析，具体要求如下。

（1）根据 3 位评委的打分情况，汇总出每位员工的平均成绩。

（2）对汇总后的数据进行排序，以查看各部门员工的成绩情况。

（3）筛选出企划部协作模拟成绩在 80 分及以上的员工名单上报给企划部经理，筛选出销售部沟通模拟成绩为 100 分或秘书处危机处理成绩在 95 分及以上的员工名单上报给公司总经理。

（4）分类汇总出各部门各赛项成绩的平均值，效果如图 9-1 所示。

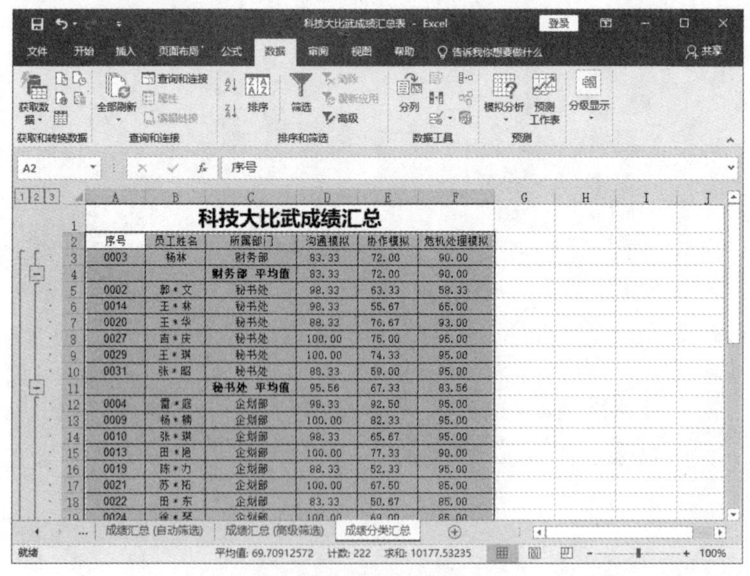

序号	员工姓名	所属部门	沟通模拟	协作模拟	危机处理模拟
0003	杨林	财务部	83.33	72.00	90.00
		财务部 平均值	83.33	72.00	90.00
0002	郭 * 文	秘书处	98.33	63.33	58.33
0014	王 * 林	秘书处	98.33	55.67	65.00
0020	王 * 华	秘书处	88.33	76.67	93.00
0027	吉 * 庆	秘书处	100.00	75.00	95.00
0029	王 * 琪	秘书处	100.00	74.33	95.00
0031	张 * 昭	秘书处	88.33	59.00	95.00
		秘书处 平均值	95.56	67.33	83.56
0004	雷 * 庭	企划部	98.33	92.50	95.00
0009	杨 * 楠	企划部	100.00	82.33	95.00
0010	张 * 琪	企划部	98.33	65.67	95.00
0013	田 * 艳	企划部	100.00	77.33	90.00
0019	陈 * 力	企划部	88.33	52.33	95.00
0021	苏 * 拓	企划部	100.00	67.50	85.00
0022	田 * 东	企划部	83.33	50.67	85.00

图9-1　竞赛成绩分析效果图

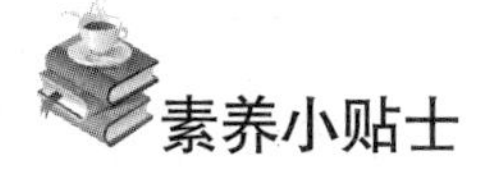

素养小贴士

大数据用于医疗行业，改善人民健康状况

当大数据应用于医疗行业解决民生问题时，可对区域性疾病发生情况提供技术支持。当前，大数据在医疗领域得到了广泛应用，如公共卫生、疾病诊疗、医药研发等。将大数据用于追踪、统计，可进一步分析药品的药效，促进医药研发效率的提高。此外，利用大数据还可分析区域性疾病的发生情况，以便更好地提出疾病预防措施，防止病情、疫情的爆发及扩散。

9.1.2　任务目标

知识目标：

- 了解数据合并计算的作用；
- 了解数据排序、数据的自动筛选、数据分类汇总的作用。

技能目标：

- 掌握多个表格数据的合并计算和数据分类汇总方法；
- 掌握数据的多条件排序；
- 掌握数据的自动筛选与高级筛选；
- 掌握数据的分类汇总方法。

素养目标：

- 提升对数据的分析、统计能力；
- 培养创新、敬业乐业的工作作风与质量意识。

9.2　任务实现

9.2.1　合并计算

合并计算是 Excel 中内置的处理多区域汇总的工具。合并计算能够帮助用户将指定的单元格区域中的数据按照项目的匹配，对同类数据进行汇总。数据汇总的方式包括求和、计数、平均值、最大值、最小值等。

本任务中，需要将 3 位评委的评分数据进行合并计算，具体操作如下。

（1）打开素材中的工作簿文件“科技大比武成绩汇总表.xlsx”，单击“评委 3”工作表标签右侧的“新建工作表”按钮，创建一个名为“Sheet1”的新工作表。

（2）将“Sheet1”工作表重命名为“成绩汇总”，在单元格 A1 中输入表格标题“科技大比武成绩汇总”，设置文本字体为“微软雅黑”，字号为“18”，加粗。

（3）在“成绩汇总”工作表的单元格区域 A2:F2 依次输入表格的列标题“序号”“员工姓名”“所属部门”“沟通模拟”“协作模拟”“危机处理模拟”。将“评委 1”工作表中的“序号”“员工姓名”“所属部门”三列数据复制过来。

（4）将单元格区域 A1:F1 进行合并居中。为单元格区域 A2:F34 添加边框，设置表格数据的字体为“宋体”，字号为“10”，对齐方式为“居中”，如图 9-2 所示。

（5）选择“成绩汇总”工作表的单元格 D3，切换到“数据”选项卡，单击“合并计算”按钮，如图 9-3 所示，打开“合并计算”对话框。

	A	B	C	D	E	F	G
1	科技大比武成绩汇总						
2	序号	员工姓名	所属部门	沟通模拟	协作模拟	危机处理模拟	
3	0001	王＊浩	研发部				
4	0002	郭＊文	秘书处				
5	0003	杨＊林	财务部				
6	0004	雷＊庭	企划部				
7	0005	刘＊伟	销售部				
8	0006	何＊玉	销售部				
9	0007	杨＊彬	研发部				
10	0008	黄＊玲	销售部				
11	0009	杨＊楠	企划部				
12	0010	张＊琪	企划部				
13	0011	陈＊强	销售部				
14	0012	王＊兰	研发部				
15	0013	田＊艳	企划部				
16	0014	王＊淋	秘书处				
17	0015	龙＊丹	销售部				
18	0016	杨＊燕	销售部				
19	0017	陈＊蔚	销售部				
20	0018	邱＊鸣	研发部				
21	0019	陈＊力	企划部				
22	0020	王＊华	秘书处				
23	0021	苏＊拓	企划部				

评委1　评委2　评委3　成绩汇总

图9-2　新建“成绩汇总”表

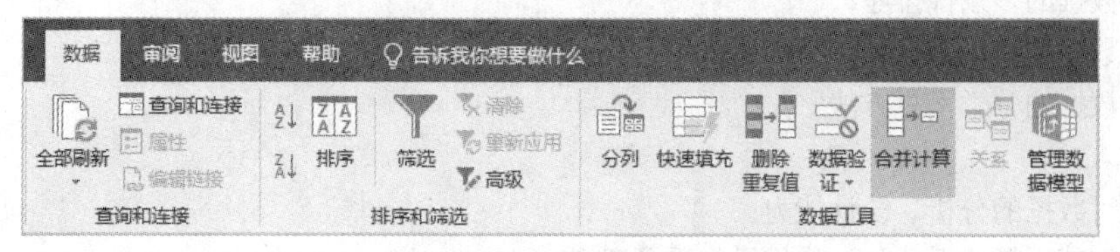

图9-3　“合并计算”按钮

（6）单击“函数”下拉按钮，从下拉列表中选择“平均值”选项。将光标定位到“引用位置”文本框中，单击“评委 1”工作表标签，并选择单元格区域 D3:F34，返回“合并计算”对话框，单击“添加”按钮，在“所有引用位置”列表框中将显示所选的单元格区域。

（7）将光标再次定位于“引用位置”文本框中，并删除已有的数据区域，单击“评委 2”工作表标签，并选择单元格区域 D3:F34，返回“合并计算”对话框，单击“添加”按钮，在“所有引用位置”列表框中将显示所选的单元格区域。使用同样的方法将“评委 3”工作表的数据区域 D3:F34 添加到“所有引用位置”列表框中，如图 9-4 所示。单击“确定”按钮，即可在“成绩汇总”工作表中看到合并计算的结果，如图 9-5 所示。

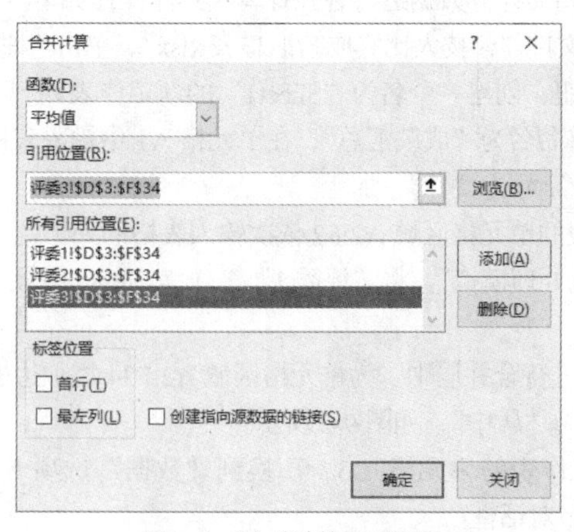

图9-4　“合并计算”对话框

	A	B	C	D	E	F
1	科技大比武成绩汇总					
2	序号	员工姓名	所属部门	沟通模拟	协作模拟	危机处理模拟
3	0001	王＊洁	研发部	98.333333	81	95
4	0002	郭＊文	秘书处	98.333333	63.333333	58.33333333
5	0003	杨＊林	财务部	83.333333	72	90
6	0004	雷＊庭	企划部	98.333333	92.5	95
7	0005	刘＊伟	销售部	98.333333	81.666667	93.33333333
8	0006	何＊玉	销售部	93.333333	82.5	95
9	0007	杨＊彬	研发部	100	58.333333	80
10	0008	黄＊玲	销售部	90	61.666667	90
11	0009	杨＊楠	企划部	100	82.333333	95
12	0010	张＊琪	企划部	98.333333	65.666667	95
13	0011	陈＊强	销售部	98.333333	80.666667	93.66666667
14	0012	王＊兰	研发部	100	76.666667	95
15	0013	田＊艳	企划部	100	77.333333	90
16	0014	王＊林	秘书处	98.333333	55.666667	65
17	0015	龙＊丹	销售部	100	83.333333	95
18	0016	杨＊燕	销售部	98.333333	50.666667	90
19	0017	陈＊蔚	销售部	98.333333	63	95
20	0018	邱＊鸣	研发部	100	57.333333	75
21	0019	陈＊力	企划部	88.333333	52.333333	95
22	0020	王＊华	秘书处	88.333333	76.666667	93
23	0021	苏＊拓	企划部	100	67.5	85

评委1　评委2　评委3　成绩汇总

图9–5　合并计算后效果图（部分）

（8）选中合并计算后的单元格区域 D3:F34，切换到“开始”选项卡，单击“数字格式”下拉按钮，从下拉列表中选择“数字”选项，如图 9-6 所示。

	A	B	C	D	E	F
13	0011	陈＊强	销售部	98.333333	80.666667	93.66666667
14	0012	王＊兰	研发部	100	76.666667	95
15	0013	田＊艳	企划部	100	77.333333	90
16	0014	王＊林	秘书处	98.333333	55.666667	65
17	0015	龙＊丹	销售部	100	83.333333	95
18	0016	杨＊燕	销售部	98.333333	50.666667	90
19	0017	陈＊蔚	销售部	98.333333	63	95
20	0018	邱＊鸣	研发部	100	57.333333	75
21	0019	陈＊力	企划部	88.333333	52.333333	95
22	0020	王＊华	秘书处	88.333333	76.666667	93
23	0021	苏＊拓	企划部	100	67.5	85
24	0022	田＊东	企划部	83.333333	50.666667	85
25	0023	杜＊鹏	研发部	90	72.333333	95
26	0024	徐＊琴	企划部	100	69	85

图9–6　设置单元格格式

9.2.2　数据排序

为了方便查看和对比表格中的数据，用户可以对数据进行排序。排序是按照某个字段或某几个字段的次序对数据进行重新排列，让数据具有某种规律。排序后的数据可以方便用户查看和对比。数据排序包括简单排序、复杂排序和自定义排序。

本任务中要查看各部门员工的成绩情况，可以对表格数据按部门进行升序排序，在部门相同的情况下，分别按“沟通模拟”“协作模拟”“危机处理模拟”成绩进行降序排序。

由于排序条件较多，因此需要用到 Excel 中的复杂排序。具体操作如下。

（1）复制“成绩汇总”工作表，并将其副本表格重命名为“成绩排序”。

（2）将光标定位于“成绩排序”工作表数据区域的任一单元格中，切换到“数据”选项卡，单击“排序”按钮，如图 9-7 所示，打开“排序”对话框。

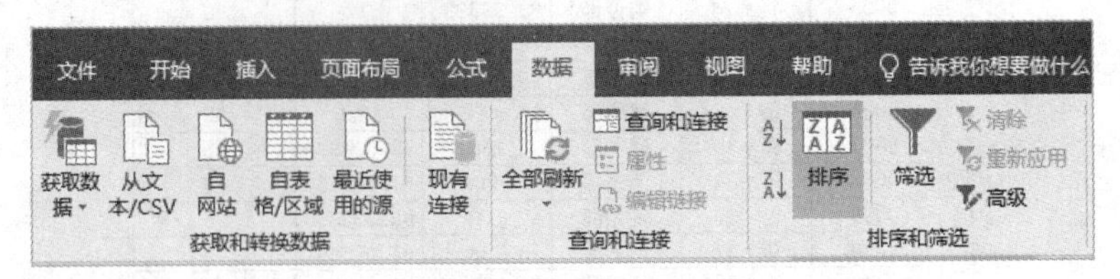

图9–7 “排序”按钮

（3）单击“主要关键字”下拉按钮，从下拉列表中选择“所属部门”选项，保持“排序依据”下拉列表的默认选项不变，在“次序”下拉列表中选择“升序”选项。之后单击“添加条件”按钮，对话框中出现“次要关键字”的条件行，设置“次要关键字”为“沟通模拟”，“次序”为“降序”，用同样的方法再添加两个“次要关键字”，分别为“协作模拟”和“危机处理模拟”，设置“次序”均为“降序”，如图 9-8 所示。

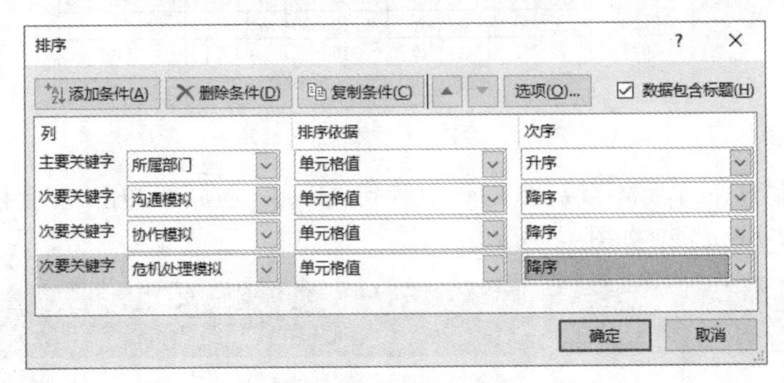

图9–8 “排序”对话框

（4）单击“确定”按钮，完成表格数据的多条件排序，效果如图 9-9 所示。

	A	B	C	D	E	F
1	科技大比武成绩汇总					
2	序号	员工姓名	所属部门	沟通模拟	协作模拟	危机处理模拟
3	0003	杨*林	财务部	83.33	72.00	90.00
4	0027	雷*庭	秘书处	100.00	75.00	95.00
5	0029	刘*伟	秘书处	100.00	74.33	95.00
6	0002	何*玉	秘书处	98.33	63.33	58.33
7	0014	杨*彬	秘书处	98.33	55.67	65.00
8	0020	黄*玲	秘书处	88.33	76.67	93.00
9	0031	杨*楠	秘书处	88.33	59.00	95.00
10	0009	张*琪	企划部	100.00	82.33	95.00
11	0013	陈*强	企划部	100.00	77.33	90.00
12	0024	王*兰	企划部	100.00	69.00	85.00
13	0026	田*艳	企划部	100.00	67.67	75.00
14	0021	王*林	企划部	100.00	67.50	85.00
15	0030	龙*丹	企划部	100.00	55.67	75.00
16	0004	杨*燕	企划部	98.33	92.50	95.00
17	0010	陈*蔚	企划部	98.33	65.67	95.00
18	0025	邱*鸣	企划部	96.67	81.00	95.00
19	0019	陈*力	企划部	88.33	52.33	95.00
20	0022	王*华	企划部	83.33	50.67	85.00
21	0015	苏*拓	销售部	100.00	83.33	95.00
22	0005	刘*伟	销售部	98.33	81.67	93.33
23	0011	陈*强	销售部	98.33	80.67	93.67

... 评委2 评委3 成绩汇总 成绩排序

图9–9 数据排序后效果图

9.2.3　数据筛选

当需要找出一张大型工作表中某几项符合一定条件的数据时，可以使用 Excel 强大的数据筛选功能。在用户设定筛选条件后，系统会迅速找出符合所设条件的数据记录，并自动隐藏不满足筛选条件的记录。数据筛选包括自动筛选和高级筛选两种。

自动筛选一般用于简单的条件筛选，高级筛选一般用于条件比较复杂的条件筛选。进行高级筛选之前必须先设定筛选的条件区域。当筛选条件同行排列时，筛选出来的数据必须同时满足所有筛选条件，称为“且”高级筛选；当筛选条件位于不同行时，筛选出来的数据只需要满足其中一个筛选条件即可，称为“或”高级筛选。

本任务中要求筛选出企划部“协作模拟”成绩在 80 分及以上的员工名单，可利用自动筛选功能实现，具体操作如下。

（1）复制“成绩汇总”工作表，并将其副本表格重命名为“成绩汇总（自动筛选）”。

（2）选中“成绩汇总（自动筛选）”工作表的第二行，切换到“数据”选项卡，单击“筛选”按钮，如图 9-10 所示。

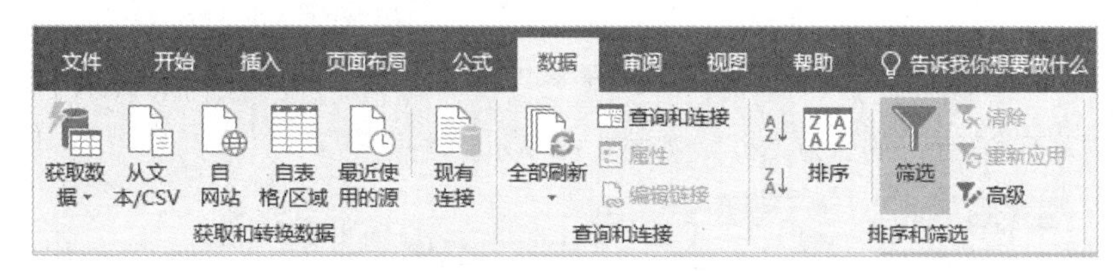

图9-10　“筛选”按钮

（3）工作表进入筛选状态，各标题字段的右侧均出现下拉按钮。

（4）单击“所属部门”右侧的下拉按钮，在展开的下拉列表中取消勾选“财务部”“秘书处”“销售部”“研发部”复选框，只勾选“企划部”复选框，如图 9-11 所示。

（5）单击“确定”按钮，表格中筛选出了企划部的成绩数据，如图 9-12 所示。

图9-11　设置“所属部门”的筛选条件

科技大比武成绩汇总

序号	员工姓名	所属部门	沟通模拟	协作模拟	危机处理模拟
0004	雷＊庭	企划部	98.33	92.50	95.00
0009	杨＊楠	企划部	100.00	82.33	95.00
0010	张＊琪	企划部	98.33	65.67	95.00
0013	田＊艳	企划部	100.00	77.33	90.00
0019	陈＊力	企划部	88.33	52.33	95.00
0021	苏＊拓	企划部	100.00	67.50	85.00
0022	田＊东	企划部	83.33	50.67	85.00
0024	徐＊琴	企划部	100.00	69.00	85.00
0025	孟＊科	企划部	96.67	81.00	95.00
0026	巩＊明	企划部	100.00	67.67	75.00
0030	曾＊洪	企划部	100.00	55.67	75.00

图9-12　“企划部”成绩数据

（6）单击“协作模拟”右侧的下拉按钮，在展开的下拉列表中选择“数字筛选”级联菜单中的“大于或等于”选项，如图 9-13 所示，打开“自定义自动筛选方式”对话框。

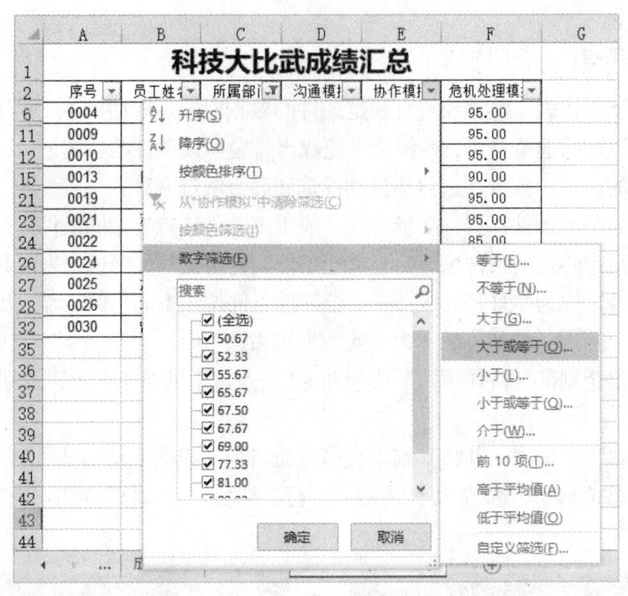

图9-13 “数字筛选”级联菜单中的“大于或等于”选项

（7）设置“大于或等于”的值为“80”，如图 9-14 所示。

图9-14 “自定义自动筛选方式”对话框

（8）单击“确定”按钮返回工作表，表格显示了企划部中“协作模拟”在 80 分及以上的员工成绩数据，如图 9-15 所示。

科技大比武成绩汇总

序号	员工姓名	所属部门	沟通模拟	协作模拟	危机处理模拟
0004	雷＊庭	企划部	98.33	92.50	95.00
0009	杨＊楠	企划部	100.00	82.33	95.00
0025	孟＊科	企划部	96.67	81.00	95.00

图9-15 “自动筛选”效果图

本任务中要求筛选出销售部沟通模拟成绩为 100 分或秘书处危机处理模拟成绩在 95 分及以上的员工名单上报公司总经理，可利用高级筛选功能实现。具体操作如下。

（1）复制“成绩汇总”工作表，并将其副本表格重命名为“成绩汇总（高级筛选）”。

（2）切换到“成绩汇总（高级筛选）”工作表，在单元格区域 H2:J2 中依次输入“所属部门”“沟通模拟”“危机处理模拟”。

（3）选择 H3 单元格，输入“销售部”，选择 I3 单元格，输入“100”，选择 H4 单元格，输入“秘书处”，选择 J4 单元格，输入“>=95”，为此单元格区域添加边框，如图 9-16 所示。

G	H	I	J	K
	所属部门	沟通模拟	危机处理模拟	
	销售部	100		
	秘书处		>=95	

图9-16　设置筛选条件

（4）将光标定位于“成绩汇总（高级筛选）”工作表数据区域的任一单元格，切换到“数据”选项卡，单击“高级”按钮，如图 9-17 所示，打开“高级筛选”对话框。

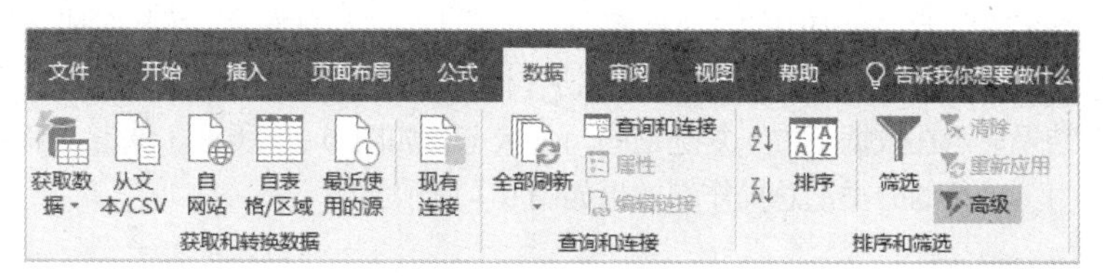

图9-17　“高级”按钮

（5）保持“方式”栏中“在原有区域显示筛选结果”单选按钮的选中状态，单击“列表区域”后的折叠按钮，选择表格中的数据区域 A2:F34，之后将光标定位于“条件区域”文本框中，选择刚刚设置的筛选条件区域 H2:J4，如图 9-18 所示，单击“确定”按钮，返回工作表，即可看到工作表的数据区域显示出了符合筛选条件的数据行，如图 9-19 所示。

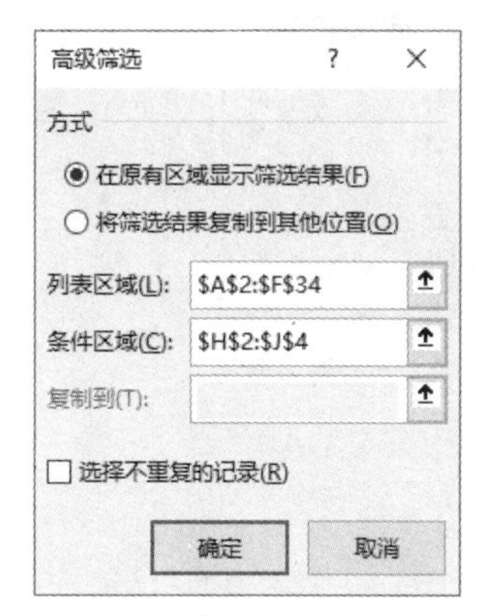

图9-18　“高级筛选”对话框

	A	B	C	D	E	F	G
1	科技大比武成绩汇总						
2	序号	员工姓名	所属部门	沟通模拟	协作模拟	危机处理模拟	
17	0015	龙*丹	销售部	100.00	83.33	95.00	
29	0027	吉*庆	秘书处	100.00	75.00	95.00	
31	0029	王*琪	秘书处	100.00	74.33	95.00	
33	0031	张*昭	秘书处	88.33	59.00	95.00	
35							

图9-19　进行“高级筛选”后的效果图

9.2.4　数据分类汇总

分类汇总是对表格中的数据进行管理的工具之一，它可以快速地汇总各项数据，通过分级显示和分类汇总，可以从大量数据信息中提取有用的信息。分类汇总允许展开或收缩工作表，还可以汇总整个工作表或其中选定的一部分。需要注意的是，分类汇总之前须对数据进行排序。

本任务中要汇总各部门各赛项的平均成绩，可利用分类汇总实现，具体操作如下。

（1）复制“成绩汇总”工作表，并将其副本表格重命名为“成绩分类汇总”。

（2）将光标定位于“成绩分类汇总”工作表数据区域　“所属部门”列的任一单元格中，切换到“数据”选项卡，单击“升序”按钮，如图 9-20 所示，即可快速完成表格中数据按所属部门名称的升序排序操作。

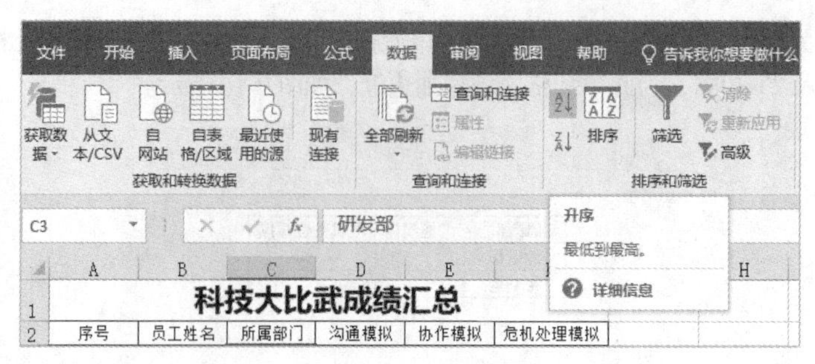

图9-20 “升序”按钮

（3）选择表格的数据区域 A2:F34，单击“数据”选项卡中的“分类汇总”按钮，如图 9-21 所示，打开“分类汇总”对话框。

（4）选择“分类字段”下拉列表中的“所属部门”选项，在“汇总方式”下拉列表中选择“平均值”选项，在“选定汇总项”列表框中勾选“沟通模拟”“协作模拟”“危机处理模拟”复选框，保持“替换当前分类汇总”和“汇总结果显示在数据下方”复选框的勾选状态，如图 9-22 所示，单击“确定”按钮，即可完成数据按“所属部门”进行的分类汇总操作，效果如图 9-1 所示。

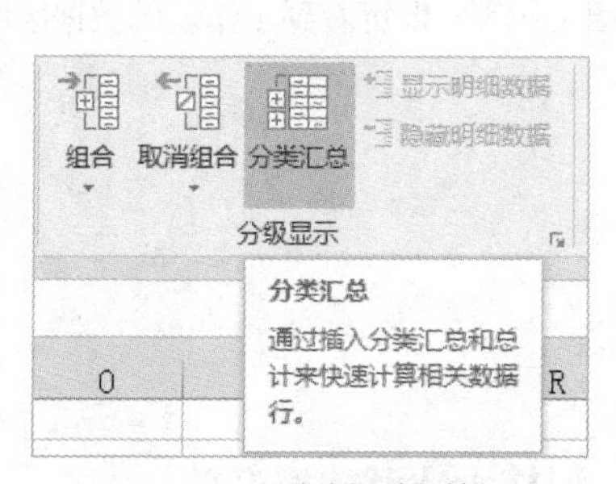

图9-21 “分类汇总”按钮

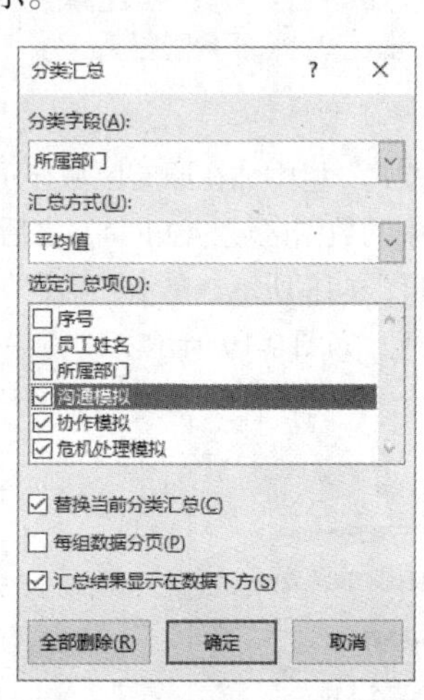

图9-22 “分类汇总”对话框

（5）保存工作簿文件，完成技能竞赛成绩的分析。

9.3 任务小结

本任务通过技能竞赛成绩分析，讲解了 Excel 中的合并计算、数据排序、自动筛选、高级筛选和分类汇总等内容。在实际操作中大家还需要注意以下问题。

1. Excel 的排序功能很强，在“排序”对话框中隐藏着多个用户不熟悉的选项。

（1）排序依据。

排序依据除了默认的按“单元格值”排序以外，当单元格有背景颜色或单元格字体有不同颜色时，还可以按“单元格颜色”“字体颜色”“条件格式图标”进行排序，如图 9-23 所示。

（2）排序选项。

在“排序”对话框中做相应的设置，可完成一些非常规的排序操作，如“按行排序”“笔划排序”等，单击“排序”对话框中的“选项”按钮，打开“排序选项”对话框，如图 9-24 所示，更改对话框的设置，即可实现相应的操作。

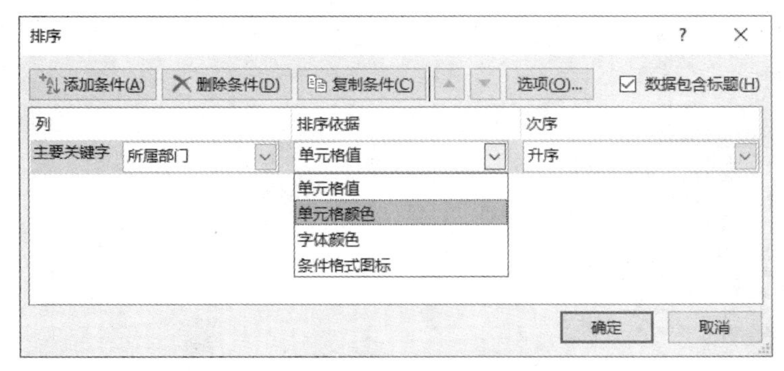

图9-23　“排序依据”列表

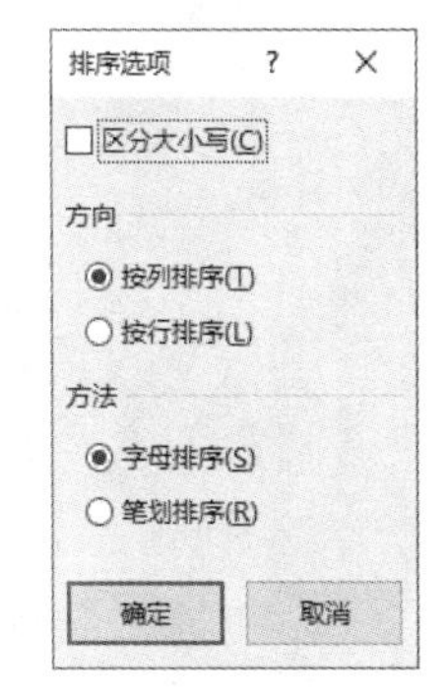

图9-24　“排序选项”对话框

2. 筛选时要注意自动筛选与高级筛选的区别，根据实际要求选择适当的筛选形式进行数据分析。

- 自动筛选不用设置筛选的条件区域，高级筛选必须先设定条件区域。
- 自动筛选可实现的筛选效果，用高级筛选也可以实现，反之则不一定能实现。
- 对于多条件的自动筛选，各条件之间是“与”的关系。对于多条件的高级筛选，当筛选条件在同一行，表示条件之间是“与”的关系；当筛选条件不在同一行，表示条件之间是“或”的关系。

3. 需要删除已设置的分类汇总结果时，可打开“分类汇总”对话框，单击“全部删除”按钮删除已建立的分类汇总。需要注意的是，删除分类汇总的操作是不可逆的，不能通过“撤销”命令恢复。

9.4　经验技巧

9.4.1　按类别自定义排序

利用 Excel 表格处理日常工作时，经常会用到排序这个功能，但是有时需要按照自定义的类别去排序，如要求本任务中“所属部门”列的排序顺序为“秘书处、研发部、财务部、销售部、企划部”，可进行如下的操作。

（1）切换到“成绩汇总”工作表。

（2）选中除标题行以外的所有数据，切换到“数据”选项卡，单击“排序”按钮，打开“排序”对话框，在“主要关键字”下拉列表中选择“所属部门”选项，在“排序依据”下拉列表中选择“单元格值”选项，在“次序”下拉列表中选择“自定义序列”选项，如图 9-25 所示，打开“自定义序列”对话框。

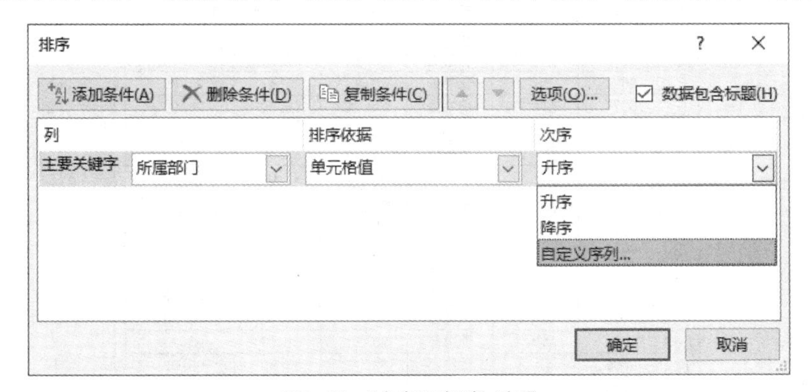

图9-25　“自定义序列”选项

（3）在“输入序列”的列表框中输入“秘书处”“研发部”“财务部”“销售部”“企划部”，如图 9-26 所示。

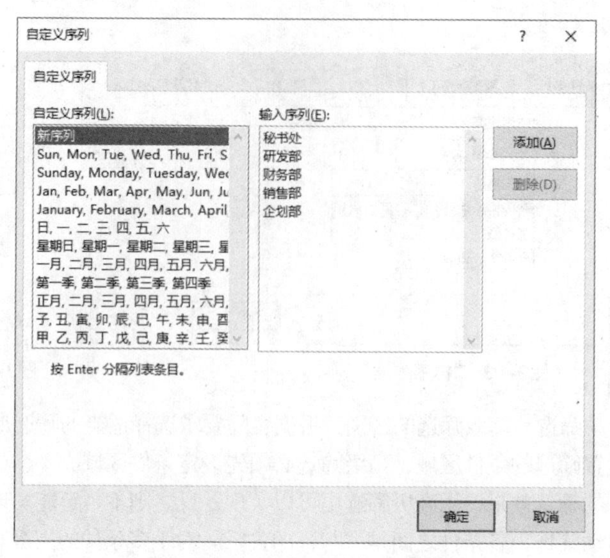

图9-26 “自定义序列”对话框

（4）单击“添加”按钮，即可将自定义的序列添加到左侧“自定义序列”的列表框中。单击“确定”按钮返回“排序”对话框，即可看到“次序”显示为“秘书处，研发部，财务部，销售部，企划部”，如图 9-27 所示。单击“确定”按钮，即可完成所属部门的自定义排序，如图 9-28 所示。

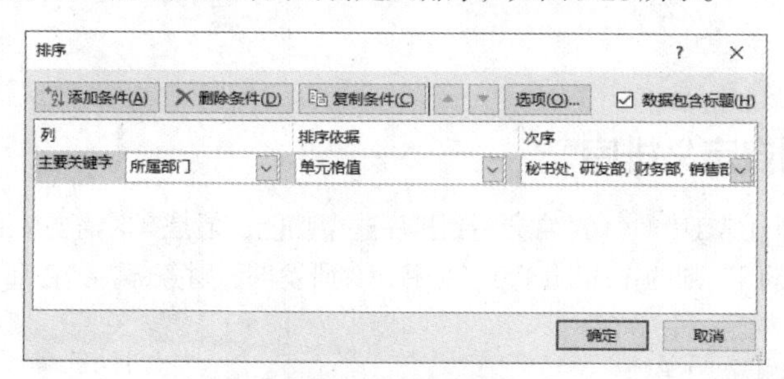

图9-27 自定义次序设置完成

	A	B	C	D	E	F
1	科技大比武成绩汇总					
2	序号	员工姓名	所属部门	沟通模拟	协作模拟	危机处理模拟
3	0002	郭＊文	秘书处	98.33	63.33	58.33
4	0014	王＊林	秘书处	98.33	55.67	65.00
5	0020	王＊华	秘书处	88.33	76.67	93.00
6	0027	吉＊庆	秘书处	100.00	75.00	95.00
7	0029	王＊琪	秘书处	100.00	74.33	95.00
8	0031	张＊昭	秘书处	88.33	59.00	95.00
9	0001	王＊浩	研发部	98.33	81.00	95.00
10	0007	杨＊彬	研发部	100.00	58.33	80.00
11	0012	王＊兰	研发部	100.00	76.67	95.00
12	0018	邱＊鸣	研发部	100.00	57.33	75.00
13	0023	杜＊鹏	研发部	90.00	72.33	95.00
14	0028	何＊鱼	研发部	90.00	82.67	95.00
15	0003	杨＊林	财务部	83.33	72.00	90.00
16	0005	刘＊伟	销售部	98.33	81.67	93.33
17	0006	何＊玉	销售部	93.33	82.50	95.00
18	0008	黄＊玲	销售部	90.00	61.67	90.00
19	0011	陈＊强	销售部	98.33	80.67	93.67
20	0015	龙＊丹	销售部	100.00	83.33	95.00
21	0016	杨＊燕	销售部	98.33	50.67	90.00
22	0017	陈＊蔚	销售部	98.33	63.00	95.00

图9-28 自定义排序后效果

9.4.2 粘贴筛选后的数据

Excel 的筛选功能可以快速地查看指定的数据，给我们带来了极大的便利，但是筛选功能只是将不符合条件的数据隐藏了起来。筛选过后，当我们直接将筛选过的单元格复制粘贴到其他表格时，往往粘贴的还是没有筛选的全部数据。此时可以通过定位可见单元格的方法来实现筛选后数据的粘贴。操作如下。

数据筛选完毕后，按<Ctrl+G>组合键，弹出“定位”对话框，如图 9-29 所示，单击“定位条件”按钮，打开“定位条件”对话框，单击“可见单元格”单选按钮，如图 9-30 所示，单击两次“确定”按钮，关闭对话框。之后再对表格进行复制粘贴操作，粘贴后的数据就是筛选后的数据了。

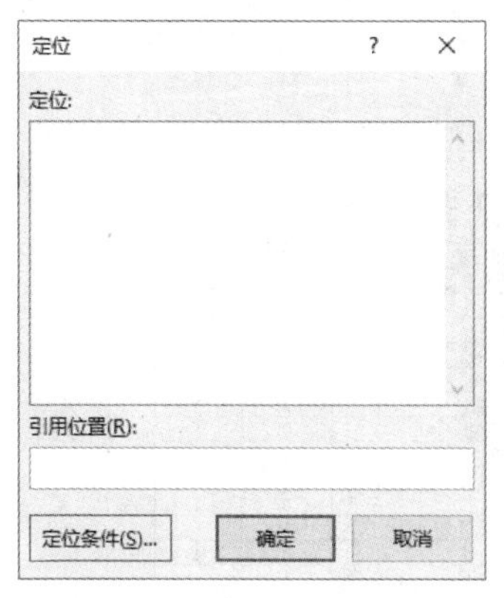

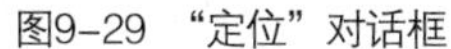
图9-29 “定位”对话框

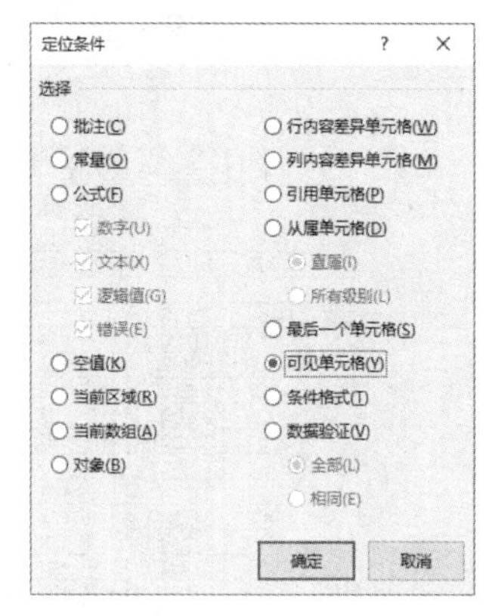

图9-30 “定位条件”对话框

9.5 拓展训练

打开“员工考勤表.xlsx”并对工作表“员工考勤表”进行数据统计。

（1）复制“员工考勤表”，将新工作表命名为“需要提醒员工”，此工作表中筛选出需要提醒的员工信息，需要提醒的条件是：月迟到次数超过 2 次，或者缺席天数多于 1 天，或者有早退的现象。效果如图 9-31 所示。

	A	B	C	D	E	F	G
1	企业员工月度出勤考核						
2	序号	时间	员工姓名	所属部门	迟到次数	缺席天数	早退次数
4	0002	2022年1月	郭*文	秘书处	10	0	1
5	0003	2022年1月	杨*林	财务部	4	3	0
6	0004	2022年1月	雷*庭	企划部	2	0	2
7	0005	2022年1月	刘*伟	销售部	4	1	0
8	0006	2022年1月	何*玉	销售部	0	0	4
9	0007	2022年1月	杨*彬	研发部	2	0	8
10	0008	2022年1月	黄*玲	销售部	1	1	4
11	0009	2022年1月	杨*楠	企划部	3	0	2
12	0010	2022年1月	张*琪	企划部	7	1	1
13	0011	2022年1月	陈*强	销售部	8	0	0
14	0012	2022年1月	王*兰	研发部	0	0	3
15	0013	2022年1月	田*艳	企划部	5	3	4
16	0014	2022年1月	王*林	秘书处	7	0	1
17	0015	2022年1月	龙*丹	销售部	0	4	0
18	0016	2022年1月	杨*燕	销售部	1	0	1
19	0017	2022年1月	陈*蔚	销售部	8	1	4
20	0018	2022年1月	邱*鸣	研发部	6	0	5
21	0019	2022年1月	陈*力	企划部	0	1	4
22	0020	2022年1月	王*华	秘书处	0	0	1
23	0021	2022年1月	苏*拓	企划部	6	0	0
24	0022	2022年1月	田*东	企划部	3	0	0
25	0023	2022年1月	杜*鹏	研发部	5	1	1
26	0024	2022年1月	徐*琴	企划部	1	0	3
27	0025	2022年1月	孟*科	企划部	5	0	4
28	0026	2022年1月	巩*明	企划部	3	3	1
30	0028	2022年1月	何*鱼	研发部	1	0	5
31	0029	2022年1月	王*琪	秘书处	0	2	0
32	0030	2022年1月	曾*洪	企划部	0	0	4
33	0031	2022年1月	张*昭	秘书处	1	0	1

图9-31 “需要提醒员工”筛选结果图

（2）复制“员工考勤表”，将新工作表命名为“经理约谈员工”，在此工作表中筛选出需要经理约谈的员工信息，需要约谈的条件是：迟到次数大于 6 次并且早退次数大于 2 次，或者缺席天数多于 3 天并且早退次数大于 1 次。效果如图 9-32 所示。

	A	B	C	D	E	F	G
1	企业员工月度出勤考核						
2	序号	时间	员工姓名	所属部门	迟到次数	缺席天数	早退次数
19	0017	2022年1月	陈*蔚	销售部	8	1	4

图9-32　“经理约谈员工”筛选结果图

（3）按照所属部门，对员工考勤情况分类汇总，按求和方式汇总出各部门的出勤情况，效果如图 9-33 所示。

	A	B	C	D	E	F	G	H
1	企业员工月度出勤考核							
2	序号	时间	员工姓名	所属部门	迟到次数	缺席天数	早退次数	
3	0003	2022年1月	杨*林	财务部	4	3	0	
4				**财务部 汇总**	4	3	0	
5	0002	2022年1月	郭*文	秘书处	10	0	1	
6	0014	2022年1月	王*林	秘书处	7	0	1	
7	0020	2022年1月	王*华	秘书处	0	0	1	
8	0027	2022年1月	吉*庆	秘书处	2	0	0	
9	0029	2022年1月	王*琪	秘书处	0	2	0	
10	0031	2022年1月	张*昭	秘书处	1	0	1	
11				**秘书处 汇总**	20	2	4	
12	0004	2022年1月	雷*庭	企划部	2	0	2	
13	0009	2022年1月	杨*楠	企划部	3	0	2	
14	0010	2022年1月	张*琪	企划部	7	1	1	
15	0013	2022年1月	田*艳	企划部	5	3	4	
16	0019	2022年1月	陈*力	企划部	0	1	4	
17	0021	2022年1月	苏*拓	企划部	6	0	0	
18	0022	2022年1月	田*东	企划部	3	0	0	
19	0024	2022年1月	徐*琴	企划部	1	0	3	
20	0025	2022年1月	孟*科	企划部	5	0	4	
21	0026	2022年1月	巩*玥	企划部	3	3	1	
22	0030	2022年1月	曾*洪	企划部	0	0	4	
23				**企划部 汇总**	35	8	25	
24	0005	2022年1月	刘*伟	销售部	4	1	0	
25	0006	2022年1月	何*玉	销售部	0	0	4	
26	0008	2022年1月	黄*玲	销售部	1	1	4	

员工考勤表　需要提醒员工　经理约谈员工

图9-33　分类汇总效果图

任务 10

公司日常费用分析

10.1 任务简介

下面展示任务的要求与效果，分析任务完成的学习目标。

10.1.1 任务需求与效果展示

张飞是某公司财务部的员工，为了开源节流，在第一季度结束时要根据公司前 3 个月的日常费用明细表统计公司第一季度的财务报销情况，具体要求如下。

（1）将各部门的日常费用情况单独生成一张表格。

（2）统计各部门日常费用的平均值。

（3）对各部门的日常费用情况按总费用从高到低进行排序，效果如图 10-1 所示。

图10-1 公司日常费用情况统计效果图

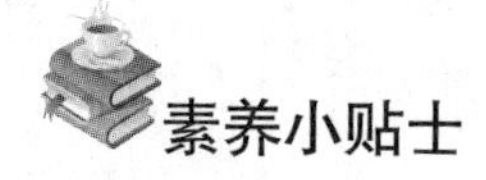

《中华人民共和国个人信息保护法》

为了保护个人信息权益，规范个人信息处理活动，促进个人信息合理利用，根据宪法，制定了本法。

10.1.2 任务目标

知识目标：

- 了解数据透视表的作用；
- 了解数据透视表的使用场合。

技能目标：

- 掌握数据透视表的创建；
- 掌握利用数据透视表对数据进行计算分析；
- 掌握数据透视表的美化。

素养目标：

- 培养科学严谨的工作作风；
- 增强社会责任感和法律意识。

10.2 任务实现

10.2.1 创建数据透视表

数据透视表是一种对大量数据快速汇总和建立交叉表的交互式表格，用户可以转换行以查看数据源的不同汇总结果，可以显示不同页面以筛选数据，还可以根据需要显示区域中的明细数据。

本实例中，创建数据透视表的操作步骤如下。

（1）打开素材文件夹中的工作簿文件“日常费用明细表.xlsx”。

（2）选中表格中的任一单元格，切换到“插入”选项卡，单击“表格”功能组中的“数据透视表”按钮，如图 10-2 所示，弹出“创建数据透视表”对话框。

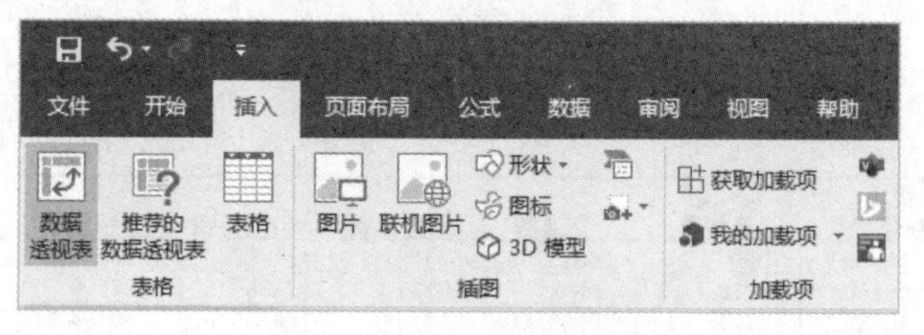

图10–2 “数据透视表”按钮

（3）保持默认的“表/区域”的值不变，单击“选择放置数据透视表的位置”栏中的“新工作表”单选按钮，如图 10-3 所示，单击“确定”按钮，返回工作表，即可进入数据透视表的设计环境。

（4）在“数据透视表字段”窗格中，将“选择要添加到报表的字段”列表框中的“费用类别”选项拖动到“列”区域，将“经办人”选项拖动到“行”区域，将“金额”选项拖动到“值”区域，如图 10-4 所示，即可实现数据透视表的创建，如图 10-5 所示。

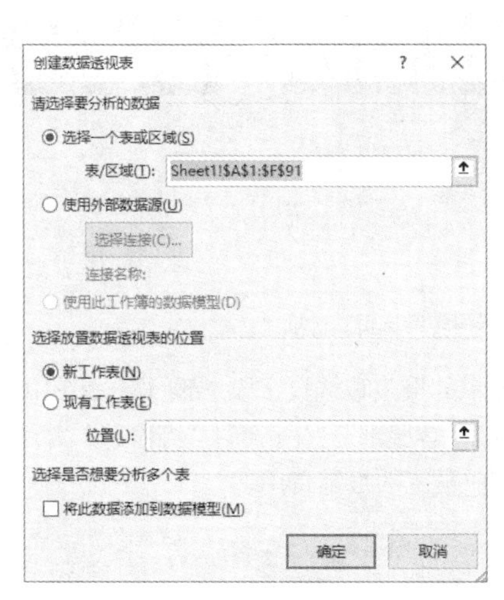

图10-3 “创建数据透视表”对话框

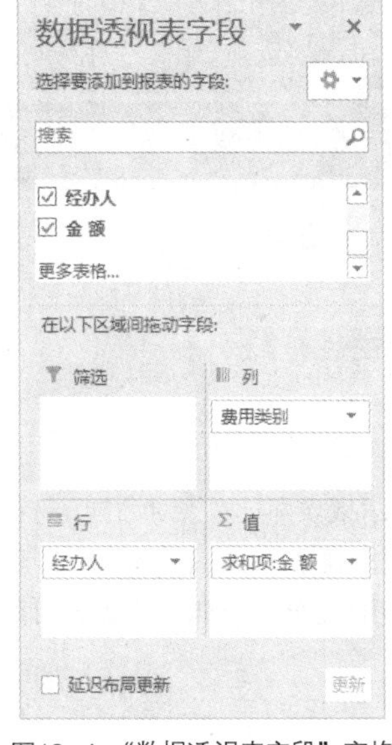

图10-4 “数据透视表字段”窗格

	A	B	C	D	E	F	G
1							
2							
3	求和项:金 额	列标签					
4	行标签	办公费	差旅费	交通费	宣传费	招待费	总计
5	李云	32892.4		12.3	1298.5		34203.2
6	刘博	576.5	3625.5	6737.3	53393.4	2350	66682.7
7	刘伟	23014.8	9953.2	2711.5	1686.6		37366.1
8	刘小丽	9706.2	12607.9		6421.5	456	29191.6
9	王伟	3273	441.4	13932.6	3621.5	4210	25478.5
10	郑军	11415.7	3922.7	3047	700	2199.8	21285.2
11	周俊	23734.3		3540.6	2597.5		29872.4
12	朱云	2125	7109.5	6543.8	25974.9		41753.2
13	总计	106737.9	37660.2	36525.1	95693.9	9215.8	285832.9
14							

图10-5 数据透视表创建完成后效果

10.2.2 添加报表筛选页字段

Excel 提供了报表筛选页字段的功能，通过该功能用户可以在数据透视表中快速查看位于筛选器中的字段的所有信息，添加报表筛选页字段后生成的工作表会自动以字段信息命名，便于用户查看数据信息。本任务中，要将各部门的日常费用情况单独生成表格，可使用报表筛选页字段的功能，操作步骤如下。

（1）在“数据透视表字段”窗格中，将“部门”选项拖动到“筛选”区域，在数据透视表表格的首行会出现“部门”筛选的字段，如图 10-6 所示。

	A	B	C	D	E	F	G
1	部 门	(全部)					
2							
3	求和项:金 额	列标签					
4	行标签	办公费	差旅费	交通费	宣传费	招待费	总计
5	李云	32892.4		12.3	1298.5		34203.2
6	刘博	576.5	3625.5	6737.3	53393.4	2350	66682.7
7	刘伟	23014.8	9953.2	2711.5	1686.6		37366.1
8	刘小丽	9706.2	12607.9		6421.5	456	29191.6
9	王伟	3273	441.4	13932.6	3621.5	4210	25478.5
10	郑军	11415.7	3922.7	3047	700	2199.8	21285.2
11	周俊	23734.3		3540.6	2597.5		29872.4
12	朱云	2125	7109.5	6543.8	25974.9		41753.2
13	总计	106737.9	37660.2	36525.1	95693.9	9215.8	285832.9

图10-6 “部门”筛选字段添加完成后效果

（2）选中数据透视表中的任一含有内容的单元格。切换到“数据透视表工具 | 分析”选项卡，在“数据透视表”功能组中单击“选项”下拉按钮，在下拉列表中选择“显示报表筛选页”选项，如图 10-7 所示。

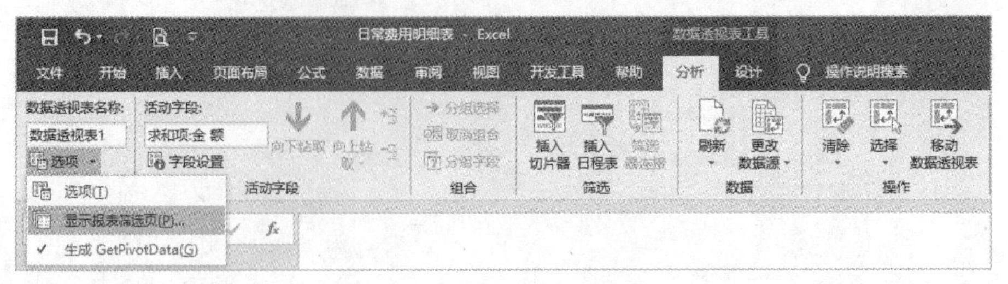

图10-7　“显示报表筛选页”选项

（3）弹出“显示报表筛选页”对话框，选择要显示的报表筛选页字段“部门”，如图 10-8 所示。单击“确定”按钮，返回工作表中。Excel 自动生成“销售部”“客服部”“生产部”“维修部”“行政部”5 张工作表，如图 10-9 所示。切换至任意一张工作表，可查看相应员工的报销费用。

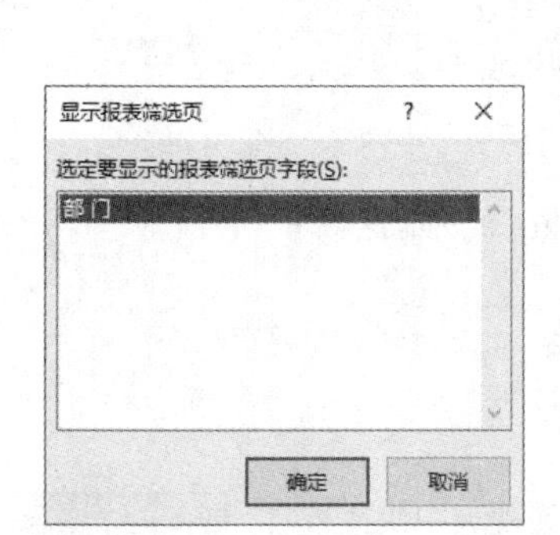

图10-8　“显示报表筛选页”对话框

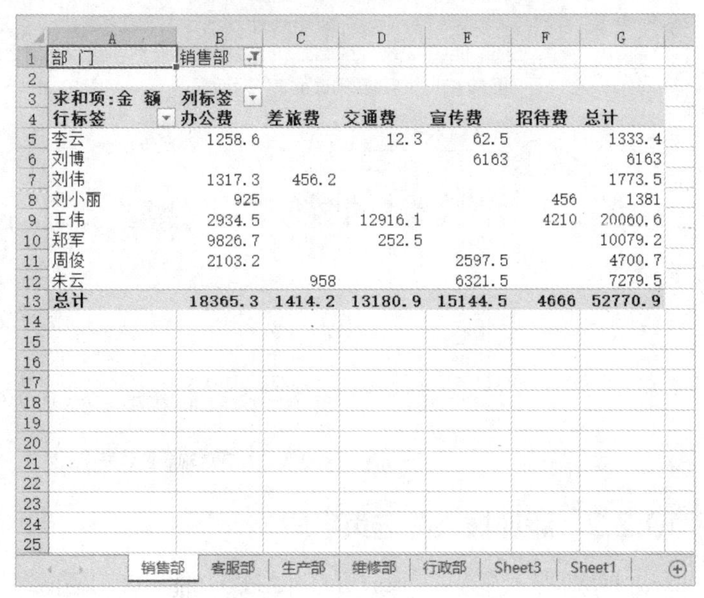

	A	B	C	D	E	F	G
1	部 门	销售部					
2							
3	求和项:金 额	列标签					
4	行标签	办公费	差旅费	交通费	宣传费	招待费	总计
5	李云	1258.6		12.3	62.5		1333.4
6	刘博				6163		6163
7	刘伟	1317.3	456.2				1773.5
8	刘小丽	925				456	1381
9	王伟	2934.5		12916.1		4210	20060.6
10	郑军	9826.7		252.5			10079.2
11	周俊	2103.2			2597.5		4700.7
12	朱云		958		6321.5		7279.5
13	总计	18365.3	1414.2	13180.9	15144.5	4666	52770.9

图10-9　报表筛选字段后效果图

10.2.3　增加计算项

Excel 提供了创建计算项的功能，计算项是在已有的字段中插入新项，是通过对该字段现有的其他项计算后得到的。在选中数据透视表中某个字段标题或其下的项目时，可以使用“计算项”功能。需要注意的是，计算项只能应用于行、列字段，无法应用于数字区域。

任务需要在数据透视表中体现各部门的平均费用，可通过增加计算项实现。操作步骤如下。

（1）切换到数据透视表工作表，在“数据透视表字段”窗格中，单击“行”区域中的“经办人”下拉按钮，从下拉列表中选择“删除字段”选项，如图 10-10 所示，将“经办人”字段从“行”区域中移除。

（2）将“部门”字段从“筛选”区域移至“行”区域中。

（3）选中单元格 F4，切换到“数据透视表工具 | 分析”选项卡，单击“计算”功能组的“字段、项目和集”下拉按钮，从下拉列表中选择“计算项”选项，如图 10-11 所示。

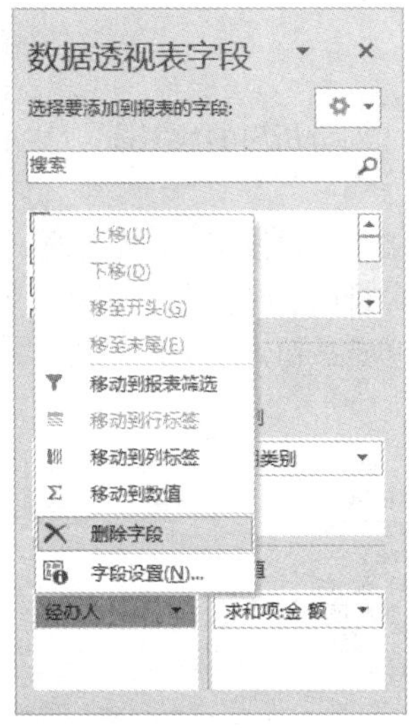

图10-10　“删除字段”选项

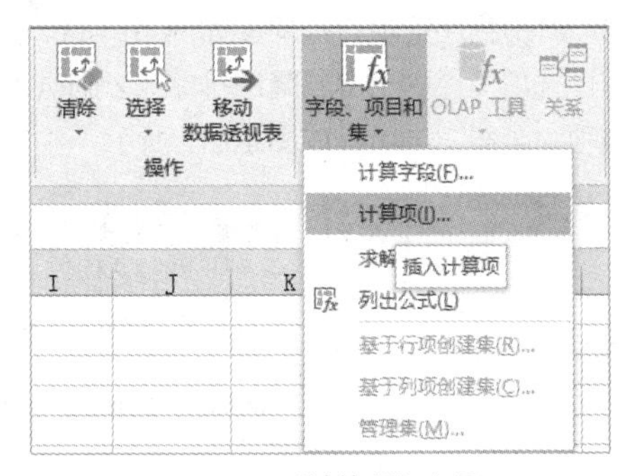

图10-11　“计算项”选项

（4）在弹出的对话框中，设置名称为“平均费用”，在“公式”文本框中输入“=average(”，在“字段”列表框中选择“费用类别”选项，在“项”列表框中选择“办公费”选项，单击“插入项”按钮。

（5）在“公式”显示的“办公费”后输入逗号，在“项”列表框中选择“差旅费”选项，单击“插入项”按钮。用同样的方法继续添加“交通费”“宣传费”“招待费”项，如图 10-12 所示。添加完成后，单击“确定”按钮，返回工作表，可看到添加的“平均费用”计算项，如图 10-13 所示。

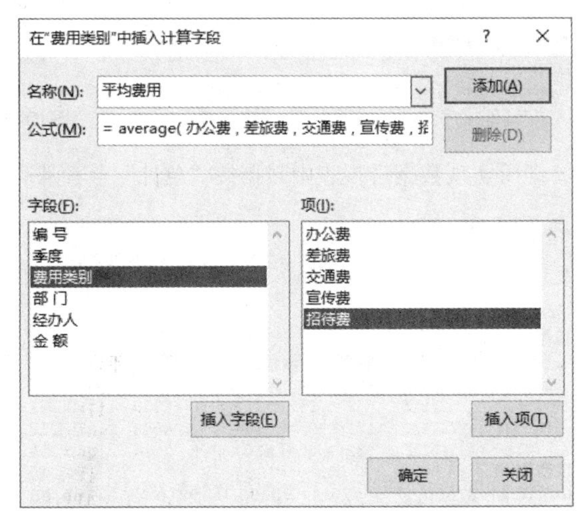

图10-12　“在‘费用类别’中插入计算字段”对话框

	A	B	C	D	E	F	G	H
1								
2								
3	**求和项:金 额**	**列标签**						
4	**行标签**	**办公费**	**差旅费**	**交通费**	**宣传费**	**招待费**	**平均费用**	**总计**
5	销售部	18365.3	1414.2	13180.9	15144.5	4666	10554.18	63325.08
6	客服部	4560	5210	3214.6	5150.1		3626.94	21761.64
7	生产部	62110.3	21817.5	10333.3	24021.5	2199.8	24096.48	144578.88
8	维修部	19556.5	9218.5	3276.3	51377.8	2350	17155.82	102934.92
9	行政部	2145.8		6520			1733.16	10398.96
10	**总计**	**106737.9**	**37660.2**	**36525.1**	**95693.9**	**9215.8**	**57166.58**	**342999.48**
11								

图10-13　“平均费用”计算项添加完成效果图

10.2.4 数据透视表的排序

在已完成设置的数据透视表中还可以执行排序命令。任务要求对分析出的数据按“总计”金额从高到低进行排序，具体操作如下。

（1）将光标定位于数据透视表的任意单元格中，单击“行标签”下拉按钮，在弹出的快捷菜单中选择“其他排序选项”选项，如图 10-14 所示，弹出“排序（部门）”对话框。

（2）在“排序选项”栏中单击“降序排序（Z 到 A）依据”单选按钮，并从其下拉列表中选择“求和项：金额”选项，如图 10-15 所示。

图10–14 “其他排序选项”选项

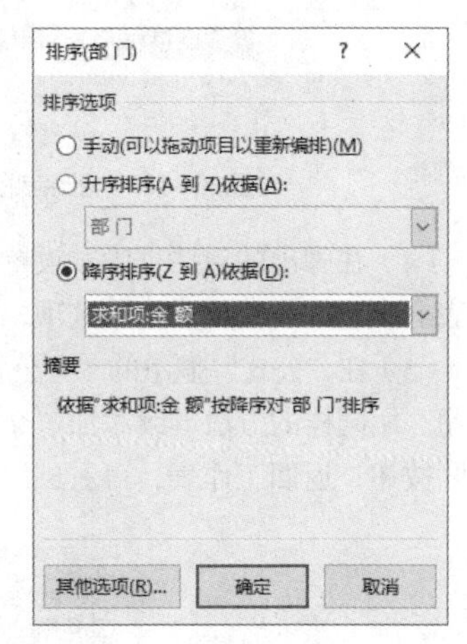

图10–15 “排序（部门）”对话框

（3）单击“确定”按钮，即可实现数据透视表中数据按“总计”金额从高到低排序，效果如图 10-16 所示。

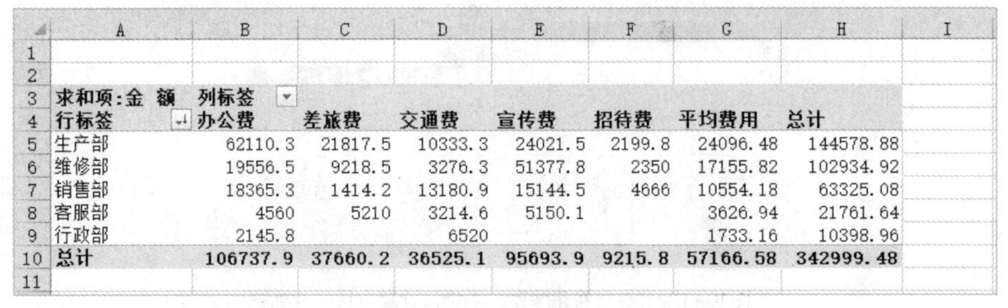

求和项:金 额	列标签						
行标签	办公费	差旅费	交通费	宣传费	招待费	平均费用	总计
生产部	62110.3	21817.5	10333.3	24021.5	2199.8	24096.48	144578.88
维修部	19556.5	9218.5	3276.3	51377.8	2350	17155.82	102934.92
销售部	18365.3	1414.2	13180.9	15144.5	4666	10554.18	63325.08
客服部	4560	5210	3214.6	5150.1		3626.94	21761.64
行政部	2145.8		6520			1733.16	10398.96
总计	106737.9	37660.2	36525.1	95693.9	9215.8	57166.58	342999.48

图10–16 降序排序后效果图

10.2.5 数据透视表的美化

为了增强数据透视表的视觉效果，用户可以对数据透视表进行样式选择、值字段设置等操作。具体操作如下。

（1）将光标定位于数据透视表的任一单元格中，切换到“数据透视表工具 | 设计”选项卡，单击“数据透视表样式”功能组的“快速样式”下拉按钮，从下拉列表中选择“浅绿，数据透视表样式浅色 14”选项，如图 10-17 所示。

（2）此时可以在工作表中看到应用了指定数据透视表样式后的表格，如图 10-18 所示。

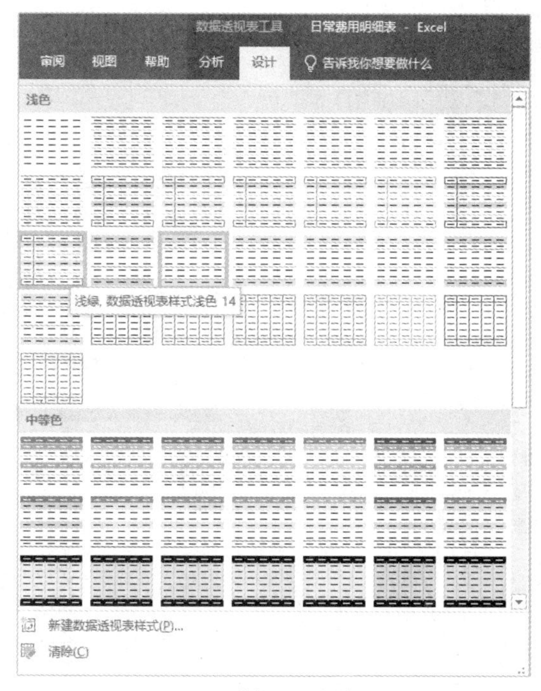

图10-17　数据透视表样式选择

求和项:金 额	列标签						
行标签	办公费	差旅费	交通费	宣传费	招待费	平均费用	总计
生产部	62110.3	21817.5	10333.3	24021.5	2199.8	24096.48	144578.88
维修部	19556.5	9218.5	3276.3	51377.8	2350	17155.82	102934.92
销售部	18365.3	1414.2	13180.9	15144.5	4666	10554.18	63325.08
客服部	4560	5210	3214.6	5150.1		3626.94	21761.64
行政部	2145.8		6520			1733.16	10398.96
总计	106737.9	37660.2	36525.1	95693.9	9215.8	57166.58	342999.48

图10-18　应用数据透视表样式后效果图

（3）在“数据透视表工具 | 设计”选项卡中，勾选“数据透视表样式选项”功能组中的“镶边列”复选框、“镶边行”复选框，如图 10-19 所示，实现对数据透视表中的行、列镶边的操作。

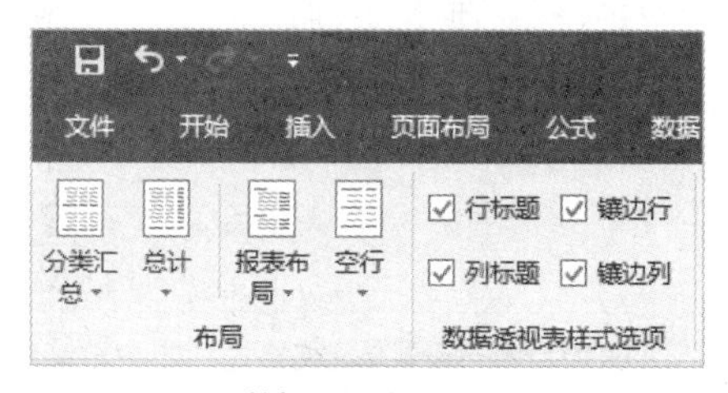

图10-19　“数据透视表样式选项”功能组

（4）双击单元格 A4（行标签单元格），修改其文本内容为“部门”，双击单元格 B3（列标签单元格），修改其文本内容为“费用”。

（5）在“数据透视表字段”窗格中，单击“求和项：金额”下拉按钮，从弹出的快捷菜单中选择“值字段设置”选项，如图 10-20 所示，打开“值字段设置”对话框，如图 10-21 所示。

（6）单击“数字格式”按钮，弹出“设置单元格格式”对话框，在“数字”选项卡中选择“数值”选项，设置“小数位数”为“2”，勾选“使用千位分隔符”复选框，如图 10-22 所示，单击两次“确定”按钮，返回工作表，完成数据透视表中数值单元格的格式设置。

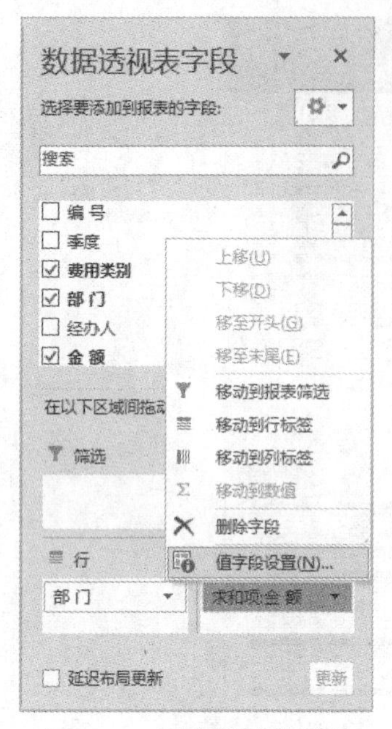

图10-20 “值字段设置”选项

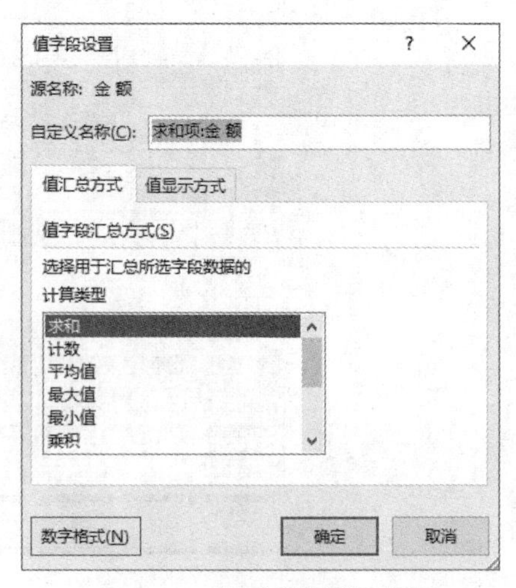

图10-21 “值字段设置”对话框

图10-22 “设置单元格格式”对话框

（7）选中整个数据透视表，切换到“开始”选项卡，单击“对齐方式”功能组中的“居中”按钮，对齐表格中的数据，效果如图10-1所示。

（8）单击“保存”按钮，完成数据透视表的制作。

10.3 任务小结

本任务通过分析公司日常费用情况讲解了Excel中数据透视表的创建、数据透视表的值字段设置、数据透视表的数据排序等内容。在实际操作中大家还需要注意以下问题。

（1）数据透视表是从数据库中生成的动态总结报告，其中数据库可以是工作表中的，也可以是其他外部文件中的。数据透视表用一种特殊的方式显示一般工作表的数据，能够更加直观清晰地显示复杂的数据。

需要注意的是，并不是所有的数据都可以用于创建数据透视表，汇总的数据必须包含字段、数据记录和数据项。在创建数据透视表时一定要选择 Excel 能处理的数据库文件。

（2）在 Excel 中提供了“推荐的数据透视表”功能，此功能可以根据所选表格内容来列举不同字段布局的数据透视表，如图 10-23 所示。用户可以根据自己的实际需要来选择合适的数据透视表。

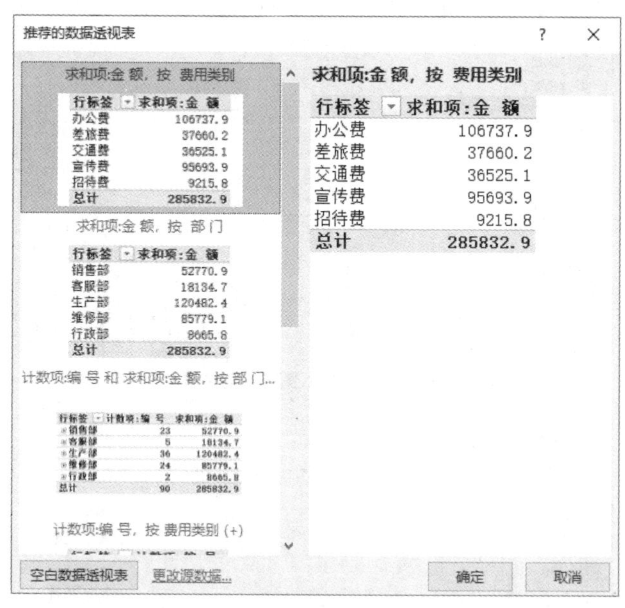

图10-23　“推荐的数据透视表”对话框

（3）在“数据透视表字段”窗格的底部有 4 个区域，名称分别为“筛选”“列”“行”“值”，分别代表了数据透视表的 4 个区域。

数值字段默认会进入“值”区域中。文本字段默认会进入“行”区域中。如需改变默认的归类，需要手动拖动字段。

（4）数据透视图是一个和数据透视表相链接的图表，它以图形的形式来展现数据透视表中的数据。数据透视图是一个交互式的图表，用户只需要改变数据透视图中的字段就可以实现不同数据的显示。当数据透视表中的数据发生变化时，数据透视图也随之发生变化，数据透视图改变时，数据透视表也随之发生变化。以本实例中的数据透视表数据为例，数据透视图的创建操作如下。

① 将光标定位于数据透视表的任意单元格中，切换到“数据透视表工具 | 分析”选项卡，在“工具”功能组中单击“数据透视图”按钮，如图 10-24 所示。

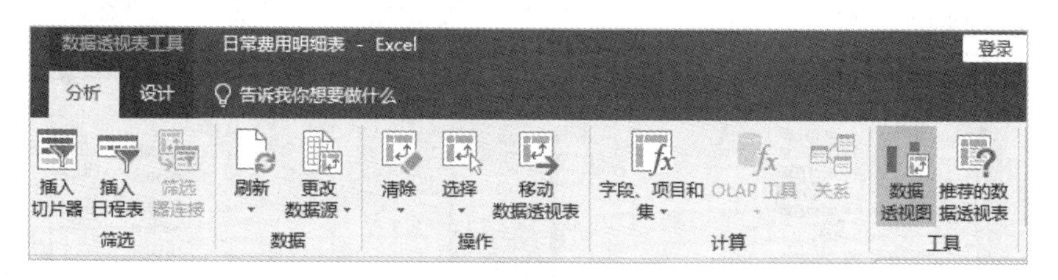

图10-24　“数据透视图”按钮

② 在弹出的“插入图表”对话框中，选择“簇状柱形图”选项，如图 10-25 所示。

③ 单击“确定”按钮，返回工作表，即可看到 Excel 根据数据透视表自动创建了数据透视图，如图 10-26 所示。

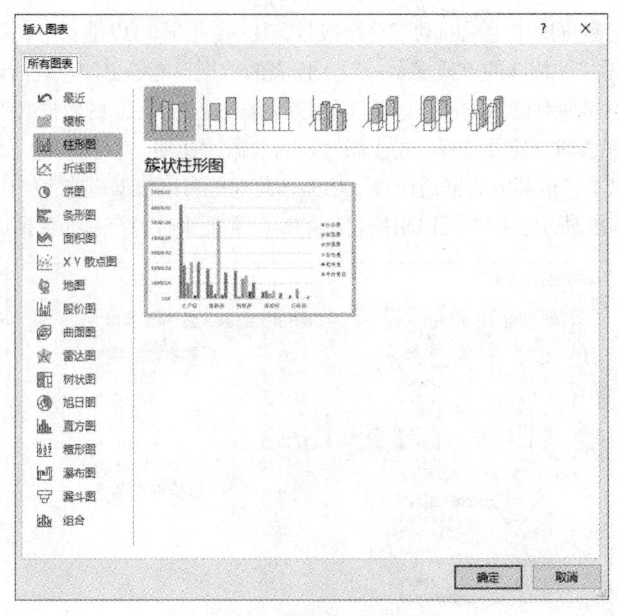

图10-25 “插入图表”对话框

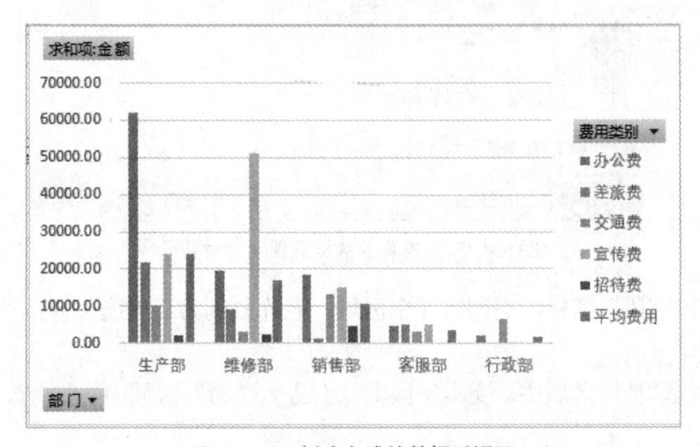

图10-26 创建完成的数据透视图

④ 单击数据透视图中的“部门”下拉按钮，在弹出的快捷菜单中取消勾选“客服部”“维修部”复选框，如图10-27所示。单击“确定”按钮，即可看到数据透视图中显示了筛选出的信息，如图10-28所示。

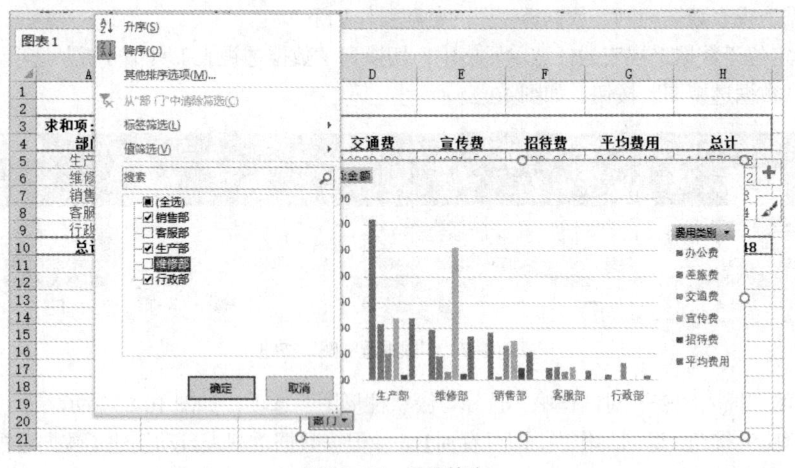

图10-27 设置筛选

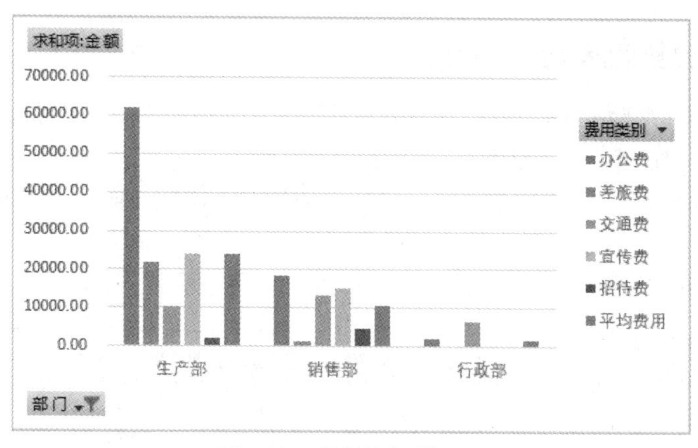

图10-28　设置筛选后效果图

⑤ 当数据透视表刷新后，外观改变或无法刷新时，处理的方法有两种：第一种是检查数据库的可用性，确保仍然可以连接外部数据库并能查看数据；第二种是检查源数据库的更改情况。

10.4　经验技巧

10.4.1　更改数据透视表的数据源

当数据透视表的数据源位置发生移动或其内容发生变动时，原来创建的数据透视表不能真实地反映现状，需要重新设定数据透视表的数据源，可进行如下操作。

（1）将光标定位于数据透视表的任意单元格中。

（2）切换到“数据透视表工具 | 分析”选项卡，单击“数据”功能组中的“更改数据源”下拉按钮，从下拉列表中选择“更改数据源”选项，如图 10-29 所示。

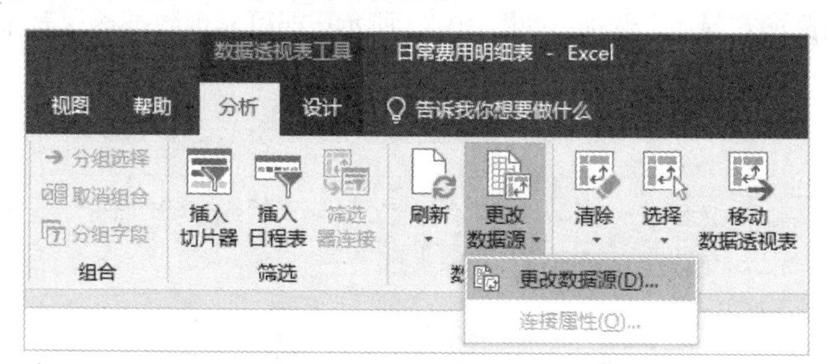

图10-29　“更改数据源”选项

（3）在弹出的“更改数据透视表数据源”对话框（见图 10-30）中，选择新的“表/区域”即可。

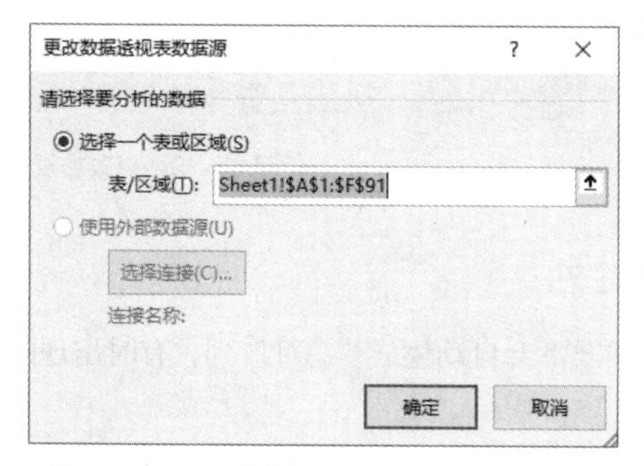

图10-30　“更改数据透视表数据源”对话框

10.4.2 更改数据透视表的报表布局

在 Excel 中有“以压缩形式显示”“以大纲形式显示”“以表格形式显示”三种报表布局。其中“以压缩形式显示”样式为数据透视表的默认样式。

在本任务中，如将“经办人”拖动到“行”区域中，数据透视表将默认显示为“压缩布局”的样式，如图 10-31 所示。

求和项:金 额 部门	费用 办公费	差旅费	交通费	宣传费	招待费	平均费用	总计
⊟生产部	62110.30	21817.50	10333.30	24021.50	2199.80	24096.48	144578.88
李云	24930.80			1236.00		5233.36	31400.16
刘博	321.50	3625.50	6737.30	6683.50		3473.56	20841.36
刘伟	21697.50	1215.00	2711.50			5124.80	30748.80
刘小丽	5253.20	12607.90		96.50		3591.52	21549.12
王伟	338.50	115.40	558.50			202.48	1214.88
郑军	1589.00	3401.70			2199.80	1438.10	8628.60
周俊	5854.80		326.00			1236.16	7416.96
朱云	2125.00	852.00		16005.50		3796.50	22779.00
⊟维修部	19556.50	9218.50	3276.30	51377.80	2350.00	17155.82	102934.92
李云	2143.00					428.60	2571.60
刘博	255.00			40546.90	2350.00	8630.38	51782.28
刘伟		8282.00		158.00		1688.00	10128.00
刘小丽	1382.20			6325.00		1541.44	9248.64
王伟		326.00	458.00			156.80	940.80
郑军		521.00	2794.50	700.00		803.10	4818.60
周俊	15776.30					3155.26	18931.56
朱云		89.50	23.80	3647.90		752.24	4513.44
⊟销售部	18365.30	1414.20	13180.90	15144.50	4666.00	10554.18	63325.08
李云	1258.60		12.30	62.50		266.68	1600.08
刘博				6163.00		1232.60	7395.60

销售部 客服部 生产部 维修部 行政部 Sheet3 Sheet1

图10–31 “压缩布局”样式的数据透视表

如要更改此布局，可进行如下的操作。

（1）单击数据透视表区域的任意单元格。

（2）切换到“数据透视表工具 | 设计”选项卡，单击“布局”功能组中的“报表布局”下拉按钮，从下拉列表中选择“以表格形式显示”选项，如图 10-32 所示，即可实现数据透视表布局的更改，如图 10-33 所示。

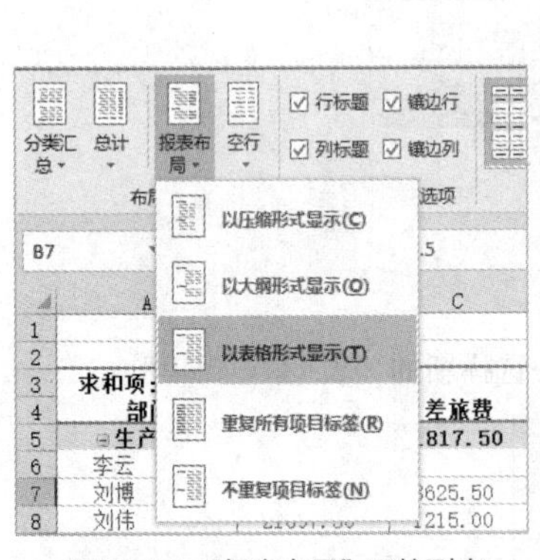

图10–32 “报表布局”下拉列表

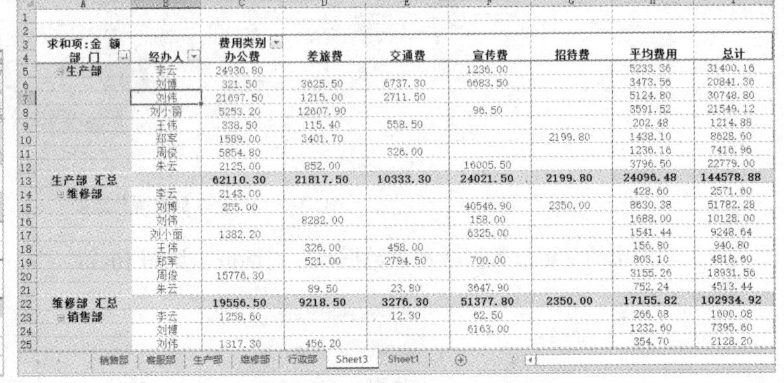

求和项:金 额 部 门	经办人	费用类别 办公费	差旅费	交通费	宣传费	招待费	平均费用	总计
⊟生产部	李云	24930.80			1236.00		5233.36	31400.16
	刘博	321.50	3625.50	6737.30	6683.50		3473.56	20841.36
	刘伟	21697.50	1215.00	2711.50			5124.80	30748.80
	刘小丽	5253.20	12607.90		96.50		3591.52	21549.12
	王伟	338.50	115.40	558.50			202.48	1214.88
	郑军	1589.00	3401.70			2199.80	1438.10	8628.60
	周俊	5854.80		326.00			1236.16	7416.96
	朱云	2125.00	852.00		16005.50		3796.50	22779.00
生产部 汇总		62110.30	21817.50	10333.30	24021.50	2199.80	24096.48	144578.88
⊟维修部	李云	2143.00					428.60	2571.60
	刘博	255.00			40546.90	2350.00	8630.38	51782.28
	刘伟		8282.00		158.00		1688.00	10128.00
	刘小丽	1382.20			6325.00		1541.44	9248.64
	王伟		326.00	458.00			156.80	940.80
	郑军		521.00	2794.50	700.00		803.10	4818.60
	周俊	15776.30					3155.26	18931.56
	朱云		89.50	23.80	3647.90		752.24	4513.44
维修部 汇总		19556.50	9218.50	3276.30	51377.80	2350.00	17155.82	102934.92
⊟销售部	李云	1258.60		12.30	62.50		266.68	1600.08
	刘博				6163.00		1232.60	7395.60
	刘伟	1317.30	456.20				354.70	2128.20

销售部 客服部 生产部 维修部 行政部 Sheet3 Sheet1

图10–33 更改布局后的数据透视表

10.4.3 快速取消总计列

在创建数据透视表时，默认情况下会自动生成“总计”列，有时出现的此列并没有实际的意义，要将其取消可进行如下的操作。

（1）单击数据透视表区域的任意单元格。

（2）切换到“数据透视表工具 | 设计”选项卡，单击“布局”功能组中的“总计”下拉按钮，在下拉列表中选择“仅对列启用”选项，如图 10-34 所示，即可快速取消“总计”列。

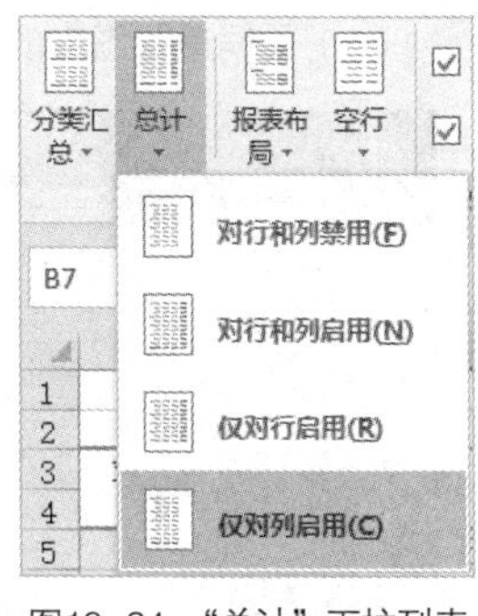

图10-34　“总计”下拉列表

10.4.4　使用切片器快速筛选数据

切片器是 Excel 2019 的一个可用于数据透视表筛选的强大工具，切片器在数据筛选方面有很大的优势，能够快速地筛选出数据透视表中的数据，而无须打开下拉列表查找要筛选的项目。以本实例中的数据透视表为例，使用切片器进行筛选的操作如下。

（1）单击数据透视表中的任意单元格。

（2）切换到“数据透视表工具 | 分析”选项卡，单击“筛选”功能组中的“插入切片器”按钮，如图 10-35 所示。

图10-35　“插入切片器”按钮

（3）在打开的“插入切片器”对话框中，勾选“费用类别”复选框，如图 10-36 所示。弹出“切片器”窗口，选择窗口中的各个费用类别选项，即可实现数据透视表中数据的快速筛选，如图 10-37 所示。

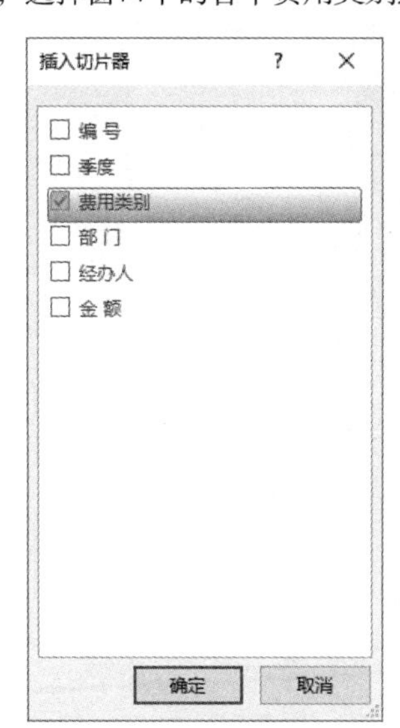

图10-36　“插入切片器”对话框

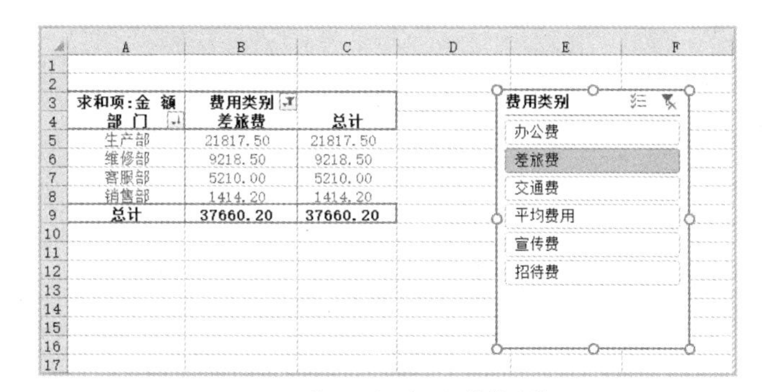

图10-37　使用“切片器”的筛选效果图

10.5　拓展训练

打开“员工销售业绩表.xlsx”，进行以下操作。

（1）统计出不同产品按地点分类的销售数量、销售数量占总数量的百分比。

（2）为数据透视图应用一种样式。

（3）数据透视图中的数据按总销售数量的降序排序，效果如图 10-38 所示。

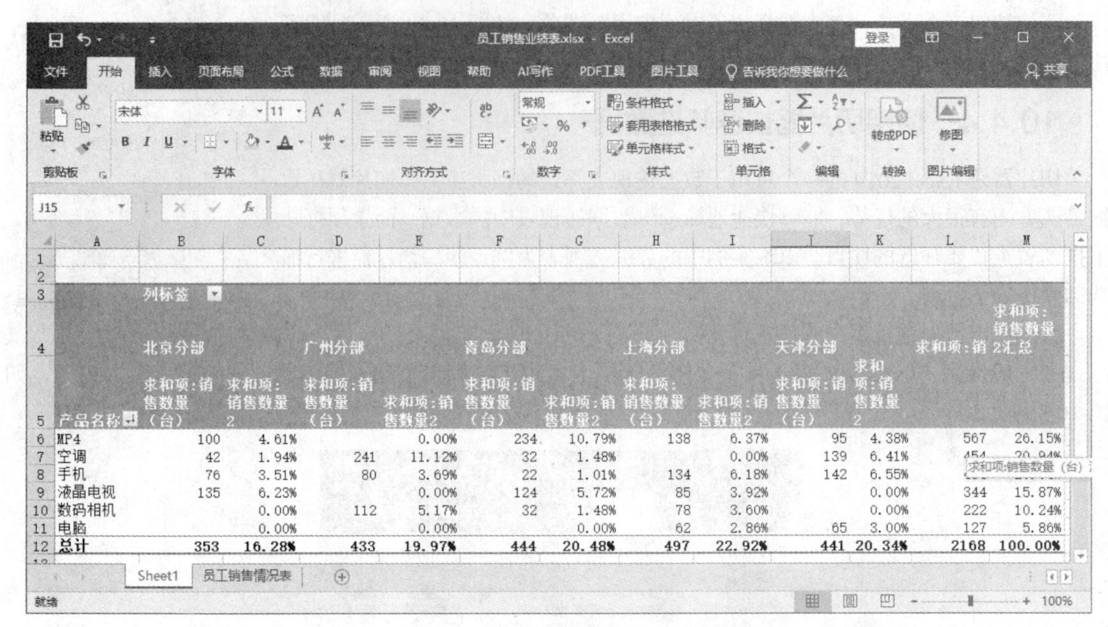

列标签	北京分部		广州分部		青岛分部		上海分部		天津分部		求和项：销	求和项：销售数量2汇总
产品名称	求和项：销售数量（台）	求和项：销售数量2	求和项：销售数量（台）	求和项：销售数量2	求和项：销售数量（台）	求和项：销售数量2	求和项：销售数量（台）	求和项：销售数量2	求和项：销售数量（台）	求和项：销售数量2		
MP4	100	4.61%		0.00%	234	10.79%	138	6.37%	95	4.38%	567	26.15%
空调	42	1.94%	241	11.12%	32	1.48%		0.00%	139	6.41%	454	20.94%
手机	76	3.51%	80	3.69%	22	1.01%	134	6.18%	142	6.55%	[illegible]	[illegible]
液晶电视	135	6.23%		0.00%	124	5.72%	85	3.92%		0.00%	344	15.87%
数码相机		0.00%	112	5.17%	32	1.48%	78	3.60%		0.00%	222	10.24%
电脑		0.00%		0.00%		0.00%	62	2.86%	65	3.00%	127	5.86%
总计	353	16.28%	433	19.97%	444	20.48%	497	22.92%	441	20.34%	2168	100.00%

图10-38 完成后的效果图

PowerPoint篇

任务 11

创客学院演示文稿制作

11.1　任务简介

下面展示任务的要求与效果，分析任务完成的学习目标。

11.1.1　任务需求与效果展示

创客学院需要完成一场“创新创业教育的经验分享”专题报告，下面为报告的文稿。现通过分析，明确文本逻辑，再制作汇报的演示文稿。

题目：“创客学院：创新创业教育的经验分享”

汇报背景：面临的挑战和机遇。

挑战：创新创业的意义不明确；拔苗助长“创业热”风险高；创新创业服务资源分配不均衡；大数据的支撑供给不足。

机遇：国家的政策环境利好消息越来越多；各级地方政府采取扶持政策与措施；区域经济社会发展越来越好。

对策：抓住机遇，迎接挑战，锐意进取，改革创新，创新创业，专创融合。

一、创新创业大背景

党的二十大报告中强调实施科教兴国战略，强化现代化建设人才支撑，教育、科技、人才是全面建设社会主义现代化国家的基础性、战略性支撑。必须坚持科技是第一生产力、人才是第一资源、创新是第一动力，深入实施科教兴国战略、人才强国战略、创新驱动发展战略，开辟发展新领域新赛道，不断塑造发展新动能新优势。

2015 年全面深化高校创新创业教育改革；2017 年普及创新创业教育形成一批制度成果；2020 年建立健全创新创业教育体系；2022 年创新创业成果初显。

转变一：由创新创业教育与专业教育两张皮，向专创融合的转变。

转变二：由注重知识传授，向注重创新精神、创业意识和创业能力培养的转变。

转变三：由单纯的面向有创新创业意愿的学生向面向全体学生的转变。

二、创客学院介绍

落实双创精神，提供双创平台。创客学院内设教学与讲师管理部、学生与活动管理部等机构，开设精英班、卓越班、国际班等专门强化训练班级，是学生开展创新创业教育的重要载体和实践平台。

立足实战修炼，培养精英创客。面向全体在校大学生、社会人员等以培养创业意识、创业精神和创业能力为目标，以培育创新创业优秀人才和团队为根本任务，全面系统地开展创新创业教育、培训和实践。

三、创客招揽与素质提升

创客生源：多种生源，全年招生，精准招生，政策支持，全员发动。

就业创业：提高就业率，提高就业质量，鼓励学生创业，打造创业基地。

创新创业是系统工程，创新创业教育贯穿教育教学的全过程。

（1）深化教育教学改革：创新人才培养模式，改革教学内容、方法和手段，课程改革。

（2）提高课堂教学质量：学情分析与课程标准把握结合，理论与实践结合，教与学结合，传统教法与信息化教学结合，学会与会学结合。

（3）实践创新能力提升：开放实训室，技能大赛，第二课堂，大学生创新创业基地等。

（4）其他还有：思想道德素质，职业素养，人文素质，身体和心理素质等。

四、课程体系与平台应用

1. 校企联合 共建“三层递进”双创课程体系

双创意识启蒙教育：创新创业教育与通识教育相融合。双创实践强化教育：创新创业教育与专业教育相融合。双创精英专门教育：创新创业教育与专门教育相融合。

2. 专创结合 构建“四位一体”双创实践平台

具体措施包括做专实习实训项目、做精科技创新项目、做优大创计划项目和做亮双创大赛项目。

3. 社会服务 加强课程团队建设，积极发挥平台作用

科研队伍建设：学校、院系二级管理，专职科研人员队伍和团队建设亟待加强。

发挥平台作用：省级平台为载体，带动辐射其他科研项目和队伍。

加大社会培训力度：每个院系都要有社会培训任务，培训项目和培训人次要逐年递增。

五、搭建双创孵化基地

学校层面构建众创空间，二级学院层面各显所长，各显神通：食品学院建立烘焙工坊，药学院建立老百姓大药房，制药学院建立制药厂，酒店学院建立食苑宾馆，财贸学院建立智慧物流园，健康学院建立中医养生馆，机电工程学院建立智造体验中心，信息工程学院建立食药文创空间。校外园区层面在留学生创业园、猪八戒创意产业园、软件园、大学科技园、清城创意谷等都构建了双创孵化基地。

六、取得主要成效展示

在产品输出方面，开发多项产品进入市场，展会平台推荐；在持续助力方面，响应政策号召，提供后续技术支持与市场顾问服务；在企业培育方面，培育江苏省科技型中小企业多家，取得优异成绩。

依据本任务设计实现的页面效果如图 11-1 所示。

（a）封面

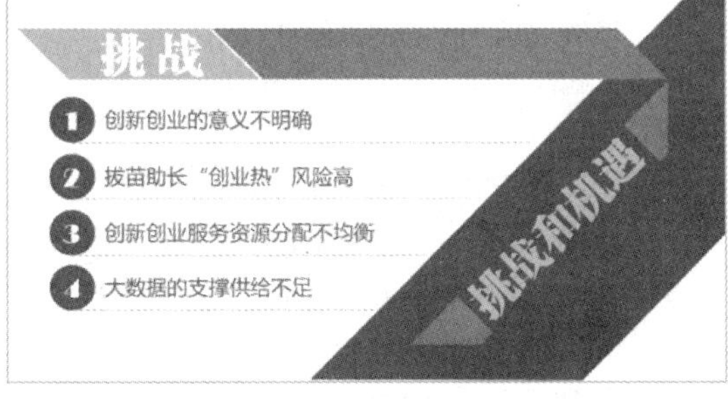

（b）挑战

图11–1　本任务最终实现效果（部分）

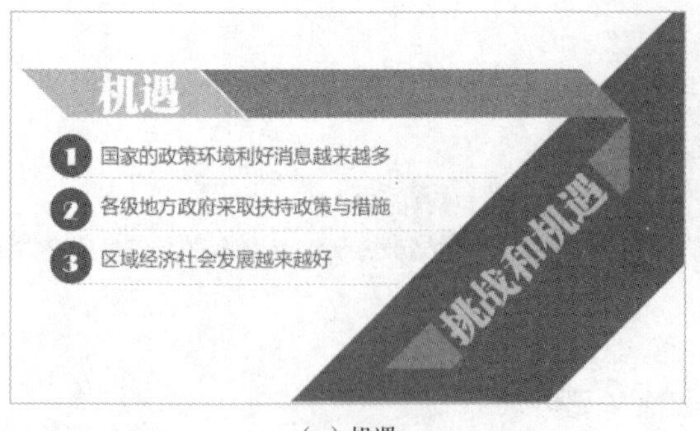

（c）机遇

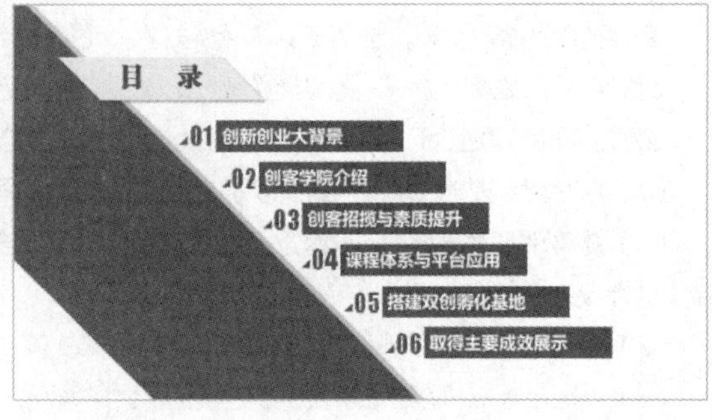

（d）目录

（e）内容页

（f）封底页

图11–1　本任务最终实现效果（部分）（续）

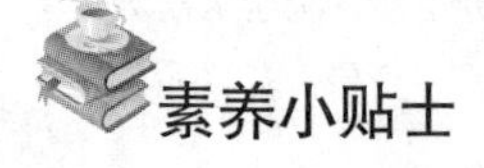

素养小贴士

劳模精神

劳模精神是指爱岗敬业、争创一流、艰苦奋斗、勇于创新、淡泊名利、甘于奉献的精神。

11.1.2　任务目标

知识目标：

- 了解演示文稿的逻辑设计思路；
- 了解演示文稿各媒体元素的作用。

技能目标：

- 掌握 PPT 页面设置的方法；
- 掌握插入文本及设置文本的方法；
- 掌握插入图片的方法与图文混排的方法；
- 掌握插入形状及设置格式的方法；
- 掌握图文混排的 CRAP 原则。

素养目标：

- 增强创新创业意识；
- 提高分析问题、解决问题的能力。

11.2　任务实现

本演示文稿主要采用了扁平化的设计，任务中主要应用了页面设置，插入与设置文本、图片、形状等元素，实现图文混排。

11.2.1　PPT 框架策划

本任务采用说明式框架结构，如图 11-2 所示。

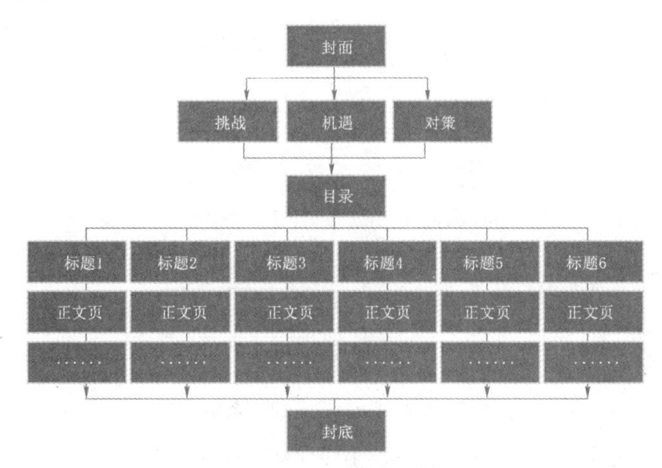

图11-2　任务PPT框架图

11.2.2　PPT 页面草图设计

整个页面的布局结构如图 11-3 所示。

图11-3　页面结构分析设计

11.2.3 创建文件并设置幻灯片大小

启动 PowerPoint 2019，选择“开始”→“空白演示文稿”选项，新创建一个演示文稿，如图 11-4 所示。

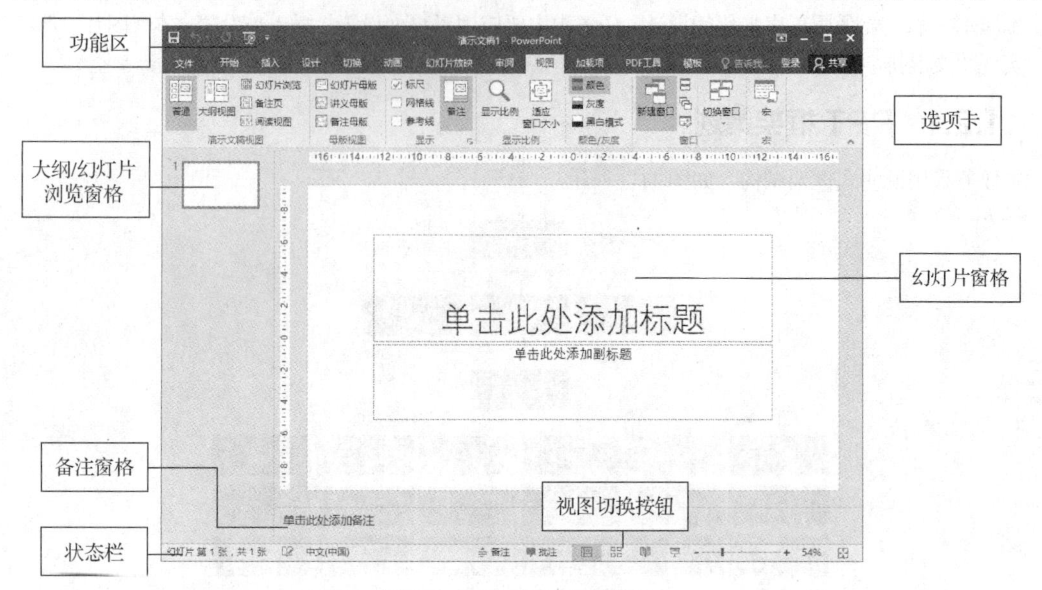

图11-4 PowerPoint工作界面

选择“文件”→“另存为”选项，将文件命名为“创新创业教育的经验分享.pptx”。

切换到“设计”选项卡，在“自定义”功能组中选择“幻灯片大小”下拉列表中的“自定义幻灯片大小”选项，如图 11-5 所示，弹出“幻灯片大小”对话框，“幻灯片大小”设置如图 11-6 所示，宽度为“33.867 厘米”，高度为“19.05 厘米”。

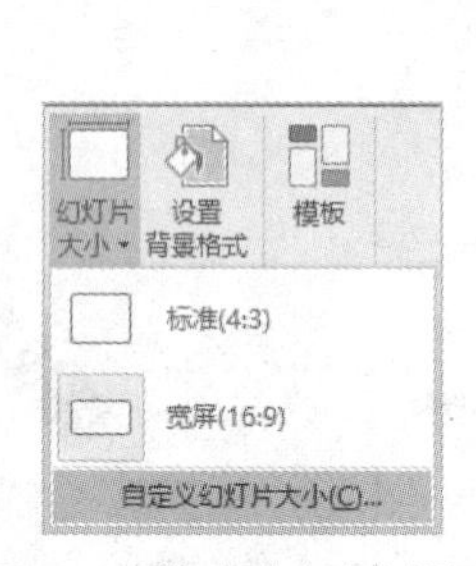

图11-5 “幻灯片大小”设置

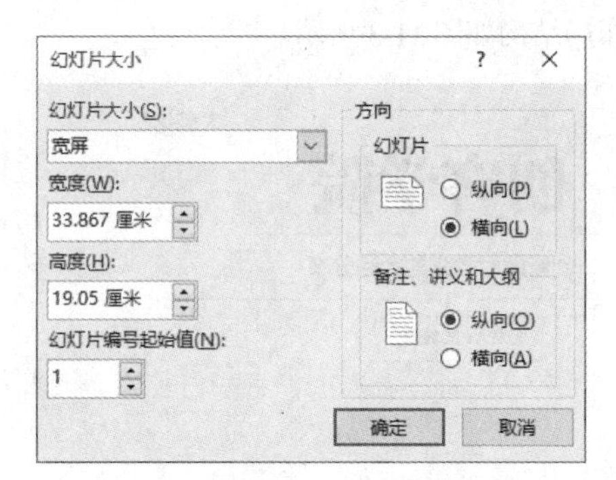

图11-6 “幻灯片大小”对话框

注意根据展示具体情况来调整比例大小，例如，需要展示到一块大的 5∶1 的宽数字屏幕上时，则可以在弹出的“幻灯片大小”对话框中，自定义宽度为“50 厘米”，高度为“10 厘米”，或者宽度为“100 厘米”，高度为“20 厘米”。

11.2.4 封面页的制作

依据图 11-3 页面结构分析设计中“封面结构”的设计，能看出封面设计的重点是插入形状并编辑，具体方法与步骤如下。

（1）切换到“插入”选项卡，单击选项卡中“形状”下拉按钮，选择“矩形”栏中的“矩形”选项，如图 11-7 所示，在页面中拖动鼠标绘制一个矩形，如图 11-8 所示。

图11-7　插入矩形

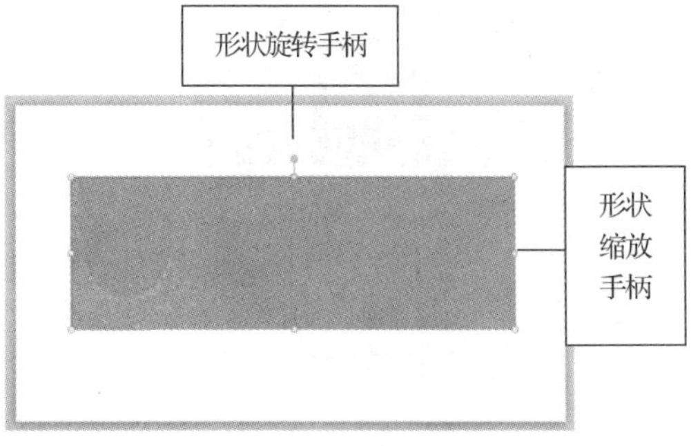

图11-8　插入矩形后的效果

（2）双击矩形，切换至“绘图工具”的“格式”选项卡，如图 11-9 所示。

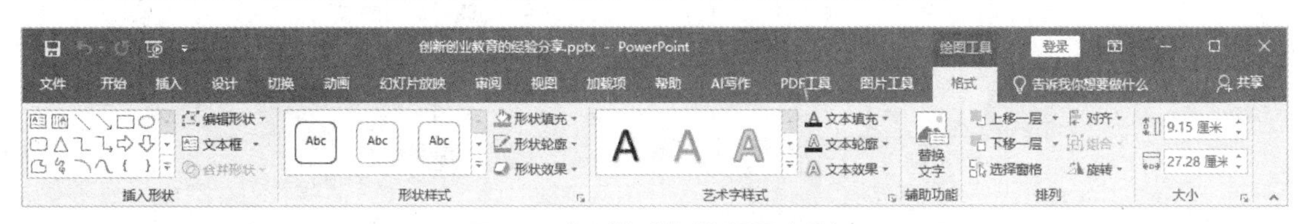

图11-9　矩形的“格式”设置选项卡

（3）单击“形状填充”下拉按钮，弹出“形状填充”下拉列表，如图 11-10 所示，选择“其他填充颜色”选项，弹出“颜色”对话框，切换到“自定义”选项卡，设置矩形的填充颜色的“颜色模式”为“RGB”，设置红色为“10”，绿色为“86”，蓝色为“169”，如图 11-11 所示，设置完成后效果如图 11-12 所示。

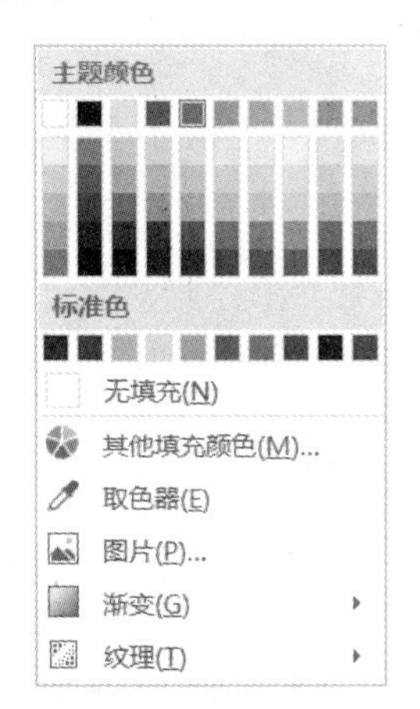

图11-10　“形状填充”下拉列表

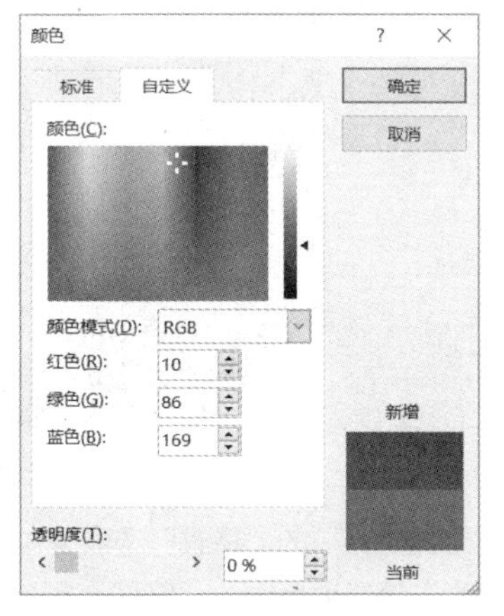

图11-11　自定义填充颜色

图11-12　填充后矩形效果

（4）单击“形状轮廓”下拉按钮，弹出“形状轮廓”下拉列表，如图 11-13 所示，选择“无轮廓”选项，清除矩形的边框效果。

（5）选择刚绘制的矩形，在“形状旋转手柄”上按住鼠标左键，顺时针旋转 45°，同时调整矩形的位置，效果如图 11-14 所示。

（6）切换到“插入”选项卡，单击选项卡中的“形状填充”下拉按钮，选择“矩形”栏中的“平行四边形”选项，在页面中拖动鼠标绘制一个平行四边形，形状填充为橙色，调整大小与位置，效果如图 11-15 所示。

（7）双击平行四边形，切换至“绘图工具”的“格式”选项卡，单击“旋转”下拉按钮，在弹出的下拉列表中，选择“水平翻转”选项，如图 11-16 所示。

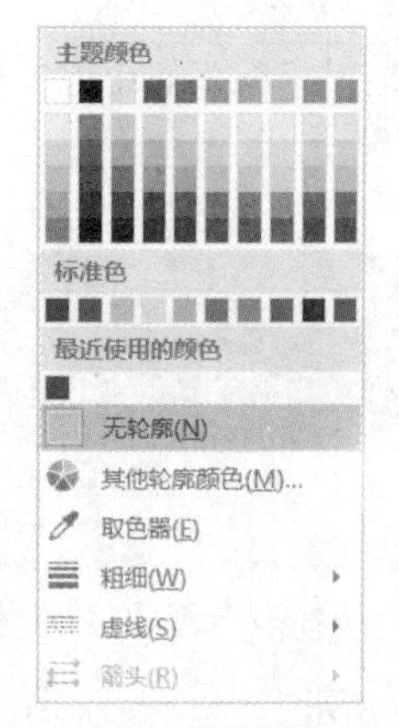

图11-13　设置形状轮廓为“无轮廓”

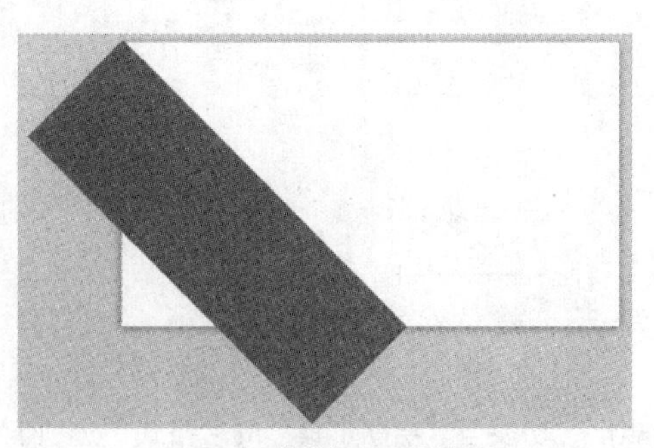

图11-14　旋转矩形后的效果

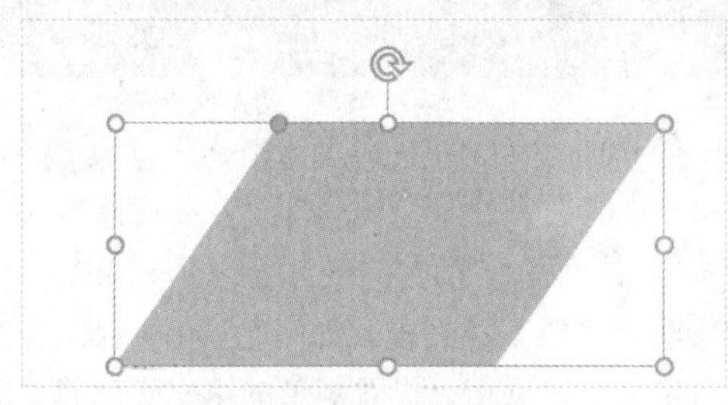

图11-15　插入的平行四边形

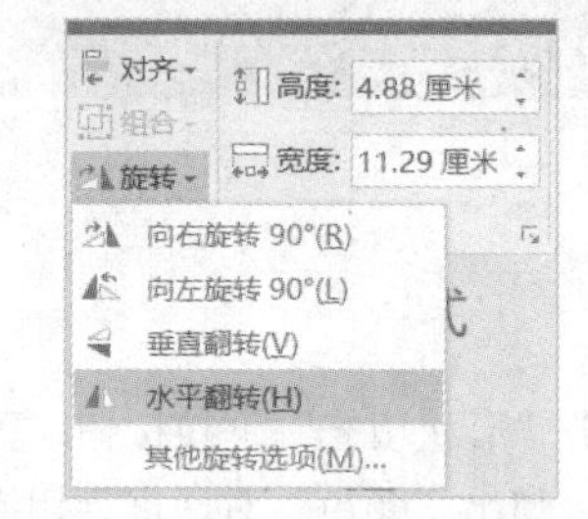

图11-16　选择“水平翻转”选项

（8）调整橙色平行四边形的位置，如图 11-17 所示。采用同样的方法，在页面中再次绘制一个平行四边形，形状填充为浅灰色，调整大小与位置，如图 11-18 所示。

图11-17　调整后的橙色平行四边形

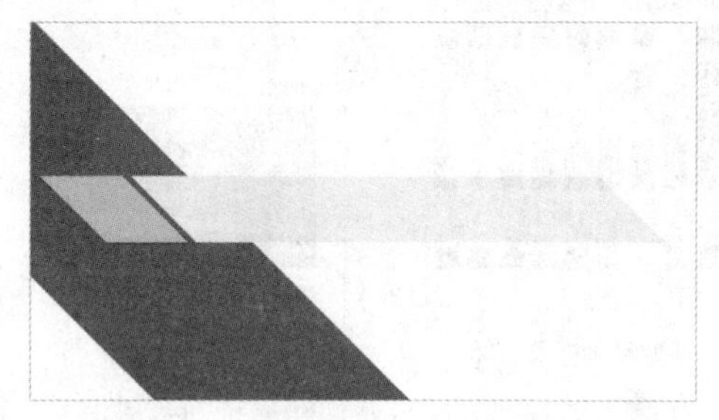

图11-18　插入浅灰色平行四边形后的效果

（9）双击浅灰色的平行四边形，切换至“绘图工具”的“格式”选项卡，如图 11-19 所示，单击“形状效果”下拉按钮，在弹出的下拉列表中选择“阴影”级联菜单中的“偏移：右下”选项，效果如图 11-20 所示。

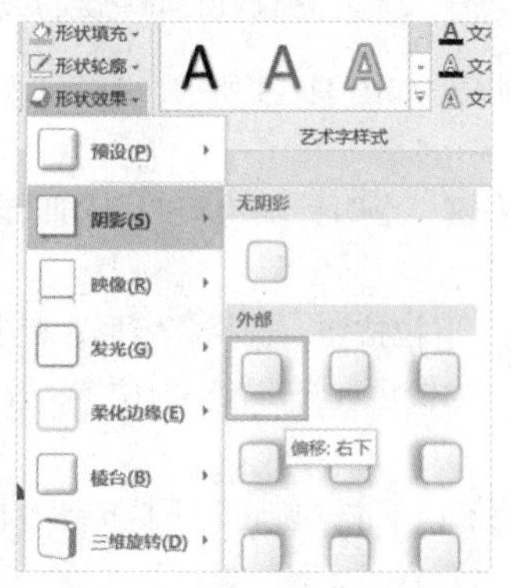

图11-19　设置平行四边形的阴影效果

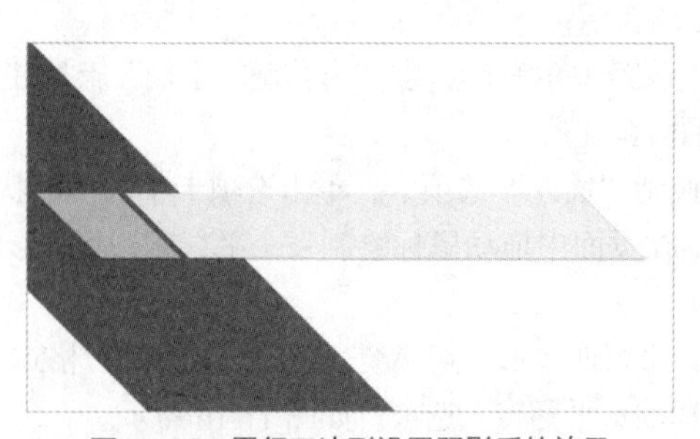

图11-20　平行四边形设置阴影后的效果

（10）选择“插入”→“文本框”→“绘制横排文本框”选项，输入文本“创新创业教育的经验分享”。在“开始”选项卡中设置字体为“微软雅黑”，字体大小为“36”，字体加粗，文本颜色为深蓝色，设置界面如图 11-21 所示，设置后的效果如图 11-22 所示。

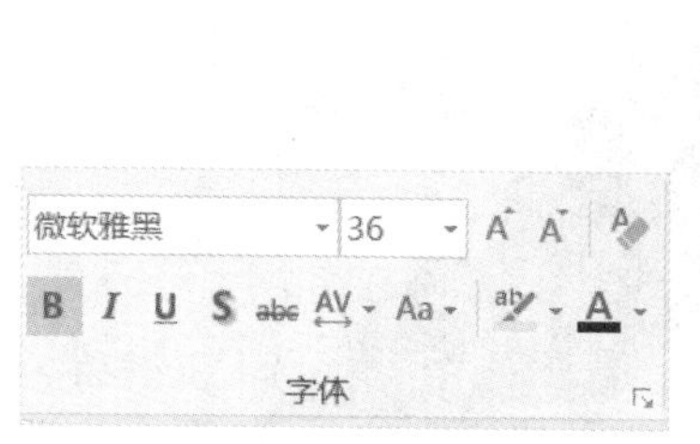

图11–21　设置文字的格式

图11–22　添加文字标题后的效果

（11）采用同样的方法，输入文本“创客学院”，在“开始”选项卡中设置字体大小为“130”，文本颜色为深蓝色，效果如图 11-23 所示。

（12）采用同样的方法，插入新的平行四边形，插入新的文本，效果如图 11-24 所示。

图11–23　添加文字后的效果

图11–24　添加新的图形与文字后的效果

（13）在右上角添加文字“大创论坛”，在“开始”选项卡中设置字体为“幼圆”，字体大小为“36”，文本颜色为深蓝色，效果如图 11-1 中的（a）图所示。

11.2.5　目录页的制作

目录页设计与封面基本相似，具体方法与步骤如下。

（1）复制封面页，删除多余内容，效果如图 11-14 所示，然后复制矩形，设置填充色为浅蓝色，效果如图 11-25 所示，选择复制的浅蓝色矩形，右击选择“置于底层”选项，调整矩形的位置，效果如图 11-26 所示。

图11–25　复制并设置矩形的填充色

图11–26　复制矩形后的效果

（2）复制封面页中的浅灰色矩形，调整大小与位置，输入文本“目录”，在“开始”选项卡中设置字体大小为“36”，文本颜色为深蓝色，效果如图 11-27 所示。

（3）切换到“插入”选项卡，单击选项卡中的“形状”下拉按钮，选择“基本形状”栏中的“直角三角形”选项，在页面中拖动鼠标绘制一个三角形，形状填充颜色为深蓝色，调整大小与位置；插入横排文本框，输入文本“01”，设置字体大小为“36”，颜色为深蓝色；继续插入深蓝色的矩形与白色文本“创新创业大背景”，效果如图 11-28 所示。

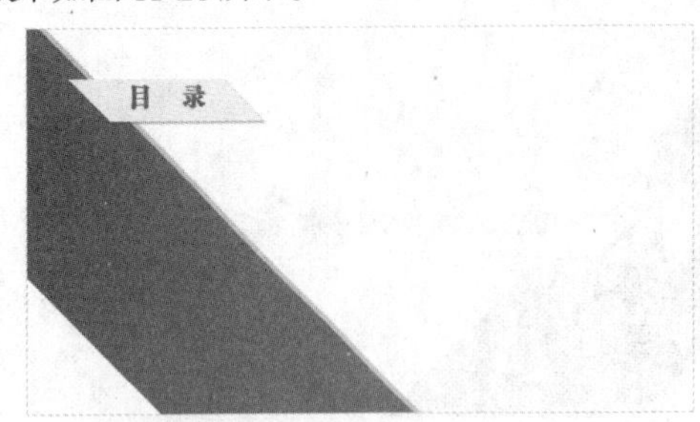

图11-27 添加目录标题后的效果

图11-28 添加目录内容后的效果

（4）复制“创新创业大背景”内容，修改序号与目录内容，效果如图 11-1（d）所示。

11.2.6 内容页的制作

内容页面主要包含 6 个方面，实现的页面效果如图 11-29 所示。

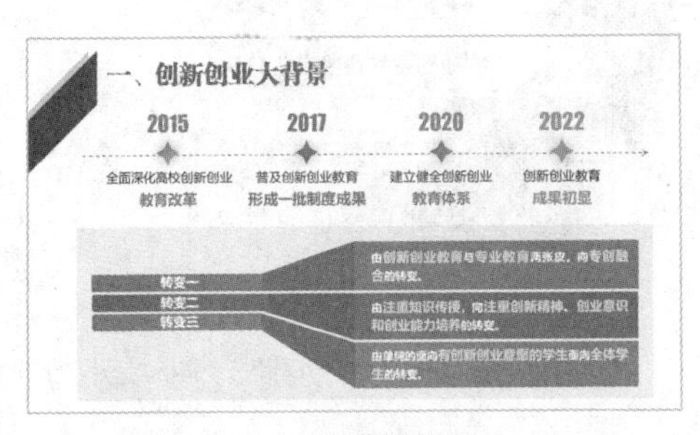

（a）双创背景页面

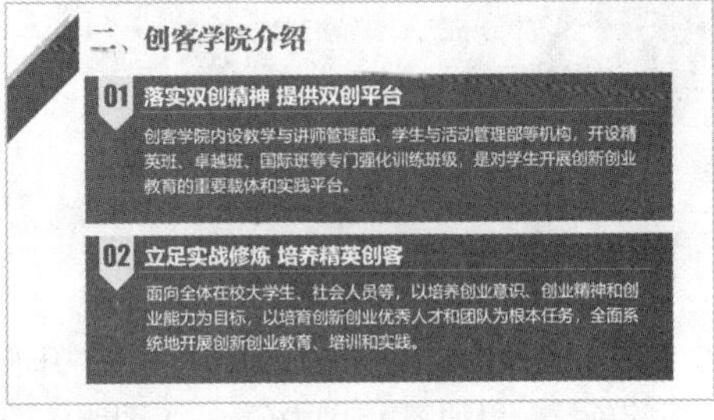

（b）学院介绍页面

（c）创客素质页面

（d）课程体系页面

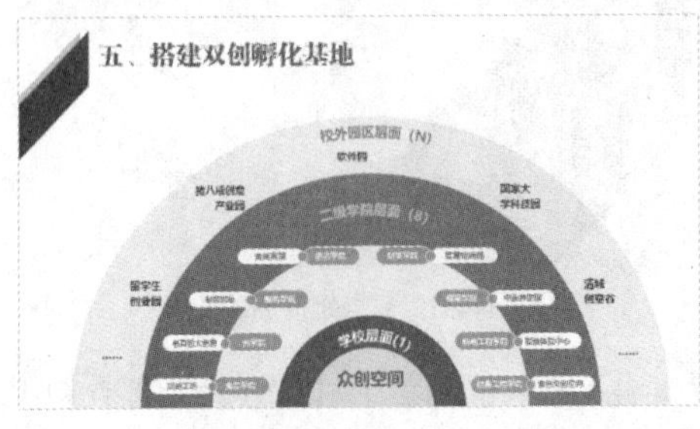

（e）孵化基地页面

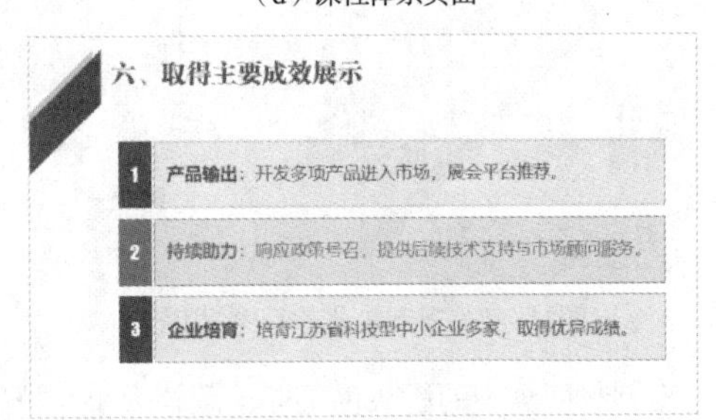

（f）主要成效页面

图11-29 内容页面的最终实现效果

内容页面中基本都使用了图形与文本的组合，这与封面和目录页面效果相似，图 11-29 中的（a）图与（c）图还使用了图片，下面以（c）图为例介绍内容页面的实现过程，具体方法与步骤如下。

（1）选择“插入”→“形状”→“平行四边形”选项，在页面中拖动鼠标绘制一个平行四边形，形状填充颜色为深蓝色，边框设置为“无边框”，旋转并调整大小与位置，复制平行四边形，填充浅蓝色；插入文本“三、创客招揽与素质提升”，在“开始”选项卡中设置字体为“方正粗宋简体”，字体大小为“36”，文本颜色为深蓝色，效果如图 11-30 所示。

（2）选择“插入”→“形状”→“椭圆”选项，按住<Shift>键，在页面中拖动鼠标绘制一个圆形，形状填充颜色为浅蓝色，边框设置为“无边框”，效果如图 11-31 所示。

图11-30　添加平行四边形与文本　　　图11-31　添加圆形后的效果

（3）单击“插入”→“图片”下拉按钮，弹出“插入图片”对话框，选择素材文件夹中的“学生.png”图片，如图 11-32 所示，调整大小与位置后，页面的效果如图 11-33 所示。

图11-32　“插入图片”对话框

图11-33　插入图片后的效果

（4）其余的操作主要是插入图形与文字，在此不做赘述，页面的效果如图 11-29（c）所示。

11.2.7　封底页的制作

微课 11-4

封底页的制作

依据图 11-3 页面结构分析设计中“封底结构”的设计，能看出封底设计的重点是形状、图片与文字的混排。由于已经学习了图形的插入，文字的设置、图片的插入，在此只做简单的步骤介绍。

（1）使用插入图形的方法插入两个平行四边形，如图 11-34 所示，然后插入浅蓝色的正方形与浅灰色的矩形，如图 11-35 所示。

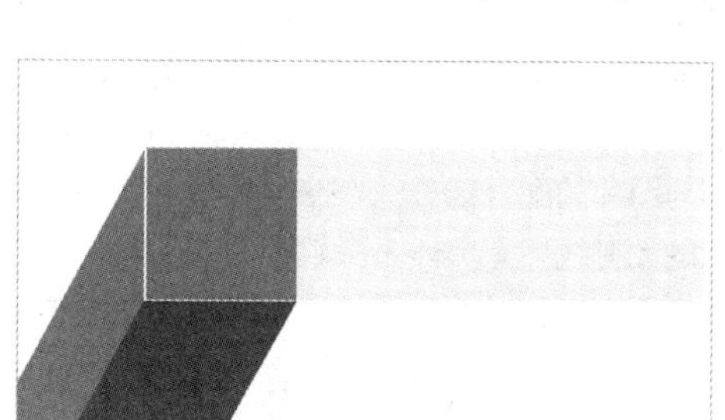

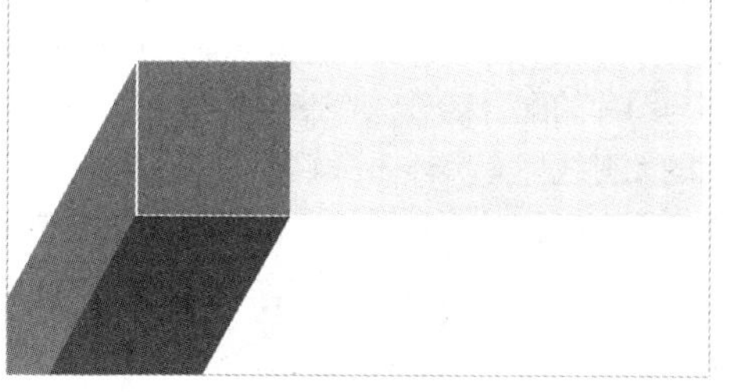

图11-34　插入平行四边形　　　图11-35　插入两个矩形

（2）为了增加立体感，在两个平行四边形交界的地方绘制白色的线条，如图 11-36 所示，插入素材文件夹中的“二维码.png”图片，如图 11-37 所示。

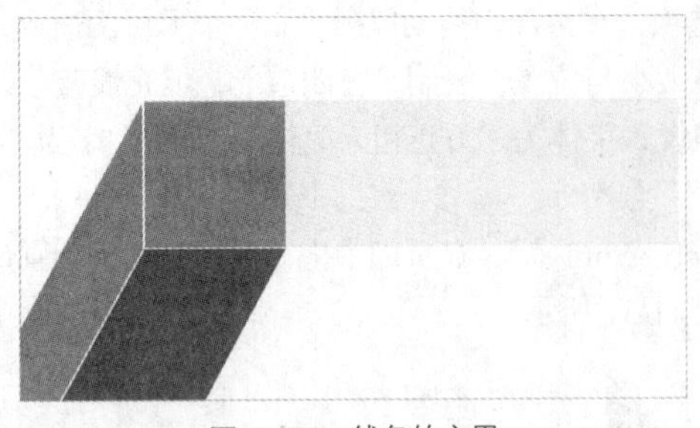

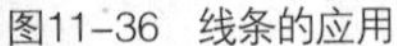

图11-36 线条的应用

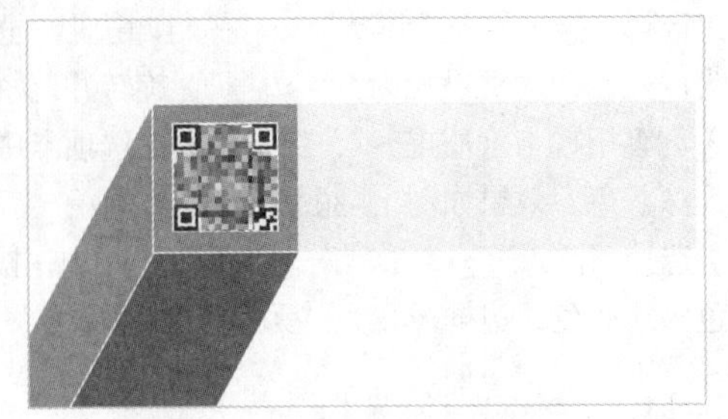

图11-37 插入二维码图片后的效果

（3）插入其他文本内容，页面的效果如图 11-1（f）所示。

11.3 任务小结

本任务通过制作一份工作汇报演示文稿，介绍了页面设置，插入文本、图片、形状的步骤，以及如何通过编辑达到想要的效果。

11.4 经验技巧

11.4.1 PPT 文字的排版与字体巧妙使用

PPT 中文字的应用要主次分明。在内容方面，呈现主要的关键词、观点即可。在文字的排版方面，文字之间的行距最好控制在 1.25～1.5 倍。

在西文的字体分类方法中将字体分为了两类：衬线字体和无衬线字体。这种分类方法也适用于汉字。下面介绍一些汉字的字体分类。

（1）衬线字体。

衬线字体在笔划开始和结束的地方有额外的装饰，而且笔划的粗细有所不同。文字细节较复杂，较注重文字与文字的搭配和区分，在纯文字的 PPT 中表现效果较好。

常用的衬线字体有宋体、楷体、隶书、粗倩、粗宋、舒体、姚体、仿宋体等，如图 11-38 所示。使用衬线字体作为页面标题时，有优雅、精致的感觉。

宋体 楷体 隶书 粗倩 粗宋 舒体 姚体 仿宋体

图11-38 衬线字体

（2）无衬线字体。

无衬线字体笔划没有装饰，笔划粗细接近，文字细节简洁，字与字的区别不是很明显。相对于衬线字体的手写感，无衬线字体人工设计感比较强，时尚而有力量，稳重又不失现代感。无衬线字体更注重段落与段落、文字与图片的配合区分，在图表类型 PPT 中表现较好。

常用的无衬线体有黑体、微软雅黑、幼圆、综艺简体、汉真广标、细黑等，如图 11-39 所示。使用无衬线字体作为页面标题时，有简练、明快、爽朗的感觉。

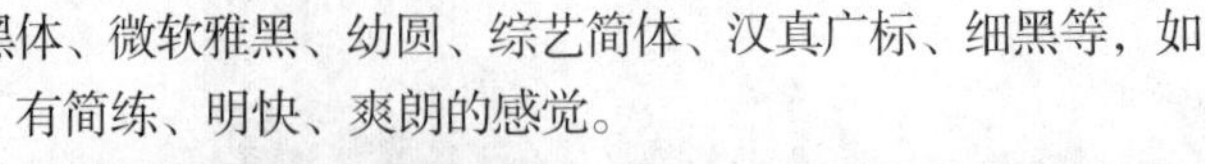

黑体 微软雅黑 幼圆 综艺简体 汉真广标 细黑

图11-39 无衬线字体

（3）书法体。

书法体，就是书法风格的字体。传统书法体主要有行书字体、草书字体、隶书字体、篆书字体和楷书字体五种，也就是五个大类。在每一大类中又细分出若干小的门类，如篆书又分为大篆、小篆，楷书又有魏碑、唐楷之分，草书又有章草、今草、狂草之分。

PPT 常用的书法体有苏新诗柳楷、迷你简启体、迷你简祥隶、叶根友毛笔行书等，如图 11-40 所示。书法字体常被用在封面、封底，用来表现传统文化或富有艺术气息的内容。

图11-40　书法字体

（4）字体的经典组合体。

经典搭配 1：方正综艺体（标题）+ 微软雅黑（正文）。此搭配适合用于课题汇报、咨询报告、学术报告等正式场合，如图 11-41 所示。

方正综艺体有足够的分量，微软雅黑足够饱满，两者结合能让画面显得庄重、严谨。

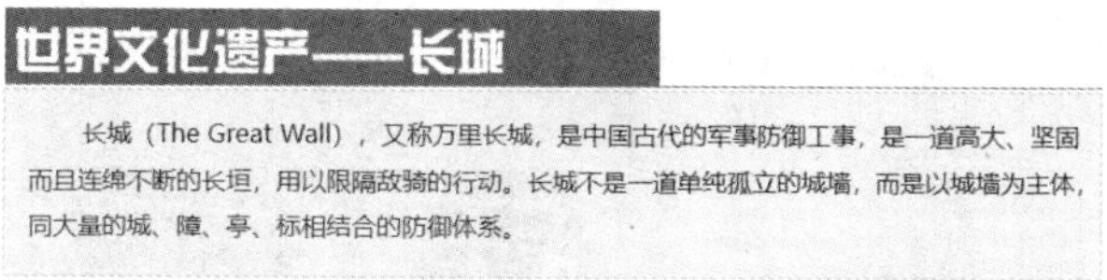

图11-41　方正综艺体（标题）+ 微软雅黑（正文）

经典搭配 2：方正粗宋简体（标题）+ 微软雅黑（正文）。此搭配适合在会议之类的严肃场合使用，如图 11-42 所示。

方正粗宋简体是会议场合使用的字体，庄重严谨，铿锵有力，彰显威严与规矩。

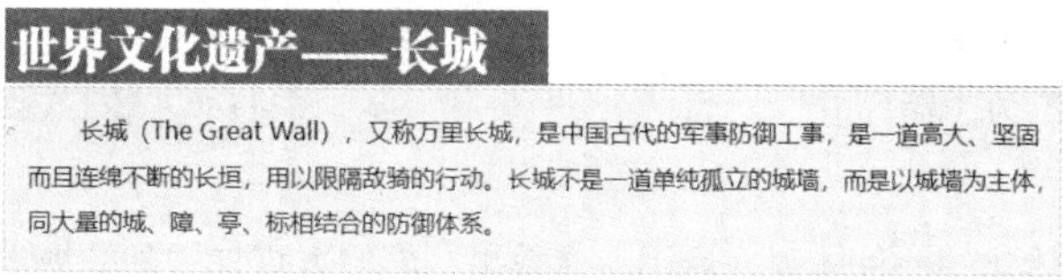

图11-42　方正粗宋简体（标题）+ 微软雅黑（正文）

经典搭配 3：方正粗倩简体（标题）+ 微软雅黑（正文）。此搭配适合在企业宣传、产品展示之类的场合使用，如图 11-43 所示。

方正粗倩简体不仅有分量，而且有几分温柔与洒脱，让画面显得足够鲜活。

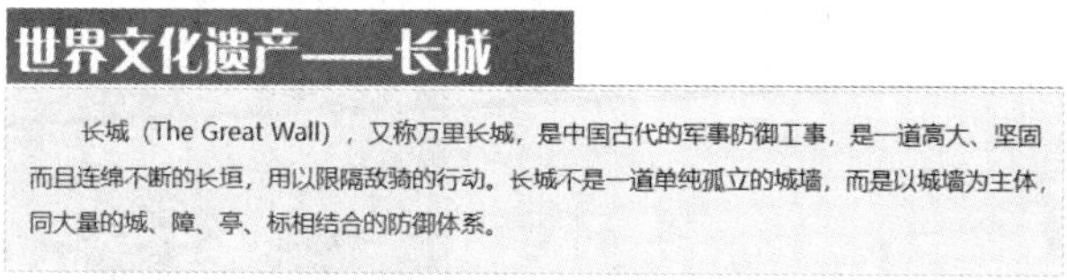

图11-43　方正粗倩简体（标题）+ 微软雅黑（正文）

经典搭配 4：方正卡通简体（标题）+ 微软雅黑（正文）。此搭配适合有卡通、动漫等的活泼一点的场合，如图 11-44 所示。

方正卡通简体轻松活泼，能增强画面的生动感。

此外，大家还可以使用微软雅黑（标题）+ 楷体（正文），微软雅黑（标题）+ 宋体（正文）等搭配。

世界文化遗产——长城

长城（The Great Wall），又称万里长城，是中国古代的军事防御工事，是一道高大、坚固而且连绵不断的长垣，用以限隔敌骑的行动。长城不是一道单纯孤立的城墙，而是以城墙为主体，同大量的城、障、亭、标相结合的防御体系。

图11–44 方正卡通简体（标题）+ 微软雅黑（正文）

11.4.2 图片效果的应用

PPT 有强大的图片处理功能，下面简单介绍。

（1）图片相框效果。

PPT 在图片样式中提供了一些精美的相框，具体使用方法如下。

打开 PowerPoint，插入素材图片“晨曦.jpg”，双击图片，然后设置“图片边框”：边框颜色为“白色”，边框粗细为“6 磅”。设置“图片效果”中的“阴影”外部效果为“偏移：中”，完成自定义相框，如图 11-45 所示。复制图片并进行移动与旋转，效果如图 11-46 所示。

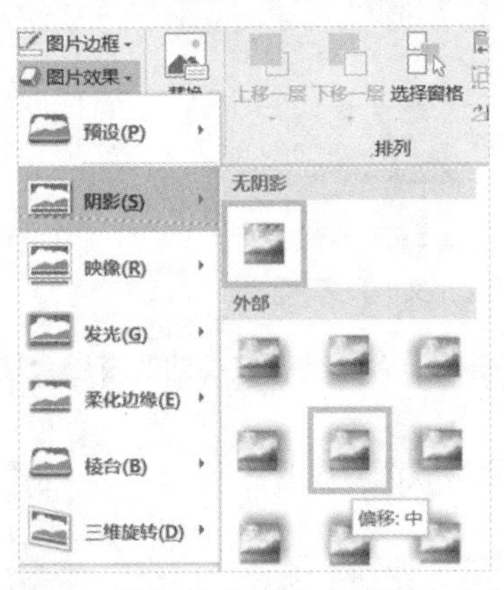

图11–45 设置“阴影”为“偏移：中”

图11–46 相框效果

（2）图片映像效果。

图片的映像效果是立体化的一种体现，运用映像效果，能给人更加强烈的视觉冲击。要设置映像效果，可以选中图片（素材“黄山迎客松.jpg”）后，选择“图片工具”下的“格式”选项卡“图片样式”功能组“图片效果”下拉列表中的“映像”选项，然后选择合适的映像效果（紧密映像，4 磅 偏移量），如图 11-47 所示，效果如图 11-48 所示。

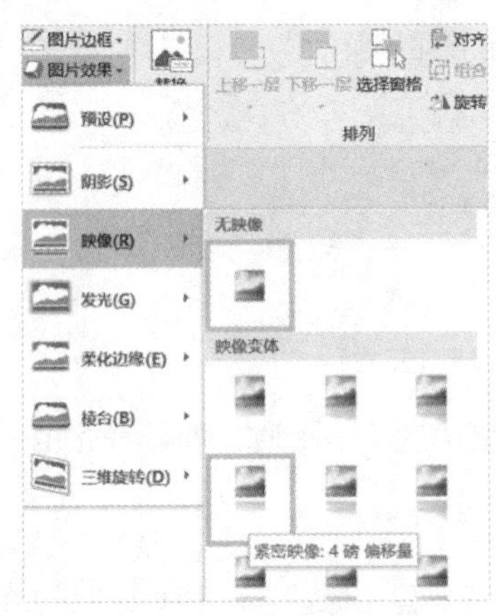

图11–47 设置映像效果为“紧密映像，4磅 偏移量”

图11–48 映像效果

细节的设置方面，可以右击图片，在弹出的快捷菜单中选择“设置图片格式”选项，在“设置图片格式”窗格中对映像的透明度、大小等细节进行设置。

（3）快速实现三维效果。

图片的三维效果是图片立体化最突出的表现形式，实现的方法如下。

选中素材图片（“黄山迎客松.jpg”）后，选择“图片工具”下的“格式”选项卡中“图片样式”功能组中“图片效果”下拉列表中的“三维旋转”选项，选择“角度”栏中的“透视：右”选项，右击图片，选择“设置图片格式”选项，在“三维旋转”栏中设置 X 旋转为“320°”（见图 11-49）。最后，再设置“映像”效果，最终的效果如图 11-50 所示。

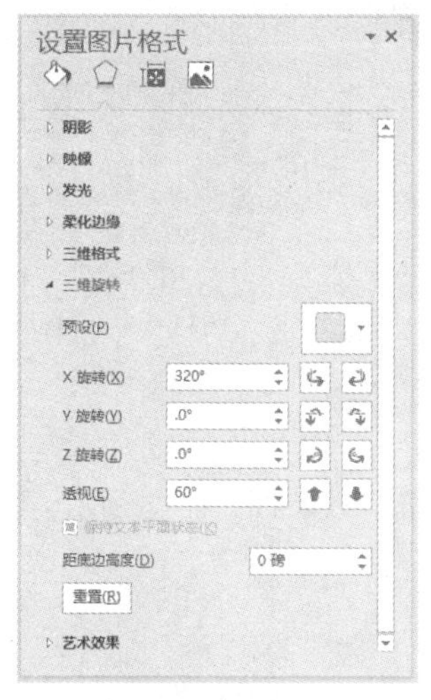

图11-49　“设置图片格式”窗格

图11-50　三维效果

（4）利用裁剪实现个性形状。

在 PPT 中插入图片的形状一般是矩形，通过裁剪功能可以将图片更换成任意的自选形状，以适应多图排版。

双击素材图片“晨曦.jpg”，单击“裁剪”下拉按钮，设置“纵横比”为“1∶1”，调整位置，可以将素材裁剪为正方形。

选择“图片工具”下的“格式”选项卡中“大小”功能组中“裁剪”下拉列表中的“裁剪为形状”选项，再选择“泪滴形”选项（见图 11-51），裁剪后的效果如图 11-52 所示。

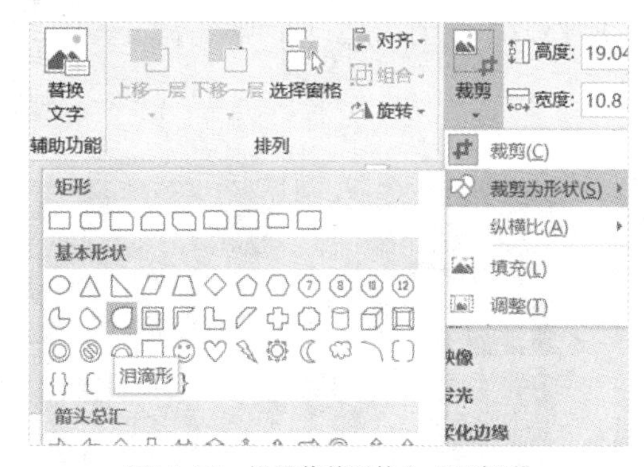

图11-51　设置裁剪形状为“泪滴形”

图11-52　裁剪后的效果

（5）形状的图片填充。

当有些形状在图片裁剪形状中没有时，大家可以先“绘制图形”，然后再“填充图片”。需要注意的是绘制的图形和填充图片的长宽比务必保持一致，否则会导致图片扭曲变形，从而影响美观。图片填充的效果如图 11-53 所示。选择图形，右击图形，在弹出的“设置图片格式”窗格的“填充”栏中，单击“图片或纹理填充”单选按钮，在“插入图片来自”下方，单击“文件”按钮，选择要插入的图片即可，如图 11-54 所示。

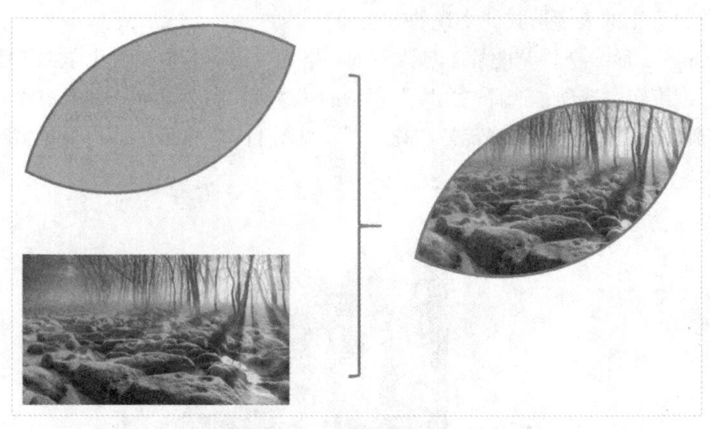

图11–53 图片填充后的效果

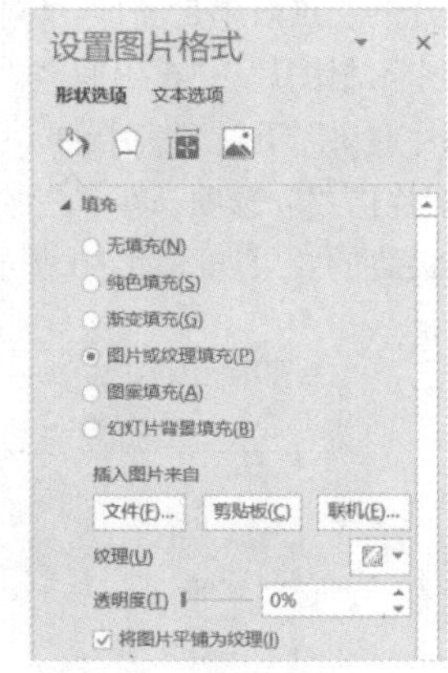

图11–54 设置填充方式

插入完成后，还可以设置相关的其他参数，根据需要可以自己调整。

（6）给文字填充图片。

为了使标题文字更加美观，大家还可以将图片填充到文字内部，效果如图 11-55 所示，具体方法与形状填充相似。

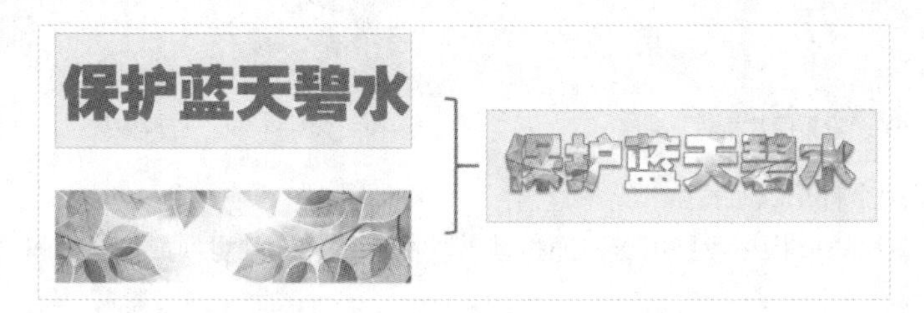

图11–55 图片填充文本后的效果

11.4.3 多图排列技巧

当一页 PPT 中有天空与大地两幅图像时，把天空放到大地的上方，这样更协调，如图 11-56 所示。当有两幅大地的图像时，两张图片地平线在同一直线上，则两张图片看起来就像一张图片一样，会和谐很多，如图 11-57 所示。

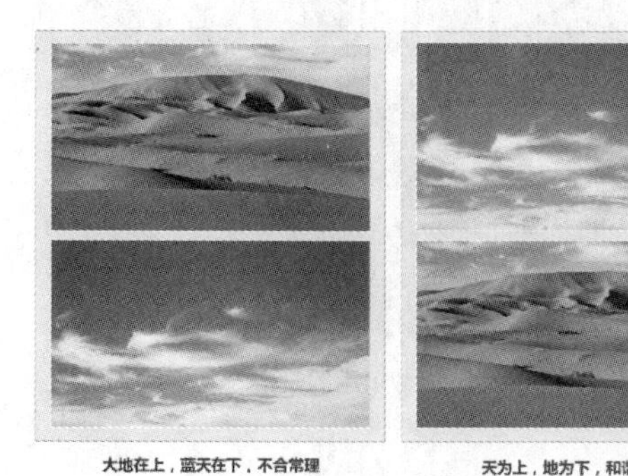

图11–56 天空在上大地在下

图11–57 两幅大地图像地平线一致

对于多张人物图片，将人物的眼睛置于同一水平线上时看起来是很舒服的。这是因为在面对一个人时通常是先看他的眼睛，当这些人物的眼睛处于同一水平线时，我们的视线在图片间的移动就是平稳流畅的，如图 11-58 所示。

另外，大家的视线实际是随着图片中人物视线的方向移动的，所以，处理好图片中人物与 PPT 内容的位置关系非常重要，如图 11-59 所示。

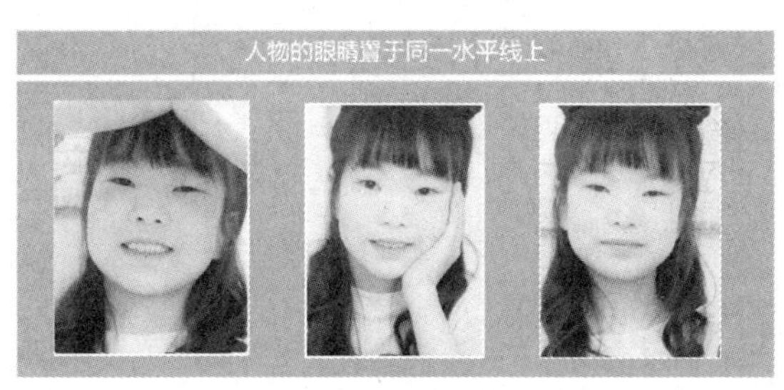

图11-58　多个人物的眼睛在同一水平线上

图11-59　PPT内容在视线的方向

单幅人物图片与文字排版时，人物的视线应移向文字，使用两幅人物图片时，两人视线相对，可以营造和谐的氛围。

11.4.4　PPT 界面设计的 CRAP 原则

CRAP 是罗宾 • 威廉姆斯（Robin Williams）提出的 4 项基本设计原理，在《写给大家看的设计书》中主要凝炼为 Contrast（对比）、Repetition（重复）、Alignment（对齐）、Proximity（亲密性）4 个基本原则。

原 PPT 效果如图 11-60 所示。运用“方正粗宋简体（标题）+微软雅黑（正文）”的字体搭配后的效果如图 11-61 所示。

图11-60　原页面效果

图11-61　使用“方正粗宋简体（标题）+微软雅黑（正文）”后的效果

下面介绍 CRAP 原则并运用原则改善这个页面的效果。

1. 亲密性（Proximity）

彼此相关的项应当靠近，使它们成为一个视觉单元，而不是散落的孤立元素，从而减少混乱。要有意识地注意读者（自己）是怎样阅读的，视线怎样移动，从而确定元素的位置。

目的：实现元素的紧凑组织，使页面留白更美观。

实现：将页面同类元素或紧密相关的元素，依据逻辑相关性归组合并。

注意：不要只因为有页面留白就把元素放在角落或者中部，避免一个页面上有太多孤立的元素，不要在元素之间留同样大小的空白，除非各组同属于一个子集，不属于一组的元素之间不要建立紧凑的群组关系！

优化：页面内容包含 3 个部分，标题为“大规模开放在线课程”，其下包含了两个内容，中国大学 MOOC

（慕课）平台介绍、学堂在线平台介绍；根据“亲密性”原则，让相关联的信息互相靠近；注意，在调整内容时，“大规模开放在线课程”模块与“中国大学 MOOC（慕课）”模块，以及“中国大学 MOOC（慕课）”模块与“学堂在线”模块之间的间距要相等，而且间距一定要拉开，让读者清楚地感觉到这个页面分为 3 个部分，页面效果如图 11-62 所示。

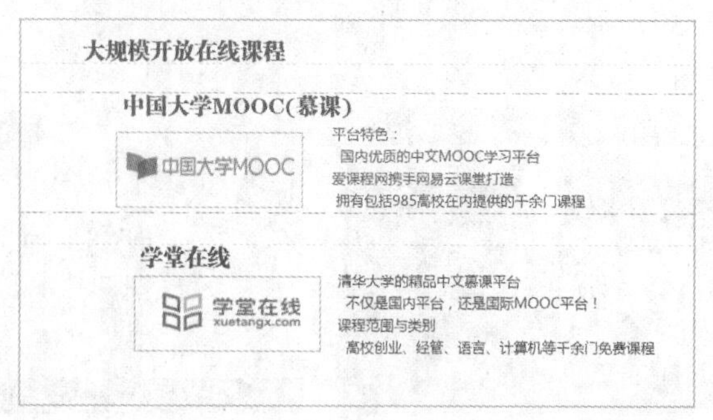

图11-62　运用“亲密性”原则修改后的效果

2. 对齐（Alignment）

任何元素都不能在页面上随意摆放，每个元素都与页面上的另一个元素有某种视觉联系（例如并列关系），可运用“对齐”原则设计一种清晰、精美且清爽的外观。

目的：使页面统一而且有条理，不论是创建精美的、正式的、有趣的还是严肃的外观，通常都可以利用一种明确的对齐方式来完成。

实现：要特别注意元素放在哪里，在页面上找出与之对齐的元素。

注意：要避免在页面上混合使用多种文本对齐方式，尽量避免居中对齐，除非有意达到一种比较正式稳重的效果。

优化：运用“对齐”原则，将“大规模开放在线课程”与“中国大学 MOOC（慕课）”“学堂在线”内容对齐，将“中国大学 MOOC（慕课）”“学堂在线”中的图片左对齐，将“中国大学 MOOC（慕课）”“学堂在线”的内容左对齐，将图片与内容顶端对齐，最终达到清晰、精美、清爽的效果，页面如图 11-63 所示。

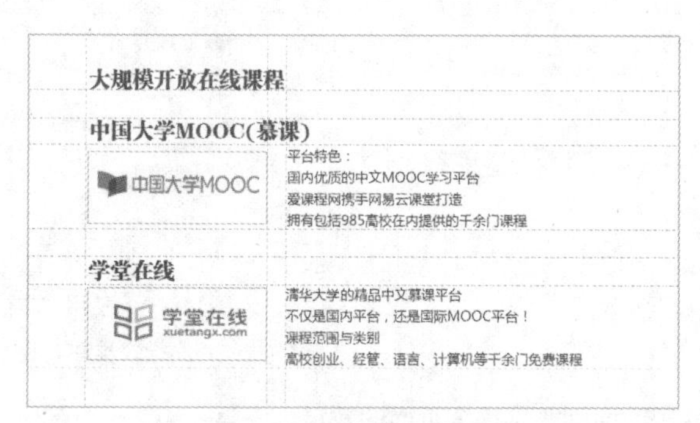

图11-63　运用“对齐”原则修改后的效果

技巧：在实现对齐的过程中可以使用“视图”选项卡中“显示”功能组中的“标尺”“网格线”“参考线”来辅助对齐，例如图 11-63 中的虚线就是“参考线”；也可以使用“开始”选项卡中“绘图”功能组中的“排列”，实现元素的“左对齐”“右对齐”“水平居中”“顶端对齐”“底端对齐”“垂直居中”；此外，还可以使用“横向分布”与“纵向分布”实现各个元素的等间距分布。

3. 重复（Repetition）

当设计中的视觉要素在整个作品中重复出现，重复颜色、形状、材质、空间关系、线宽、字体、大小和图片，即可增强条理性。

目的：统一并增强视觉效果，如果一个作品风格很统一，往往更易于阅读。

实现：为保持并增强页面的一致性，可以增加一些纯粹为重复而设计的元素；创建新的重复元素，来改善设计的效果并增强信息的条理性。

注意：要避免过多地重复一个元素，要注意体现对比性。

优化：将页面中的“大规模开放在线课程”“中国大学 MOOC（慕课）”“学堂在线”标题文本字体加粗，或者更换颜色；在两张图片左侧添加同样的橙色矩形条；将两张图片的边框颜色修改为“橙色”；在“中国大学 MOOC（慕课）”“学堂在线”水平中心线上添加一条虚线；在“中国大学 MOOC（慕课）”与“学堂在线”文本前添加图标，如图 11-64 所示；这些调整将“中国大学 MOOC（慕课）”与“学堂在线”的内容更加紧密地联系在了一起，很好地加强了版面的条理性与统一性。

4. 对比（Contrast）

在不同元素之间建立层级结构，让页面元素具有截然不同的字体、颜色、大小、线宽、形状等，从而改善版面的视觉效果。

目的：改善页面效果，突出重要信息。

实现：通过字体选择、线宽、颜色、形状、大小等来增加对比；对比一定要强烈。

问题：容易犹豫，不敢加强对比。

优化：将标题文字“大规模开放在线课程”放大；还可以增加色块衬托标题，更换标题的文字颜色，例如修改为白色等；将“中国大学 MOOC（慕课）”中的“平台特色：”标题文本加粗，“学堂在线”中的“清华大学发起的精品中文慕课平台”和“课程范围与类别”也同理加粗；为“中国大学 MOOC（慕课）”中的内容添加项目符号，突出层次关系，给“学堂在线”的内容也添加同样的项目符号，如图 11-65 所示。

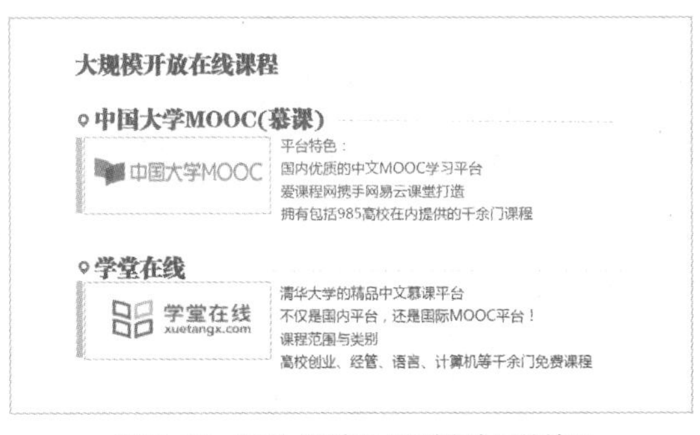

图11-64　运用“重复”原则修改后的效果

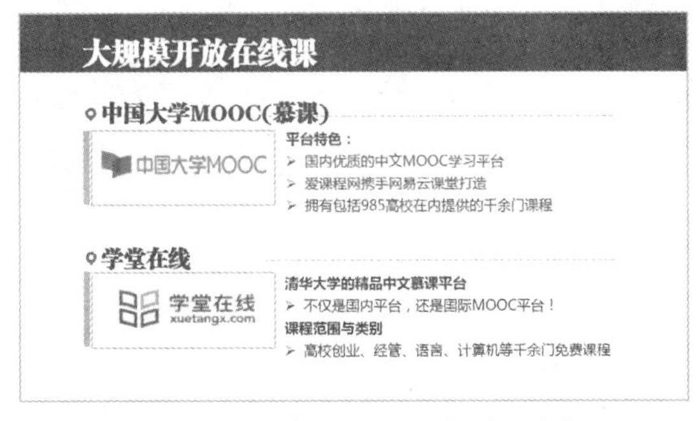

图11-65　运用“对比”原则修改后的效果

11.5　拓展训练

根据以下内容提炼要点，并根据本任务学习的内容制作全新的演示文稿页面。

标题：我国著名的儿童教育家——陈鹤琴

陈鹤琴是我国著名的儿童教育家。他于 1923 年创办了我国最早的幼儿教育实验中心——南京鼓楼幼稚园，提出了“活教育”理念，一生致力于探索中国化、平民化、科学化的幼儿教育道路。

一、反对半殖民地半封建的幼儿教育，提倡适合国情的中国化幼儿教育。

二、“活教育”理论主要有三大部分：目的论、课程论和方法论。

三、五指活动课程的构建。

四、重视幼儿园与家庭的合作。

依据以上内容，制作完成的页面效果参考图 11-66。

（a）方案1　　（b）方案2

（c）方案3

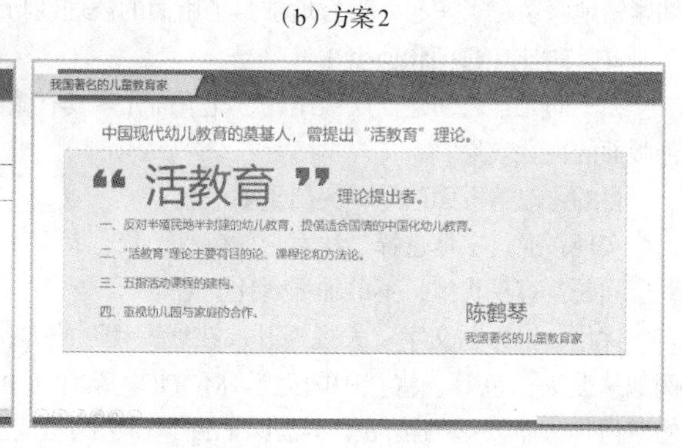

（d）方案4

图11-66　依据中文字体合理搭配实现的效果

任务 12

创业案例介绍演示文稿制作

12.1 任务简介

下面展示任务的要求与效果，分析任务完成的学习目标。

12.1.1 任务需求与效果展示

易百米公司作为创业成功的典型代表，需要由刘经理做个汇报，公关部小王负责制作本次活动的演示文稿。利用 PPT 的母版功能与基本的排版功能制作，完成后的 PPT 效果（部分）如图 12-1 所示。

（a）封面页面效果　　（b）目录页面效果

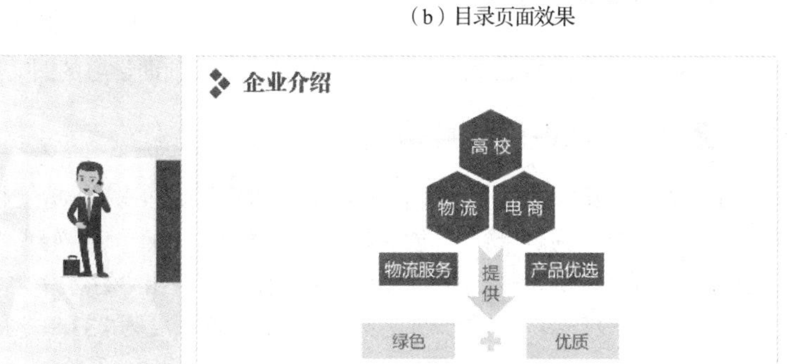

（c）过渡页面效果　　（d）内容页面效果 1

图12-1　企业介绍页面效果（部分）

（e）内容页面效果 2　　（f）封底页面效果

图12-1　企业介绍页面效果（部分）（续）

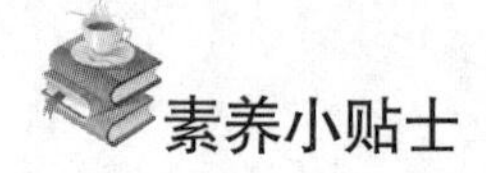

工匠精神

工匠精神是一种职业精神，它是职业道德、职业能力、职业品质的体现，是从业者的职业价值取向和行为表现。工匠精神的基本内涵包括敬业、精益、专注、创新等方面的内容。

12.1.2　任务目标

知识目标：

➢ 了解母版的结构；
➢ 了解母版的作用。

技能目标：

➢ 掌握演示文稿母版的使用方法；
➢ 掌握封面页、目录页、过渡页、内容页、封底页的制作方法。

素养目标：

➢ 增强创新创业意识；
➢ 强化团队意识和团队协作精神。

12.2　任务实现

本任务主要使用 PowerPoint 中的母版功能，结合前面学习的图文混排知识来完成，具体使用方法如下。

12.2.1　认识幻灯片母版

（1）选择“开始”→“空白演示文稿”选项启动 PowerPoint 2019，新创建一个演示文稿，命名为“易百米快递-创业案例介绍-模板.pptx”。切换到“设计”选项卡，在“自定义”功能组中单击“幻灯片大小”下拉按钮，弹出“幻灯片大小”对话框，在“幻灯片大小”下拉列表中，选择“自定义”选项，设置宽度为“33.86 厘米”，高度为“19.05 厘米”。

（2）切换到“视图”选项卡，在“母版视图”功能组中，单击“幻灯片母版”按钮，如图 12-2 所示。

（3）系统会自动切换到“幻灯片母版”选项卡，如图 12-3 所示。

图12-2　单击“幻灯片母版”按钮

图12-3　“幻灯片母版”选项卡

（4）PowerPoint 2019 提供了多种样式的母版，包括默认设计模板、标题幻灯片模板、标题与内容模板、节标题模板等，如图 12-4 所示。

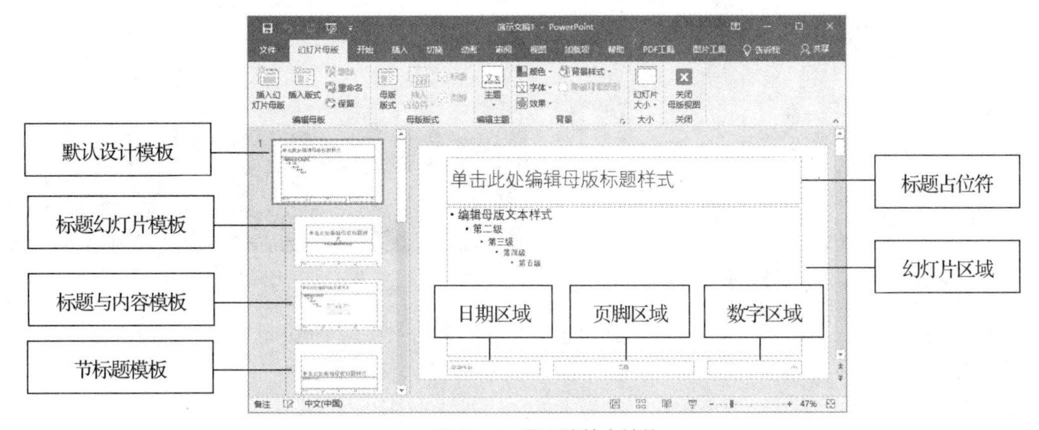

图12-4　母版的基本结构

（5）选择“默认设计模板”，在“幻灯片区域”中右击，弹出快捷菜单，如图 12-5 所示，选择“设置背景格式”选项，弹出“设置背景格式”窗格。在“填充”栏中单击“渐变填充”单选按钮，设置渐变类型为“线性”，方向为“线性向上”，角度为“270°”，渐变光圈为浅灰色向白色的过渡，设置界面如图 12-6 所示。

图12-5　右键快捷菜单

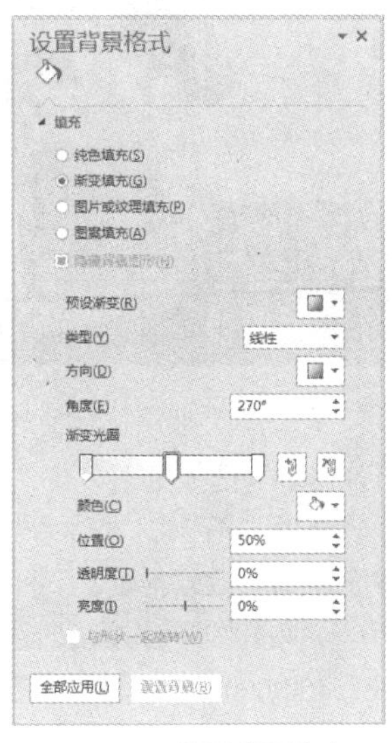

图12-6　设置背景格式

（6）此时，整个母版的背景色都填充为自上而下的白色到浅灰色的渐变色了。

12.2.2 标题幻灯片模板的制作

本页面主要采用上下结构的布局，实现方式如下。

（1）选择“标题幻灯片模板”，在“幻灯片母版”选项卡中单击“背景样式”下拉按钮（见图 12-3），弹出“设置背景格式”窗格，在“填充”栏中单击“图片或纹理填充”单选按钮，单击“文件”按钮，选择素材文件夹中的“封面背景.jpg”，单击“关闭”按钮，页面效果如图 12-7 所示。

（2）选择“插入”→“形状”→“矩形”选项，绘制一个矩形，形状填充颜色为深蓝色（红色：6，绿色：81，蓝色：146），形状轮廓为“无轮廓”，复制一个矩形，然后调整填充色为橙色，分别调整两个矩形的高度，页面效果如图 12-8 所示。

图12–7　添加背景图片

图12–8　分别插入矩形

（3）单击“插入”→“图片”下拉按钮，选择素材文件夹中的图片“手机.png”和“物流.png”，调整图片的位置，效果如图 12-9 所示。

（4）单击“插入”→“图片”下拉按钮，选择素材文件夹中的图片“logo.png”，调整图片的位置，选择“插入”→“文本框”→“绘制横排文本框”选项，输入文本“易百米快递”，设置字体大小为“44”，同样输入文本“百米驿站——生活物流平台”，设置字体为“微软雅黑”，字体大小为“24”，调整位置后页面效果如图 12-10 所示。

图12–9　插入图片

图12–10　插入logo与企业名称

（5）切换到“幻灯片母版”选项卡，勾选“插入占位符”下拉按钮右侧的“标题”复选框，设置模板的标题样式，字体为“微软雅黑”，字体大小为“88”，标题加粗，颜色为深蓝色。单击“插入占位符”下拉按钮，设置副标题样式，字体为“微软雅黑”，字体大小为“28”，效果如图 12-11 所示。

（6）单击“插入”→“图片”下拉按钮，选择素材文件夹中的图片“电话.png”，调整图片的位置，插入文本“全国服务热线：400-0000-000”，设置字体为“微软雅黑”，字体大小为“20”，颜色为白色，效果如图 12-12 所示。

图12-11　插入标题占位符

图12-12　插入电话图标与文本

（7）切换到“幻灯片母版”选项卡，单击“关闭母版视图”按钮，在普通视图下，单击占位符“母版标题样式”后，输入“创业案例介绍”，单击占位符“单击此处编辑母版副标题样式”，输入“汇报人：刘经理”，此时的效果就是图 12-1 中（a）图的效果。

12.2.3　目录页幻灯片模板的制作

目录页幻灯片模板的具体制作过程如下。

（1）选择一个新的版式，删除所有占位符，在“幻灯片母版”选项卡中单击“背景样式”下拉按钮（见图 12-3），弹出“设置背景格式”窗格，在“填充”栏中单击“图片或纹理填充”单选按钮，单击“文件”按钮，选择素材文件夹中的“过渡页背景.jpg”，单击“关闭”按钮，选择“插入”→“形状”→“矩形”选项，绘制一个深蓝色矩形，放置在页面最下方，页面效果如图 12-13 所示。

（2）选择“插入”→“形状”→“矩形”选项，绘制一个矩形，形状填充颜色为深蓝色（红色：6，绿色：81，蓝色：146），形状轮廓为“无轮廓”。输入文本“C”，设置颜色为白色，字体为“Bodoni MT Black”，字体大小为“66”，输入文本“ontents”，设置颜色为深灰色，字体为“微软雅黑”，字体大小为“24”，输入文本“目录”，设置颜色为深灰色，字体为“微软雅黑”，字体大小为“44”。调整位置后的效果如图 12-14 所示。

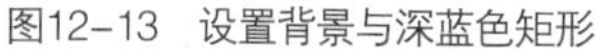

图12-13　设置背景与深蓝色矩形

图12-14　插入目录标题

（3）选择“插入”→“形状”→“泪滴形”选项，绘制一个泪滴形，形状填充颜色为深蓝色（红色：6，绿色：81，蓝色：146），形状轮廓为“无轮廓”。旋转对象 135°，单击“插入”→“图片”下拉按钮，选择素材文件夹中的图片“logo.png”，调整图片的位置，输入文本“企业介绍”，设置颜色为深灰色，字体为“微软雅黑”，字体大小为“40”，调整其位置，效果如图 12-15 所示。

（4）复制刚刚绘制的泪滴形，形状填充颜色为浅绿色，单击“插入”→“图片”下拉按钮，选择素材文件夹中的图片“图标 1.png”，调整图片的位置，输入文本“服务流程”，设置颜色为深灰色，字体为“微软雅黑”，字体大小为“40”，调整其位置，效果如图 12-16 所示。

图12-15 插入企业介绍

图12-16 插入服务流程

（5）复制刚刚绘制的泪滴形，形状填充颜色为橙色，单击“插入”→“图片”下拉按钮，选择素材文件夹中的图片“图标 2.png”，调整图片的位置，输入文本“分析对策”，设置颜色为深灰色，字体为“微软雅黑”，字体大小为“40”，此时的效果就是图 12-1 中（b）图的效果。

12.2.4 过渡页幻灯片模板的制作

（1）选择“节标题模板”，选择素材文件夹中的“过渡页背景.jpg”，单击“关闭”按钮，选择“插入”→“形状”→“矩形”选项，绘制一个矩形，形状填充颜色为深蓝色（红色：6，绿色：81，蓝色：146），形状轮廓为“无轮廓”，复制矩形，调整大小与位置，页面效果如图 12-17 所示。

（2）单击“插入”→“图片”下拉按钮，选择素材文件夹中的图片“logo.png”和“礼仪.jpg”，调整图片的位置，页面效果如图 12-18 所示。

图12-17 插入矩形

图12-18 插入图片后的效果

（3）分别输入文本“Part 1”和“企业介绍”，设置颜色为深灰色，字体为“微软雅黑”，字体大小自行调整，此时的效果就是图 12-1 中（c）图的效果。

（4）复制过渡页面，制作“服务流程”与“分析对策”两个过渡页面。

12.2.5 内容页幻灯片模板的制作

（1）选择一个普通版式页面，删除所有占位符，选择“插入”→“形状”→“矩形”选项，按住<Shift>键绘制一个正方形，形状填充为深蓝色（红色：6，绿色：81，蓝色：146），形状轮廓为“无轮廓”。复制正方形，调整大小与位置，页面效果如图 12-19 所示。

（2）勾选“幻灯片母版”选项卡中的“标题”复选框，设置标题样式，字体为“方正粗宋简体”，文字大小为“36”，颜色为深蓝色，页面效果如图 12-20 所示。

图12-19　制作内容页图标　　　图12-20　设置内容页标题样式

12.2.6　封底页幻灯片模板的制作

（1）选择一个普通版式页面，删除所有占位符，单击“插入”→“图片”下拉按钮，选择素材文件夹中的图片“商务人士.png”，调整图片的位置，效果如图 12-21 所示。

（2）单击“插入”→“图片”下拉按钮，选择素材文件夹中的图片“logo.png”，调整图片的位置。选择“插入”→“文本框”→“绘制横排文本框”选项，输入文本“易百米快递”，设置字体为“方正粗宋简体”，字体大小为“44”，同样输入文本“百米驿站——生活物流平台”，设置字体为“微软雅黑”，字体大小为“24”，调整位置后页面效果如图 12-22 所示。

图12-21　插入“商务人士.png”

图12-22　插入logo和标题

（3）输入文本“谢谢观赏”，设置字体为“微软雅黑”，字体大小为“80”，颜色为深蓝色，设置“加粗”与“文字阴影”效果。

（4）单击“插入”→“图片”下拉按钮，选择素材文件夹中的图片“电话 2.png”，调整图片的位置，输入文本“全国服务热线：400-0000-000”，设置字体为“微软雅黑”，字体大小为“20”，颜色为深蓝色，此时的效果就是图 12-1 中（f）图的效果。

（5）输入文本“期待与您的合作”，设置字体为“微软雅黑”，字体大小为“44”，颜色为深蓝色，设置“文字阴影”效果。

12.2.7　模板的使用

（1）切换至“幻灯片母版”选项卡，单击“关闭母版视图”，在普通视图下，单击占位符“母版标题样式”后，输入“创业案例介绍”，单击占位符“单击此处编辑母版副标题样式”，输入“汇报人：刘经理”，此时的效果就是图 12-1 中（a）图的效果。

（2）按<Enter>键，会创建一个新页面，默认情况下会是模板中的“目录”模板。

（3）继续按<Enter>键，仍然会创建一个新的页面，且仍然是“目录”模板，此时，在页面缩略图上右击，弹出快捷菜单，选择“版式”选项，弹出“Office 主题”列表框，如图 12-23 所示，默认为“标题和内容”，选择“节标题”选项即可完成版式的修改。

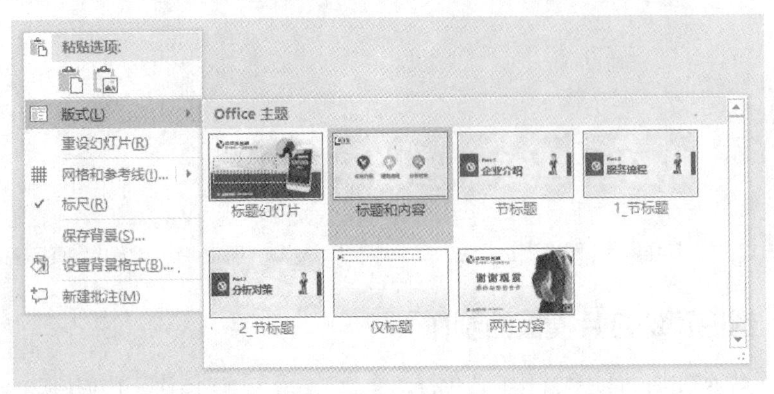

图12-23　版式的修改

（4）采用同样的方法即可实现本任务的所有页面，读者根据实际需要制作所需的页面即可。

12.3　任务小结

本任务通过易百米公司创业典型任务演示文稿的制作，全面地介绍了关于模板的应用知识。模板对 PPT 来讲就是外包装，对于一个 PPT 的模板而言至少需要 3 个子版式：封面版式、目录或过渡版式、内容版式。封面版式主要用于 PPT 的封面，过渡版式主要用于章节封面，内容版式主要用于 PPT 的内容页面。其中封面版式与内容版式一般都是必需的，而较短的 PPT 可以不设计过渡页面。

12.4　经验技巧

12.4.1　封面页模板设计技巧

封面是读者第一眼看到的 PPT 页面，直击读者的第一印象。通常情况下，封面页主要起到突出主题的作用，具体包括标题、作者、公司、时间等信息，不必过于花哨。

PPT 的封面设计主要分为文本型和图文并茂型。

（1）文本型。

如果没有搜索到合适的图片，仅通过文字的排版也可以制作出效果不错的封面。为了防止页面单调，可以使用渐变色作为封面的背景，如图 12-24 所示。

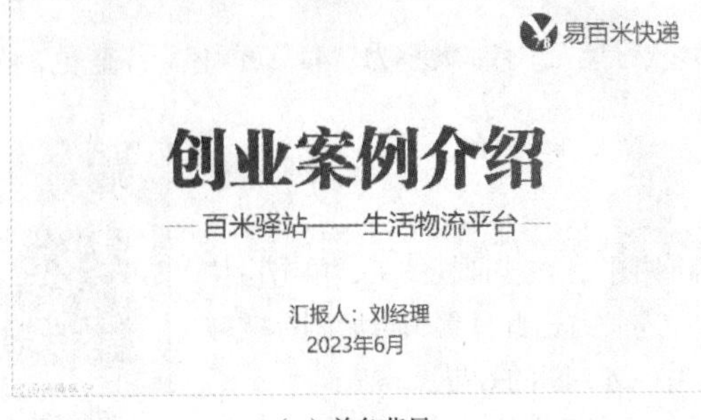

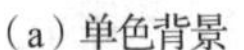

（a）单色背景

（b）渐变色背景

图12-24　文本型封面1

除了渐变色，也可以使用色块来做衬托，凸显标题内容。注意在色块交接处使用线条调和页面，这样能使页面更加协调，如图 12-25 所示。

（a）色块作为背景

（b）彩色条分割

图12-25　文本型封面2

通常也可以使用不规则图形来打破静态的布局，营造动感，如图 12-26 所示。

（a）不规则色块结合 1

（b）不规则色块结合 2

图12-26　文本型封面3

（2）图文并茂型。

图片的运用，能使页面更加清晰。使用小图能使画面比较聚焦，引起观众的注意，当然要求图片的使用一定要切题，这样能迅速抓住观众，能突出汇报的重点，如图 12-27 所示。

（a）小图与文本的搭配 1

（b）小图与文本的搭配 2

图12-27　图文并茂型封面1

也可以使用半图的方式来制作封面，具体方法是把一张大图裁切，大图能够带来不错的视觉冲击力，因此没有必要使用复杂的图形装点页面，如图 12-28 所示。

最后，介绍一下借助全图来制作封面的方法。全图封面就是将图片铺满整个页面，然后把文本放置到图片上，重点是突出文本。可以采用修改图片的亮度、局部虚化图片的方法，也可以在图片上添加半透明或者不透明的图形作为背景，使文字更加清晰。

依据以上提供的方法，制作的全图 PPT 封面如图 12-29 所示。

（a）半图 PPT 的效果 1

（b）半图 PPT 的效果 2

（c）半图 PPT 的效果 3

（d）半图 PPT 的效果 4

图12-28 图文并茂型封面2

（a）全图 PPT 的效果 1

（b）全图 PPT 的效果 2

（c）全图 PPT 的效果 3

（d）全图 PPT 的效果 4

图12-29 图文并茂型封面3

12.4.2 导航页面设计技巧

微课 12-9

导航页面设计技巧

PPT 的导航系统的作用是展示演示的进度，使观众能清晰把握整个 PPT 的脉络，使演示者能清晰把握整个汇报的节奏。对于较短的 PPT，可以不设置导航系统，但认真设计内容是很重要的，要让整个演示的节奏紧凑、脉络清晰。对于较长的 PPT，设计逻辑结构清晰的导航系统是很有必要的。

通常 PPT 的导航系统主要包括目录页、过渡页。此外，还可以设计页码与汇报进度。

（1）目录页。

PPT 目录页的设计目的是让观众全面清晰地了解整个 PPT 的架构。因此，好的 PPT 就是要将架构清晰地呈现出来。实现这一目标的核心就是将目录内容与逻辑图示高度融合。

传统的目录设计主要使用图形与文本的组合，如图 12-30 所示。

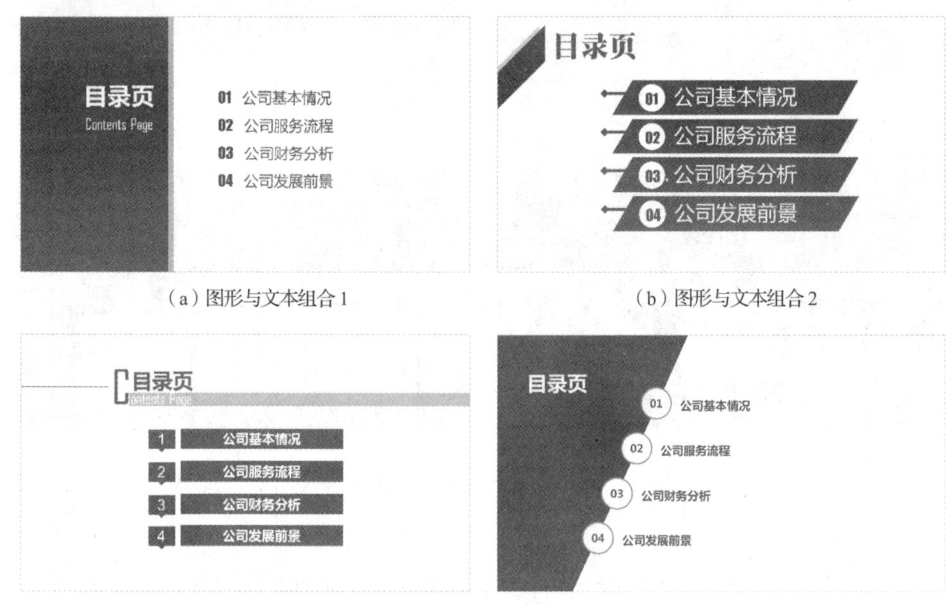

（a）图形与文本组合 1　（b）图形与文本组合 2

（c）图形与文本组合 3　（d）图形与文本组合 4

图 12-30　传统型目录

图文混合型的目录，主要采用图片配合文本的形式，如图 12-31 所示。

（a）图片与文本组合 1　（b）图片与文本组合 2

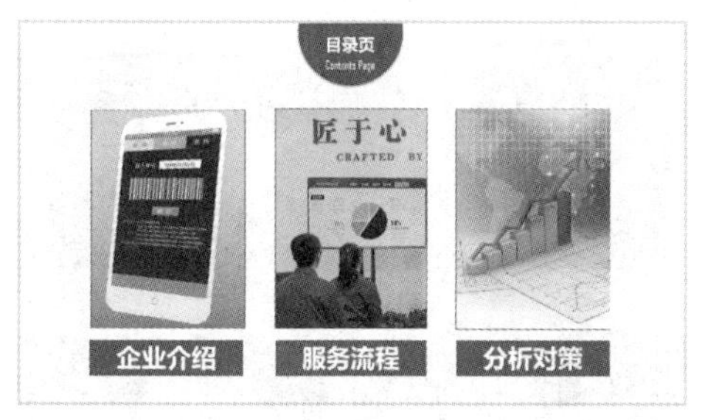

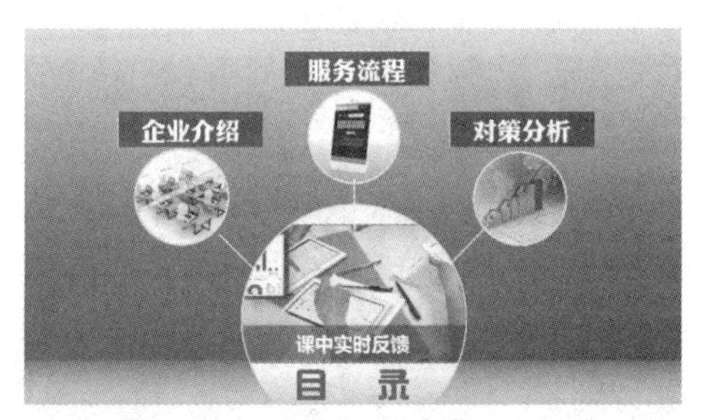

（c）图片与文本组合 3　（d）图片与文本组合 4

图 12-31　图文型目录

综合型目录结合图片、图形、文本，创新思路，考虑整个 PPT 的风格与特点设计 PPT，将页面、色块、图片、图形等元素综合应用，如图 12-32 所示。

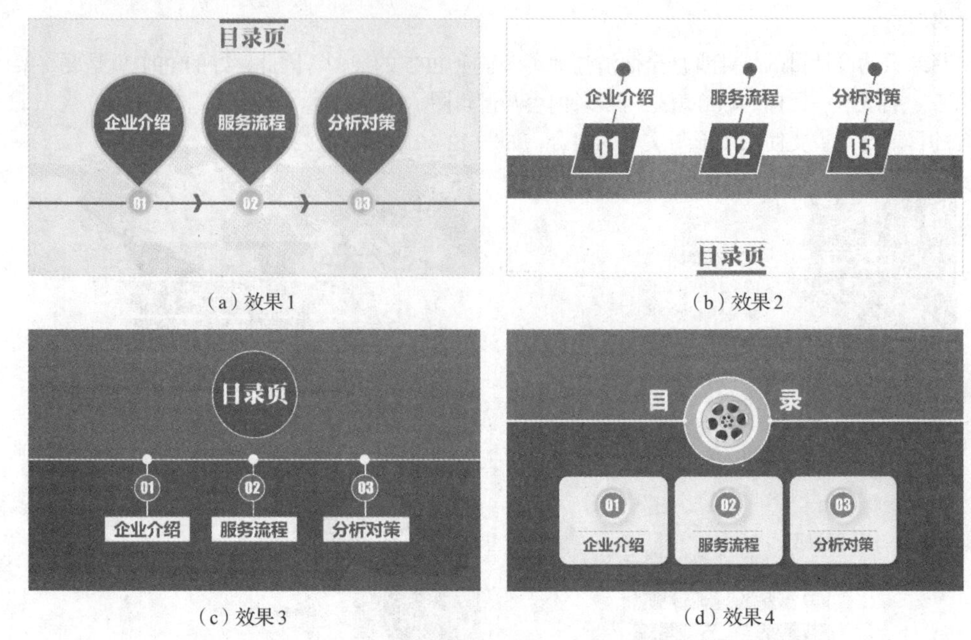

（a）效果 1　（b）效果 2

（c）效果 3　（d）效果 4

图 12-32　综合型目录

（2）过渡页。

过渡页的核心目的在于提醒观众新的篇章开始、告知整个演示的进度，有助于观众集中注意力，起到承上启下的作用。

过渡页尽量与目录页在颜色、字体、布局等方面保持一致，局部布局可以有所变化。如果过渡页面与目录页面一致的话，可以在页面的色彩饱和度上变化，例如，当前演示的部分使用彩色，不演示的部分使用灰色。也可以独立设计过渡页，如图 12-33 所示。

（a）标题文字颜色区分　（b）图片色彩的区分

（c）单独页面设计 1　（d）单独页面设计 2

图 12-33　过渡页设计

（3）导航条。

导航条的主要作用在于让观众了解演示进度。较短的 PPT 不需要导航条，只有在较长的 PPT 演示中需要导航条。导航条的设计非常灵活，可以放在页面的顶部，也可以放在页面的底部，当然放到页面的两侧也可以。

在表现形式方面，导航条可以使用文本、数字或者图片等元素表现，导航条的页面设计效果如图 12-34 所示。

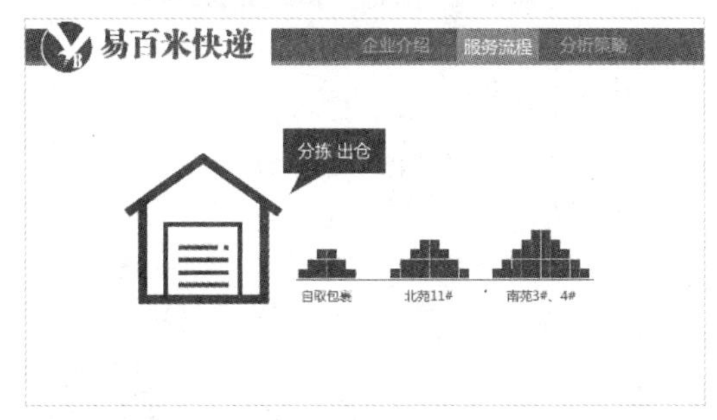

（a）文本颜色衬托导航条 1

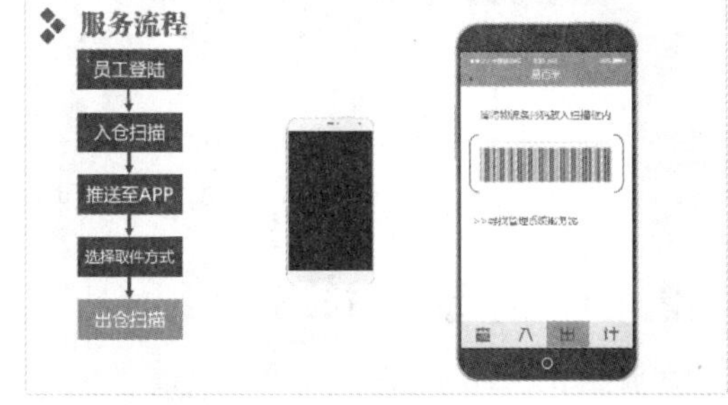

（b）文本颜色衬托导航条 2

图 12-34 导航条设计

12.4.3 内容页设计技巧

内容的结构包括标题与正文两个部分。标题栏是展示 PPT 标题的地方，标题表达信息更快、更准确。内容页的标题一般要放在固定的、醒目的位置，这样能显得严谨一些。

标题栏一定要简约、大气，最好能够具有设计感或商务风格，标题栏上相同级别标题的字体和位置要保持一致，建立良好的逻辑链条。依据大家的浏览习惯，大多数的标题都放在页面顶部。内容区域是 PPT 上放置内容的区域，通常情况下，内容区域就是 PPT 本身。

标题的常规表现形式有图标提示、点式、线式、图形、图片图形结合等。内容页面设计效果如图 12-35 所示。

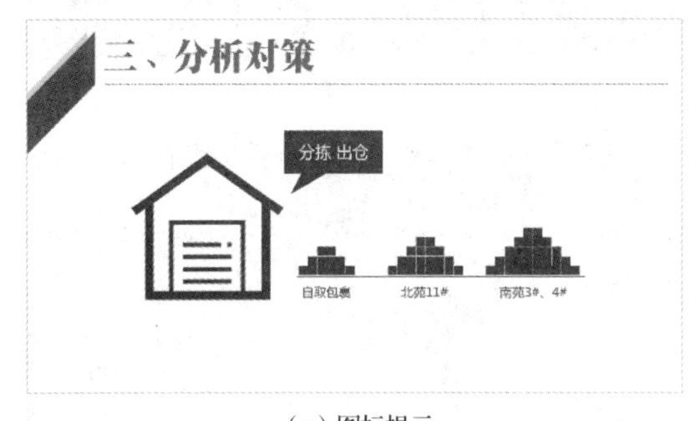

（a）图标提示

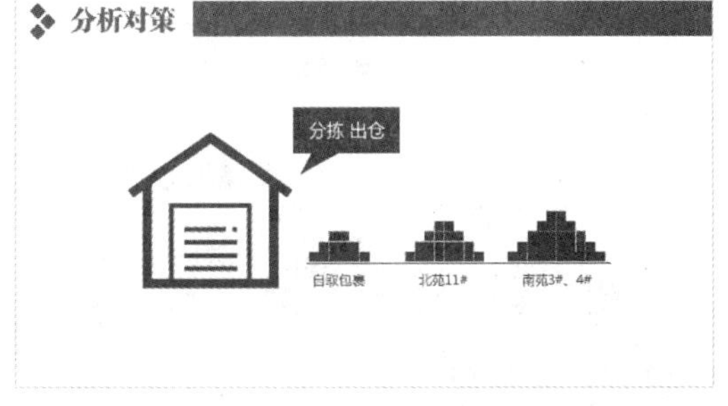

（b）点式

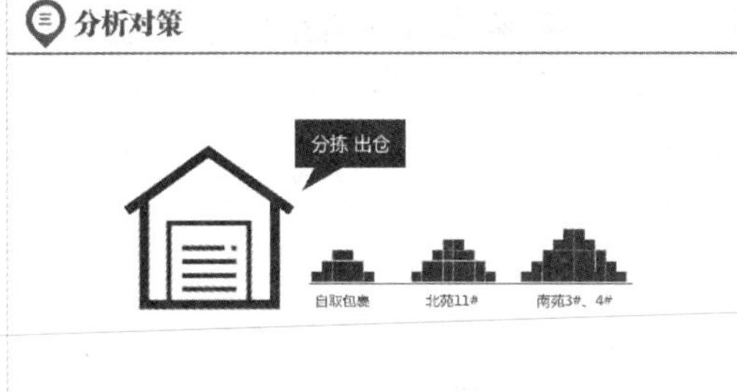

（c）线式

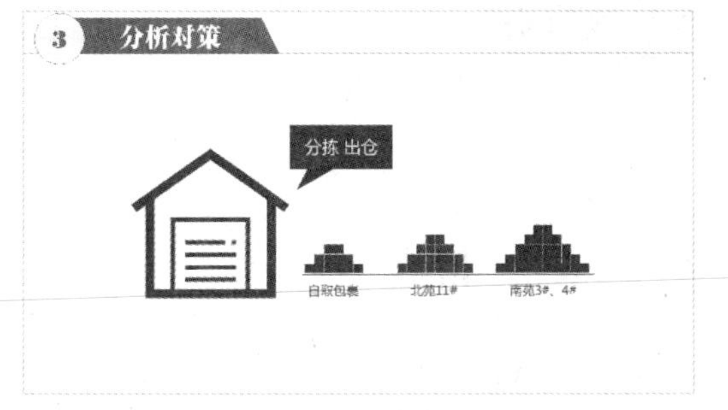

（d）图形

图 12-35 内容模板标题栏

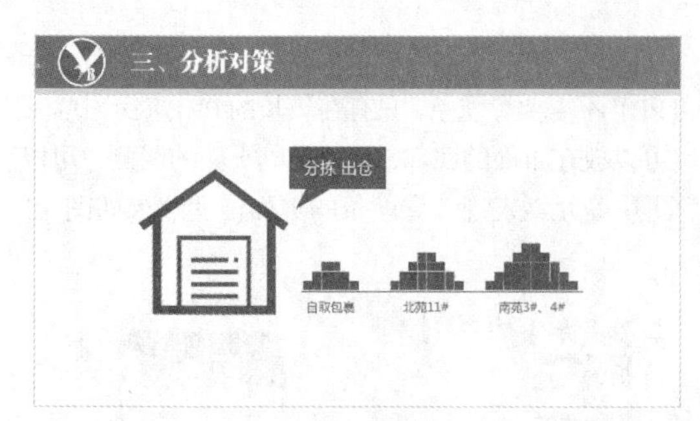

（e）图片图形结合 1

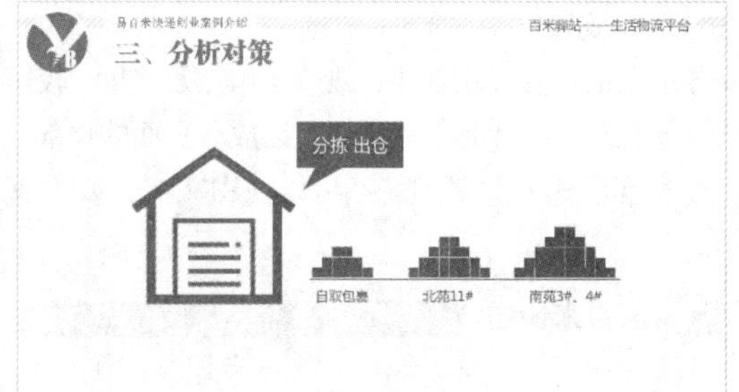

（f）图片图形结合 2

图 12-35　内容模板标题栏（续）

12.4.4　封底设计技巧

封底通常用来表达感谢和展示作者信息，为了让 PPT 整体风格统一，设计与制作封底是有必要的。

封底要和封面保持风格一致，尤其是在颜色、字体、布局等方面要和封面保持一致，封底使用的图片也要与 PPT 主题保持一致。如果觉得设计封底太麻烦，可以在封面的基础上进行修改，但是这样难免有偷懒之嫌。封底的页面设计效果如图 12-36 所示。

（a）效果 1

（b）效果 2

（c）效果 3

（d）效果 4

图 12-36　封底页面设计

12.5　拓展训练

于教授要申请一个科技项目，项目标题为“公众参与生态文明建设利益导向机制的探究”，具体申报内容包含课题综述、研究现状、研究目标、研究过程、研究结论、参考文献等方面。现要求根据需求设计适合项目申报汇报的演示文稿模板。

根据项目需求设计的模板参考效果如图 12-37 所示。

（a）封面　（b）目录页

（c）过渡页 1　（d）内容页

（e）过渡页 2　（f）封底

图 12-37　项目申报模板设计效果

任务 13

汽车行业数据图表演示文稿制作

13.1 任务简介

下面展示任务的要求与效果，分析任务完成的学习目标。

13.1.1 任务需求与效果展示

汽车爱好者协会发布了 2021 年度的中国汽车行业数据，依据部分文档内容制作相关演示文稿。本任务文本参考素材文件“2021 年度中国汽车数据发布.docx”，核心内容如下。

任务标题：2021 年度中国汽车数据发布

声明：不对数据准确性进行解释，仅供教学任务使用。

全国机动车的保有量到底有多少？其中私家车又有多少？据网络统计数据显示，截至 2021 年底，全国机动车保有量达 3.95 亿辆，其中汽车 3.02 亿辆左右。表 13-1 显示近 5 年机动车保有量情况和机动车驾驶员数量。

表 13-1 近 5 年机动车保有量情况和机动车驾驶员数量

近 5 年	2017	2018	2019	2020	2021
机动车保有量/亿辆	3.10	3.27	3.48	3.72	3.95
机动车驾驶员/亿人	3.60	4.10	4.36	4.56	4.81

1. 私人轿车有多少？

2021 年全国机动车保有量达 3.95 亿辆，比 2020 年增加 2350 万辆，增长 6.32%。2021 年，私人轿车保有量达 2.43 亿辆，比 2020 年增加 1758 万辆。2020 年，全国居民每百户私人轿车拥有量为 37.1 辆，2021 年，全国平均每百户家庭拥有 43.2 辆私人轿车。

2. 2021 年新增机动车多少？

2017 年底，全国机动车保有量达 3.10 亿辆；2018 年底，全国机动车保有量达 3.27 亿辆；2019 年底，全国机动车保有量达 3.48 亿辆；2020 年底，全国机动车保有量达 3.72 亿辆；2021 年底，全国机动车保有量达 3.95 亿辆。2020 年，新注册登记的机动车达 2424 万辆，比 2019 年减少 153 万辆，下降 5.94%。2021 年，新注册登记机动车 3674 万辆，增长 10.38%。

3. 新能源汽车有多少？

2021 年新能源汽车保有量达 784 万辆，比 2020 年增加 292 万辆，增长 59.35%。其中，纯电动汽车保有量 640 万辆，比 2020 年增加 240 万辆，占新能源汽车总量的 81.63%。2021 年全国新注册登记新能源汽车 295 万辆，占新注册登记汽

车总量的 11.25%，比上年增加 178 万辆，增长 152.14%。近五年，新注册登记新能源汽车数量从 2017 年的 65 万辆到 2021 年的 295 万辆，呈高速增长态势。

4. 多少城市汽车保有量超 300 万?

截至 2020 年底，北京、成都、重庆、苏州、上海、郑州、西安、武汉、深圳、东莞、天津、青岛、石家庄 13 市汽车保有量超过 300 万辆。

截至 2020 年底汽车保有量超过 300 万辆的城市如表 13-2 所示，2021 年数据正在统计中。

表 13-2　汽车保有量超过 300 万辆的城市

城市	北京	成都	重庆	苏州	上海	郑州	西安	武汉	深圳	东莞	天津	青岛	石家庄
汽车保有量/万辆	603	545	504	443	440	403	373	366	353	341	329	314	301

5. 驾驶员有多少?

2021 年，全国机动车驾驶员数量达 4.81 亿人，其中汽车驾驶员达 4.44 亿人。新领证驾驶员 2750 万人，同比增长 23.25%。从性别看，男性驾驶员 3.19 亿人，女性驾驶员 1.62 亿人，男女驾驶员比例为 1.97 : 1。

依据文档设计实现的页面效果如图 13-1 所示。

（a）封面

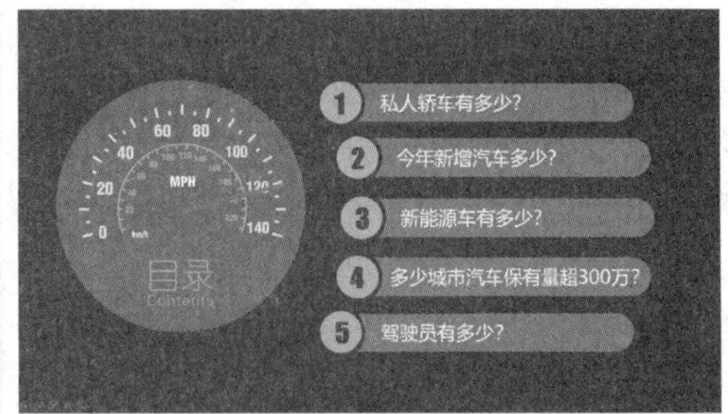

（b）目录

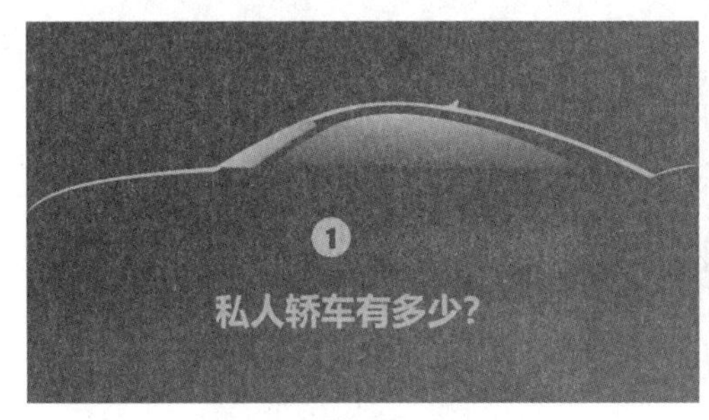

（c）过渡页

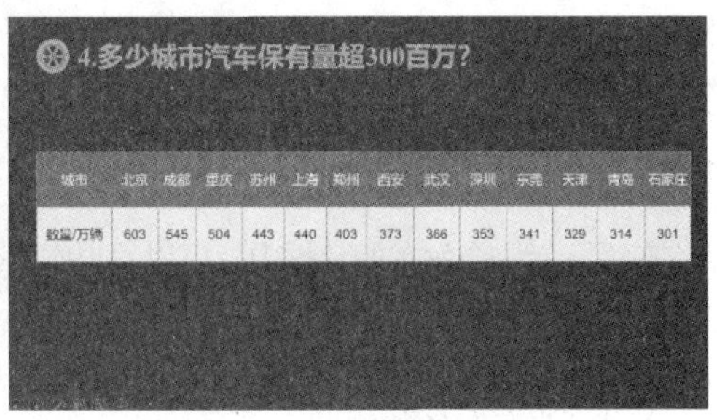

（d）内容页 1

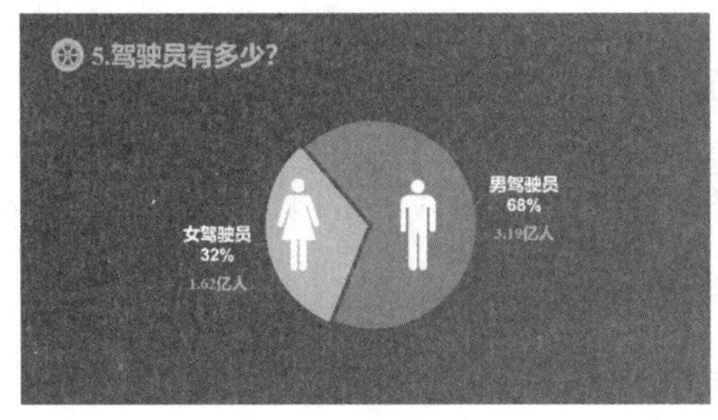

（e）内容页 2

（f）封底

图 13-1　实现效果

素养小贴士

“三牛”精神

2021年是农历辛丑牛年，在全国政协新年茶话会上，习近平总书记强调：“我们要深刻铭记中国人民和中华民族为实现民族独立、人民解放和国家富强、人民幸福而奋斗的百年艰辛历程，发扬为民服务孺子牛、创新发展拓荒牛、艰苦奋斗老黄牛的精神，永远保持慎终如始、戒骄戒躁的清醒头脑，永远保持不畏艰险、锐意进取的奋斗韧劲，在全面建设社会主义现代化国家新征程上奋勇前进”。

13.1.2 任务目标

知识目标：

- 了解图表的分类与作用；
- 了解图表的使用方法。

技能目标：

- 使用 PowerPoint 中的表格来展示数据；
- 使用 PowerPoint 中的图表来展示数据；
- 掌握使用 PowerPoint 中图表表达数据的方法与技巧。

素养目标：

- 提升分析问题、解决问题的能力；
- 加强自我探索与学习的能力。

13.2 任务实现

本任务主要使用了 PowerPoint 中的图表与表格的表达方法、艺术字的设计与应用等知识，具体使用方法如下。

13.2.1 任务分析

从汽车爱好者协会发布的数据中，可以看出本案例主要想介绍5个方面的内容。

（1）私人轿车有多少？

（2）今年新增汽车多少？

（3）新能源汽车有多少？

（4）多少城市汽车保有量超300万？

（5）驾驶员有多少？

“私人轿车有多少？”的问题可以采用图形绘制的方式回答，例如，使用小车的图形，展示2017~2021年汽车的数量变化。

“今年新增汽车多少？”的问题可以采用图形绘制与文本结合的方式回答，例如，用圆的大小表示数量的多少。

“新能源车有多少？”的问题可以采用“数据表”的方式回答，例如，新能源汽车保有量达784万辆，比2020年增加292万辆，增长59.35%。其中，纯电动汽车保有量640万辆，比2020年增加240万辆，占新能源汽车总量的81.63%。

“多少城市汽车保有量超300万？”的问题可以采用数据表格的方式回答，也可以采用数据图表的方式回答。

“驾驶员有多少？”的问题，针对男女驾驶员的比例可以采用饼图来回答，也可以通过绘制圆形来回答。近五年机动车驾驶员数量可以采用人物的卡通图标来表达，例如用卡通人物的身高代表数量的多少等。

13.2.2　封面与封底的制作

经过设计，整个 PPT 的封面与封底页面相似，选择汽车图片作为背景图片，然后在汽车图片上方放置文本的标题、信息发布的单位信息。具体制作过程如下。

（1）启动“PowerPoint”软件，新建一个 PPT 文档，命名为“2021 年度中国汽车数据发布.pptx”，切换到“设计”选项卡；在“自定义”功能组中单击“幻灯片大小”下拉按钮，弹出“幻灯片大小”对话框，在“幻灯片大小”下拉列表中，选择“自定义”选项，设置宽度为“32 厘米”，高度为“18 厘米”。

（2）单击鼠标右键，选择“设置背景格式”选项，单击“填充”栏的“图片或纹理填充”单选按钮，单击“文件”按钮，弹出“插入图片”窗口，选择素材文件夹中的“汽车背景.jpg”作为背景图片，插入后的效果如图 13-2 所示。

（3）选择“插入”→“文本框”→“绘制横排文本框”选项，输入文本“2021 年度中国汽车数据发布”，选中文本，设置文本：字体颜色为白色，文字大小为“60”。调整文本框的大小与位置。

（4）选择“插入”→“形状”→“矩形”选项，绘制一个矩形，矩形填充蓝色，边框设置为“无边框”，选择矩形，右击，选择“编辑文字”选项，输入文本“发布单位”，设置文字为白色，字体为“微软雅黑”，字体大小为“20”，水平居中对齐，调整位置后页面如图 13-3 所示。

图 13-2　设置背景图片的效果

图 13-3　插入文本与矩形后的效果

（5）复制刚刚绘制的矩形，设置背景颜色为土黄色，修改文本内容为“汽车爱好者协会”，调整位置后，效果如图 13-1 中的（a）图所示。

（6）复制封面页面，修改“2021 年度中国汽车数据发布”为“谢谢大家!”，然后调整位置，封底页面就完成了。

13.2.3　目录页的制作

1. 目录页面效果实现分析

本页面设计采用左右结构，左侧制作一个汽车的仪表盘，形象地展现汽车这个主体，右侧绘制图形提示要讲解的 5 个方面的内容，设计示意图如图 13-4 所示。

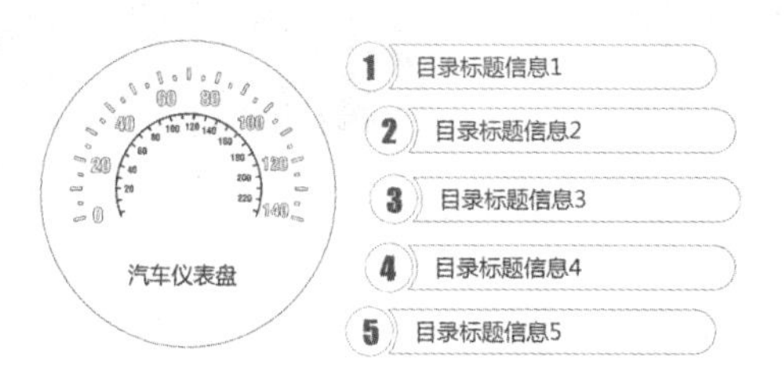

图13-4　目录页示意图

2. 目录页面左侧仪表盘制作过程

目录页面左侧仪表盘制作的具体方法与步骤如下。

（1）按<Enter>键，新创建一页幻灯片，右击，选择“设置背景格式”选项，单击“填充”栏的“纯色填充”单选按钮，设置颜色为深蓝色（红色：0，绿色：35，蓝色：116）。

（2）单击“插入”选项卡中的“形状”下拉按钮，选择“基本形状”栏中的“椭圆”选项，按住<Shift>键在页面中拖动鼠标绘制一个圆形，设置形状填充颜色为蓝色，边框颜色为“无线条颜色”，调整大小与位置，如图 13-5 所示。

（3）切换到“插入”选项卡，单击“图片”下拉按钮，弹出“插入图片”对话框，选择素材文件夹中的“表盘 1.png”图片，调整图片大小与位置，效果如图 13-6 所示。

图 13-5　插入圆形

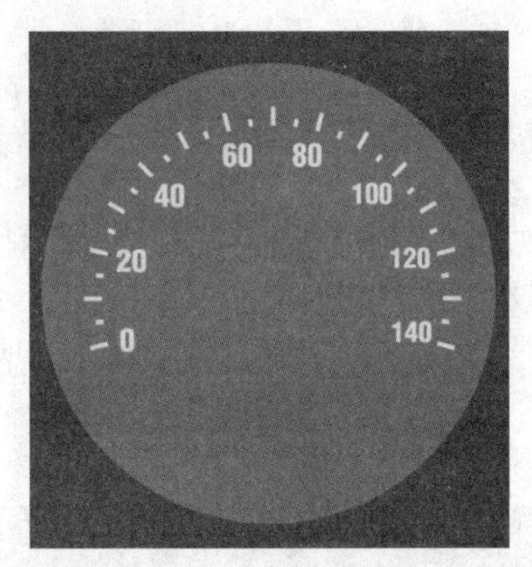

图 13-6　插入表盘 1 图片

（4）继续插入“表盘 2.png”与“表针.png”图片，通过方向键调整两幅图片的位置，效果如图 13-7 所示。

（5）在“插入”选项卡中，单击“文本框”下拉按钮，在下拉列表中选择“绘制横排文本框”选项，拖动鼠标即可绘制一个横排文本框，在其中输入“目录”，设置字体大小为“40”；字体为“幼圆”，颜色为“蓝色”；采用同样的方法插入文本“Contents”，设置文本：字体大小为“20”，字体为“Arial”，颜色为“浅蓝”。复制文本“Contents”，修改文本为“MPH”；再复制文本“Contents”，修改文本为“km/h”，字体大小为“14”，调整位置，效果如图 13-8 所示。

图 13-7　插入表盘 2 与表针图片

图 13-8　插入表盘文本的效果

3. 目录页面右侧图形的制作过程

目录页面右侧图形制作的具体方法与步骤如下。

（1）选择“插入”→“形状”→“椭圆”选项，按住<Shift>键绘制一个圆形，圆形填充“蓝色”，边框设置为“无边框”，调整大小与位置。

（2）选择“插入”→“文本框”→“绘制横排文本框”选项，输入文本“1”，选择文本，设置文本：字体大小为“36”；字体为“Impact”，颜色为深灰色。把文字放置到蓝色的圆中，调整其位置与大小，如图 13-9 所示。

（3）选择蓝色圆形与文本，同时按住<Ctrl>与<Alt>键，拖动鼠标即可复制图形与文本。修改文本内容，创建其他目录项目号，如图 13-10 所示。

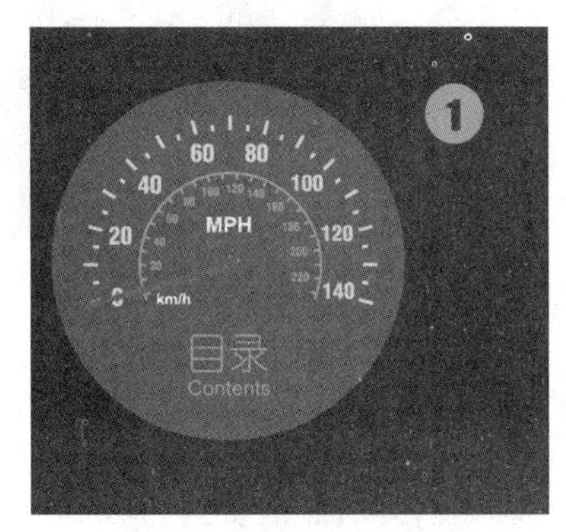

图 13-9　插入圆形与文本

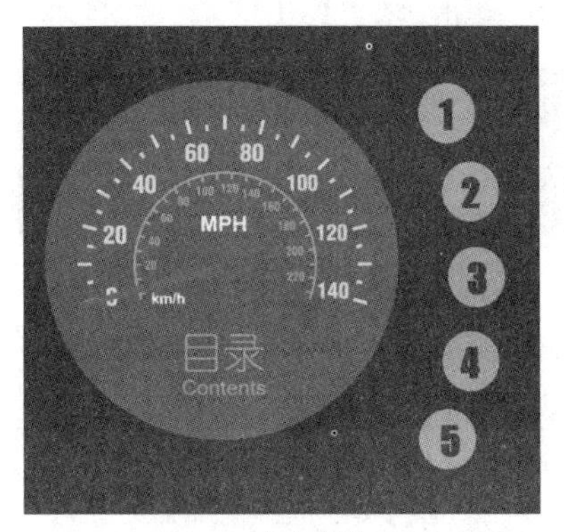

图 13-10　复制其他图形元素

（4）按住<Shift>键，先选择数字“1”下方的蓝色圆，然后再选择数字“1”，切换到“绘图工具 | 格式”选项卡，界面如图 13-11 所示。单击“合并形状”下拉按钮，下拉列表如图 13-12 所示，选择“剪除”选项即可完成图形与文本的剪除操作。依次选择其他圆形与数字，分别进行剪除即可实现图形的镂空组合效果。

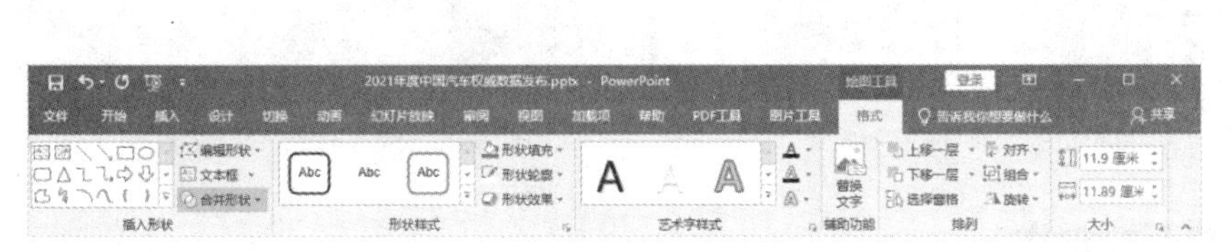

图 13-11　“绘图工具 | 格式”选项卡

图 13-12　“合并形状”下拉列表

（5）选择“插入”→“形状”→“椭圆”选项，按住<Shift>键依次绘制两个圆形，选择“插入”→“形状”→“矩形”选项，绘制一个矩形，如图 13-13 所示。

（6）选择矩形与右侧的圆形，选择“开始”→“排列”→“对齐”→“顶端对齐”选项，选择圆形，使其水平向左移动与矩形重叠。先选择圆形，按住<Shift>键，再次选择矩形，如图 13-14 所示，切换到“绘图工具 | 格式”选项卡，单击“合并形状”下拉按钮，选择下拉列表中的“剪除”命令，即可制作出图 13-15 的图形。

（7）选择左侧的圆形与刚刚合并的图形，选择“开始”→“排列”→“对齐”→“垂直居中”选项，选择圆形，使其水平向右移动与矩形重叠，如图 13-16 所示。

图13-13　绘制所需的图形

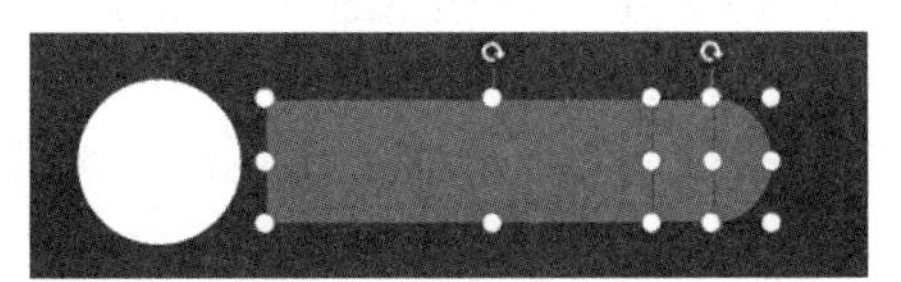

图13-14　选择矩形与右侧圆形

图13-15 合并后的图形

图13-16 调整圆形与合并图形的位置

（8）先选择合并后的图形，按住<Shift>键，再选择左侧圆形，如图 13-17 所示，切换到“绘图工具 | 格式”选项卡，单击“合并形状”下拉按钮，选择下拉列表中的“结合”命令，即可实现图 13-18 的效果。

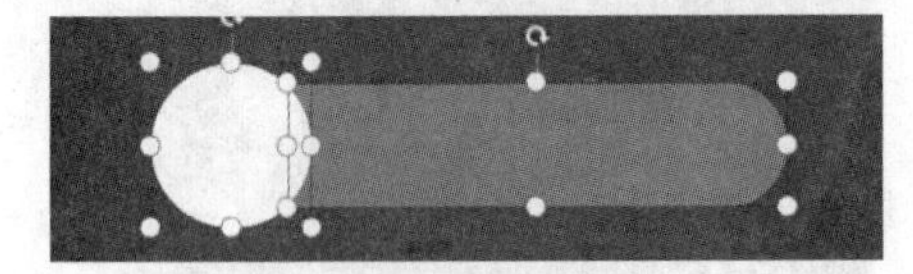

图13-17 选择两个图形

图13-18 剪除后的页面效果

（9）调整刚刚绘制的图形位置，选择“插入”→“文本框”→“绘制横排文本框”选项，输入文本“私人轿车有多少？”，选择文本，设置文本：字体大小为“26”；字体为“微软雅黑”，颜色为白色，调整其位置，如图 13-19 所示。

（10）复制图形与文本框，替换其文字为“今年新增汽车多少？”，页面效果如图 13-20 所示。

（11）依次复制修改其他文字内容，调整位置后的效果如图 13-1 中的（b）图所示。

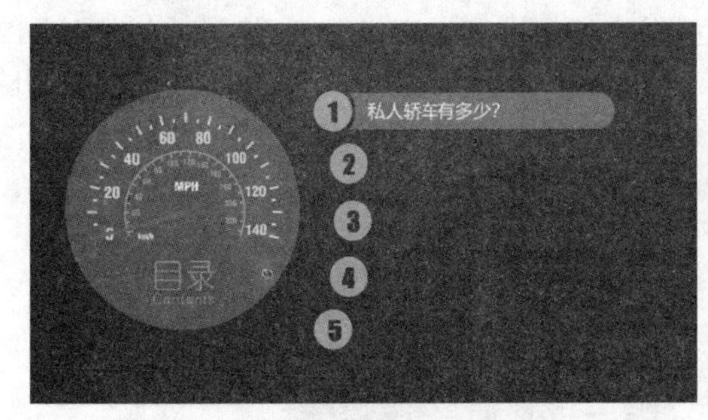

图13-19 目录页的选项1

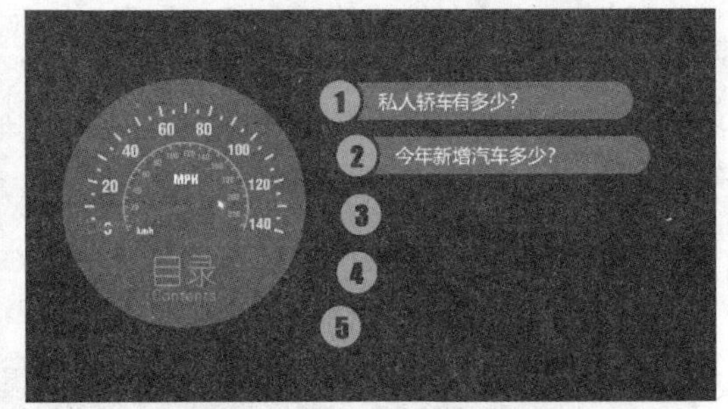

图13-20 添加选项2后的效果

13.2.4 过渡页的制作

本任务中 5 个过渡页面风格相似，主要是设置了背景图片后，插入了汽车的卡通图形，然后插入数字标题与每个模块的名称。具体制作过程如下。

（1）按<Enter>键，新创建一页幻灯片，右击，选择“设置背景格式”选项，单击“填充”栏的“纯色填充”单选按钮，设置颜色为深蓝色（红色：0，绿色：35，蓝色：116）。

（2）单击“插入”→“图片”下拉按钮，弹出“插入图片”窗口，选择“汽车图片.png”，单击“插入”按钮，调整位置，使其位于整个幻灯片的中央，如图 13-21 所示。

（3）选择“插入”→“形状”→“椭圆”选项，按住<Shift>键绘制一个圆形，圆形填充“蓝色”，边框设置为“无边框”，调整大小与位置。

（4）选择“插入”→“文本框”→“绘制横排文本框”选项，输入文本“1”，选择文本，设置文本：字体大小为“36”；字体为“Impact”，颜色为深蓝色（红色：0，绿色：35，蓝色：116）。把文字放置到蓝色的圆中，调整其位置与大小，如图 13-22 所示。

（5）选择“插入”→“文本框”→“绘制横排文本框”选项，输入文本“私人轿车有多少？”，选择文本，设置文本：字体大小为“50”；字体为“微软雅黑”，颜色为深灰色，调整其位置与大小，如图 13-1 的（c）图所示。

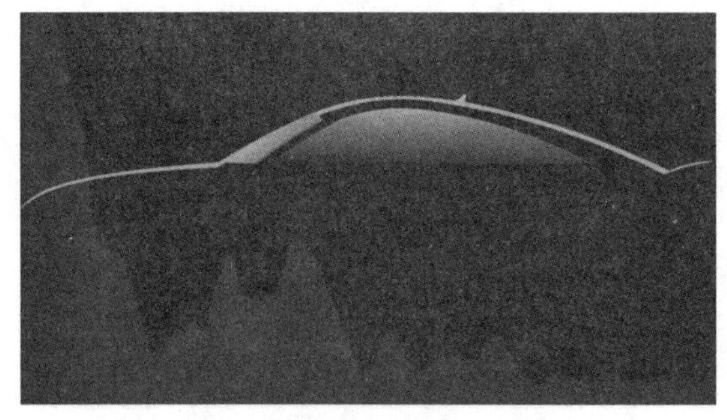

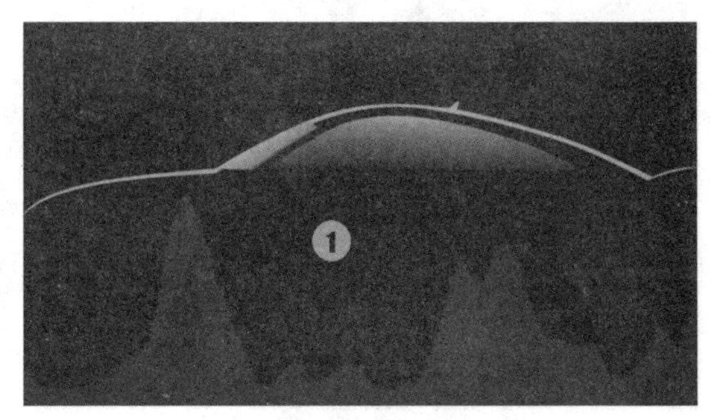

图13-21　插入汽车卡通形象

图13-22　插入标题符号

13.2.5　数据图表页面的制作

1. 内容页：私人轿车有多少？

内容信息如下。*2021 年全国机动车保有量 3.95 亿辆，比 2020 年增加 2350 万辆，增长 6.32%。2021 年，私人轿车保有量 2.43 亿辆，比 2020 年增加 1758 万辆。2020 年，全国居民每百户家用汽车拥有量为 37.1 辆，2021 年，全国平均每百户家庭拥有 43.2 辆私人轿车。*

微课 13-4

图像表达数据表

本页可以采用插入图片的方式来表现数量的变化，制作步骤如下。

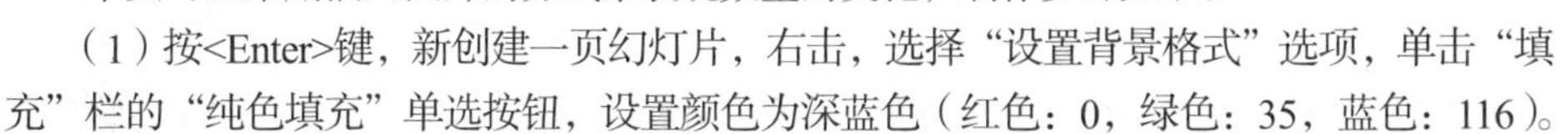

（1）按<Enter>键，新创建一页幻灯片，右击，选择“设置背景格式”选项，单击“填充”栏的“纯色填充”单选按钮，设置颜色为深蓝色（红色：0，绿色：35，蓝色：116）。

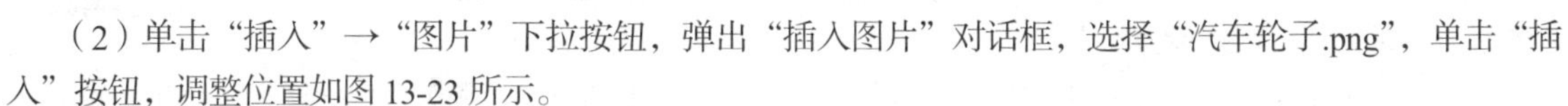

（2）单击“插入”→“图片”下拉按钮，弹出“插入图片”对话框，选择“汽车轮子.png”，单击“插入”按钮，调整位置如图 13-23 所示。

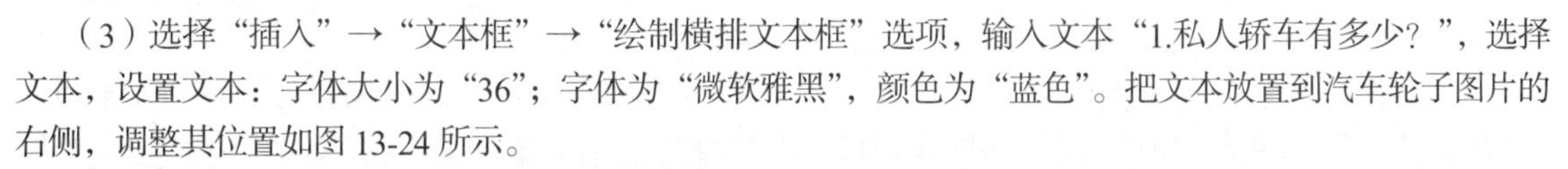

（3）选择“插入”→“文本框”→“绘制横排文本框”选项，输入文本“1.私人轿车有多少？”，选择文本，设置文本：字体大小为“36”；字体为“微软雅黑”，颜色为“蓝色”。把文本放置到汽车轮子图片的右侧，调整其位置如图 13-24 所示。

图13-23　插入图片

图13-24　插入标题文本

（4）单击“插入”→“图片”下拉按钮，弹出“插入图片”对话框，选择“汽车 1.png”，单击“插入”按钮，复制 7 辆汽车，调整第 1～8 辆汽车的位置，选择“开始”→“排列”→“对齐”→“横向分布”选项。切换到“插入”选项卡，单击“文本框”下拉按钮，在下拉列表中选择“绘制横排文本框”选项，拖动鼠标即可绘制一个横排文本框，在其中输入文本“2020 年机动车保有量”，设置字体为“微软雅黑”，颜色为白色，字体大小为“32”；复制文本，修改文字为“3.7 亿辆”，调整文字大小和位置，如图 13-25 所示。

（5）采用同样的方法插入 2021 年机动车的数量信息，添加 9 幅汽车图片（汽车 2.png），页面效果如图 13-26 所示。

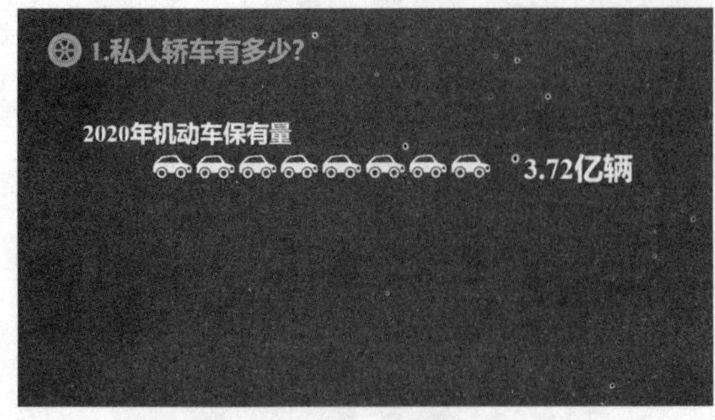

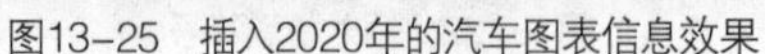
图13-25 插入2020年的汽车图表信息效果

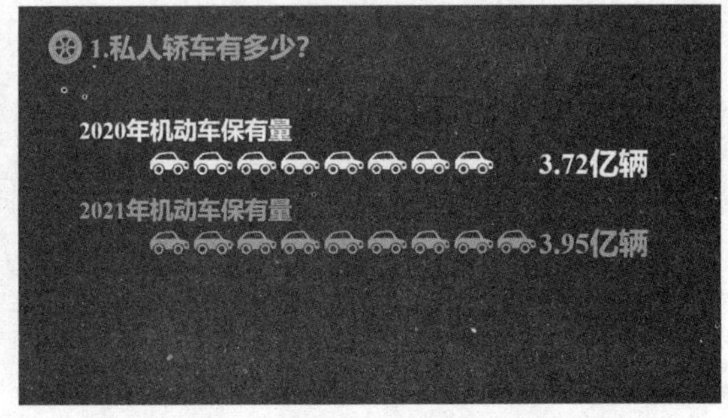

图13-26 插入2021年的汽车图表信息效果

（6）选择“插入”→“形状”→“直线”选项，按住<Shift>键绘制一条水平直线，设置直线的样式为虚线，颜色为白色。选择“插入”→“文本框”→“绘制横排文本框”选项，输入相应的文本，将数字颜色设置为“蓝色”，本页完成。

2. 内容页：今年新增汽车多少？

内容信息如下。*2017 年底，全国机动车保有量达 3.10 亿辆；2018 年底，全国机动车保有量达 3.27 亿辆；2019 年底，全国机动车保有量达 3.48 亿辆；2020 年底，全国机动车保有量达 3.72 亿辆；2021 年底，全国机动车保有量达 3.95 亿辆。2020 年，新注册登记的汽车达 2424 万辆，比 2019 年减少 153 万辆，下降 5.94%。2021 年，新注册登记机动车 3674 万辆，增长 10.38%。*

这组数据仍然可以采用绘制图形的方式展示，例如用圆形的大小表示数量的多少，定性地反应数据变化。制作步骤如下。

（1）按<Enter>键，新创建一页幻灯片，选择“插入”→“形状”→“椭圆”选项，按住<Shift>键绘制一个圆形，圆形填充青绿色，边框设置为“无边框”，调整大小与位置。

（2）选择“插入”→“文本框”→“绘制横排文本框”选项，输入文本“3.1 亿辆”，选择文本，设置字体大小为“32”，字体为“微软雅黑”，颜色为白色，把文字放置到青绿色的圆中，调整其位置与大小。用同样的方法插入文本“2017 年”，如图 13-27 所示。

（3）依次复制圆形，使圆形逐渐放大，并插入对应的数据，插入 2018 年、2019 年、2020 年、2021 年的数据文本，如图 13-28 所示。

图13-27 插入2017年的汽车数据

图13-28 插入连续5年的汽车数据

（4）采用同样的方法插入幻灯片所需的文本内容与线条即可。

3. 内容页：新能源汽车有多少？

内容信息如下。*2021 年新能源汽车保有量达 784 万辆，比 2020 年增加 292 万辆，增长 59.25%。其中，纯电动汽车保有量为 640 万辆，比 2020 年增加 240 万辆，占新能源汽车总量的 81.63%。*

可以采用柱形图来表现数量的变化，制作步骤如下。

（1）按<Enter>键，新创建一页幻灯片，单击“插入”→“图表”按钮，在弹出的“插入图表”对话框（见图 13-29）中，选择“柱形图”选项，单击“确定”按钮，即可直接呈现柱形图，如图 13-30 所示。

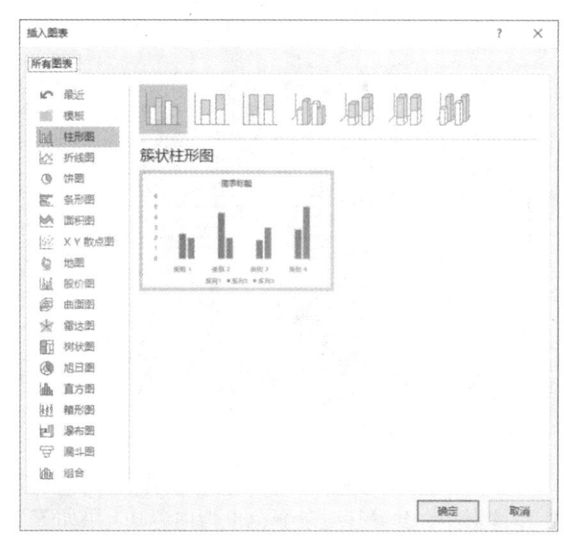

图13–29　“插入图表”对话框

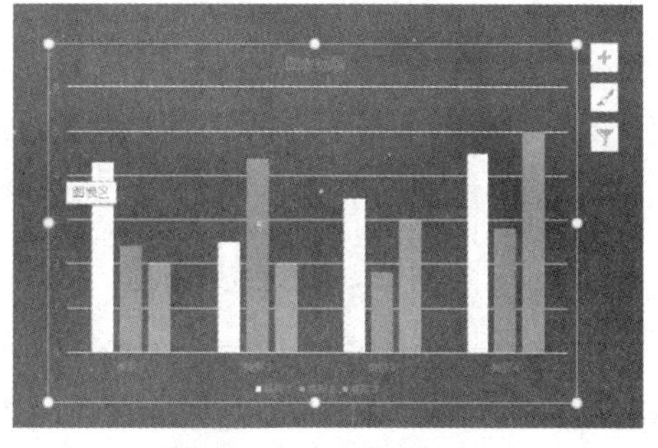

图13–30　插入的默认柱形图

（2）同时弹出数据表格（见图 13-31），修改表格中的具体数据，将“系列 1”与“系列 2”修改为“2020 年”与“2021 年”，删除多余的“系列 3”及其数据；将第 1 列中的“类别 1”与“类别 2”修改为“新能源汽车”和“纯电动汽车”，删除多余的“类别 3”与“类别 4”及其数据，根据文本修改具体数据，如图 13-32 所示。

Microsoft PowerPoint 中的图表

	A	B	C	D	E
1		系列 1	系列 2	系列 3	
2	类别 1	4.3	2.4	2	
3	类别 2	2.5	4.4	2	
4	类别 3	3.5	1.8	3	
5	类别 4	4.5	2.8	5	
6					

图13–31　默认数据

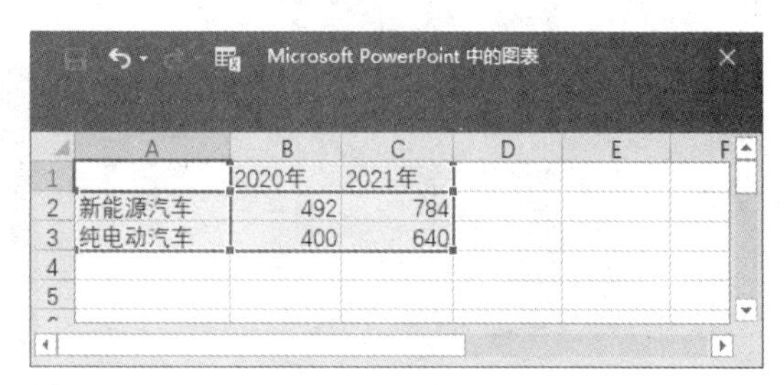

Microsoft PowerPoint 中的图表

	A	B	C	D	E
1		2020年	2021年		
2	新能源汽车	492	784		
3	纯电动汽车	400	640		
4					
5					

图13–32　编辑表格数据

（3）关闭数据表格，数据图表变换为新的样式，如图 13-33 所示。选择插入的柱形图，双击标题，按<Delete>键删除标题。同样，双击水平网格线，将其删除；双击纵向坐标轴，将其删除，页面效果如图 13-34 所示。

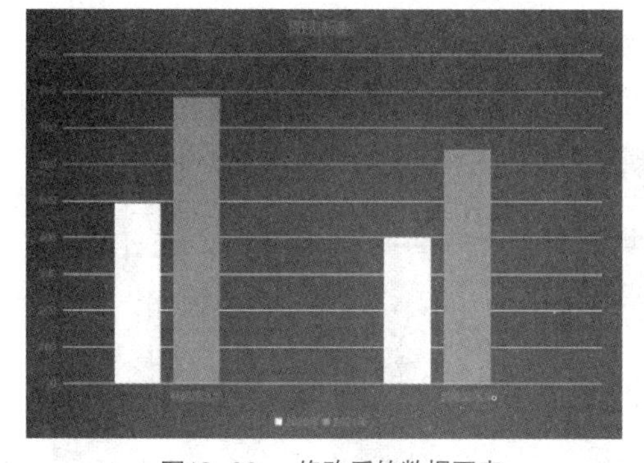

图13–33　修改后的数据图表

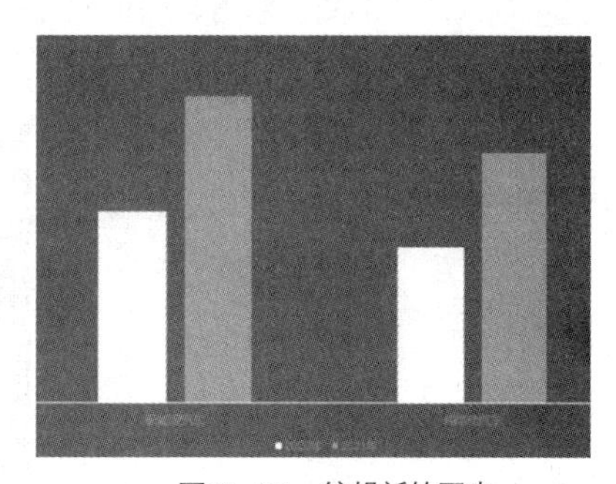

图13–34　编辑新的图表

（4）选中柱形图，单击“图表工具 | 设计”选项卡中的“添加图表元素”下拉按钮，选择“数据标签”级联菜单中的“数据标签外”选项（见图 13-35），添加完成后图表中就会增加数据标签。分别选择标签内容，设置标签颜色为白色，效果如图 13-36 所示。

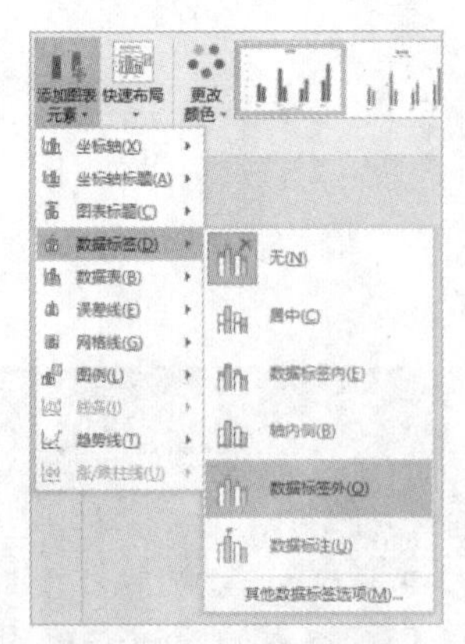

图13-35 添加数据标签

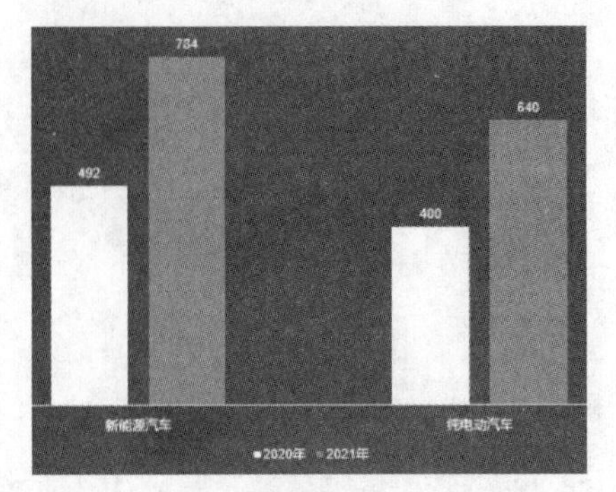

图13-36 添加数据标签并修改颜色后的图表

（5）选中插入的柱形图，双击白色的 2020 年柱形图，设置其填充颜色为青绿色，线条颜色为白色，线条宽度为“1 磅”（见图 13-37）。双击蓝色的 2021 年柱形图，设置其线条颜色也为白色，效果如图 13-38 所示。

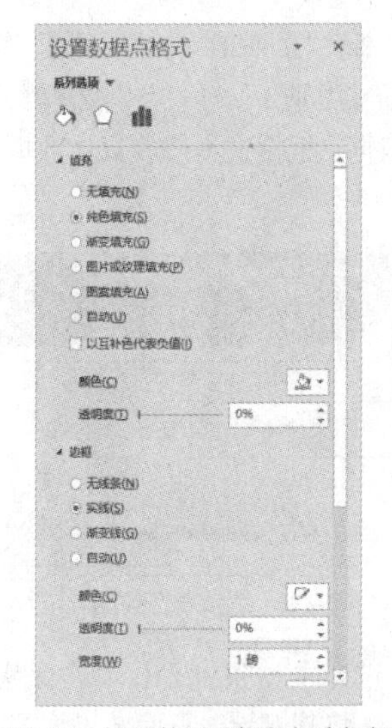

图13-37 设置柱形图颜色与边框颜色

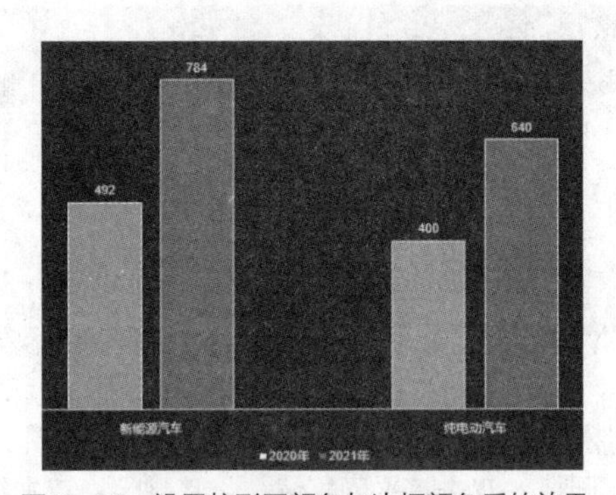

图13-38 设置柱形图颜色与边框颜色后的效果

（6）选中插入的柱形图，双击青绿色的 2020 年柱形图，在“设置数据系列格式”窗格中设置“系列选项”参数，设置系列重叠为“0%”，间隙宽度为“80%”（见图 13-39），图表显示效果如图 13-40 所示。

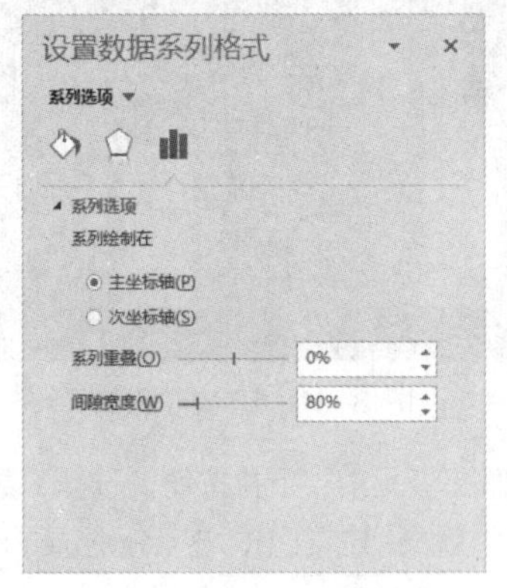

图13-39 设置“系列选项”参数

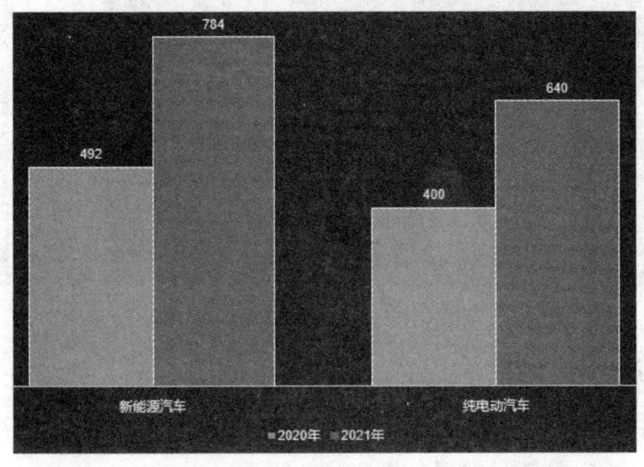

图13-40 设置系列重叠与间隙宽度后的效果

（7）最后，添加文本“单位：万辆”，依次再添加竖虚线与相关文本。

4. 内容页：多少城市汽车保有量超 300 万？

内容信息如下。*2021 年，全国 79 个城市汽车保有量超过 100 万辆。截至 2020 年底，北京、成都、重庆、苏州、上海、郑州、西安、武汉、深圳、东莞、天津、青岛、石家庄 13 市汽车保有量超过 300 万辆（见表 13-2）。*

本例的实现可以直接采用插入表格的方式，插入表格后，设置表格的相关属性，具体方法如下。

（1）按<Enter>键，新建一个幻灯片页面。

（2）选择“插入”→“表格”→“插入表格”选项，在弹出的“插入表格”对话框中，设置列数为“14”，行数为“2”，如图 13-41 所示，单击“确定”按钮即可插入表格。双击表格，在“表格样式”选项卡中，选择“中度样式 4-强调 3”选项，表格将实现快速改变样式，输入相关城市与文字后的效果如图 13-42 所示。

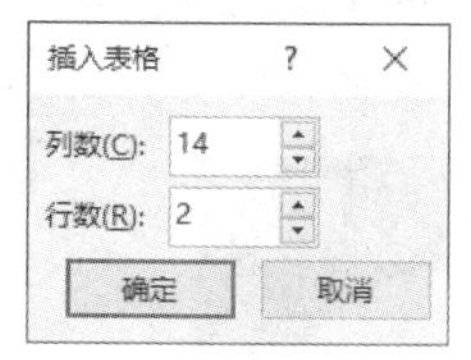

图13-41　“插入表格”对话框

城市	北京	成都	重庆	苏州	上海	郑州	西安	武汉	深圳	东莞	天津	青岛	石家庄
数量/万辆	603	545	504	443	440	403	373	366	353	341	329	314	301

图13-42　插入表格并设置样式后的效果

如果制作柱形图的话，方法与“新能源车有多少？”中的方法类似，页面效果如图 13-43 类似。当然，大家也可以使用绘图的方式进行绘制。

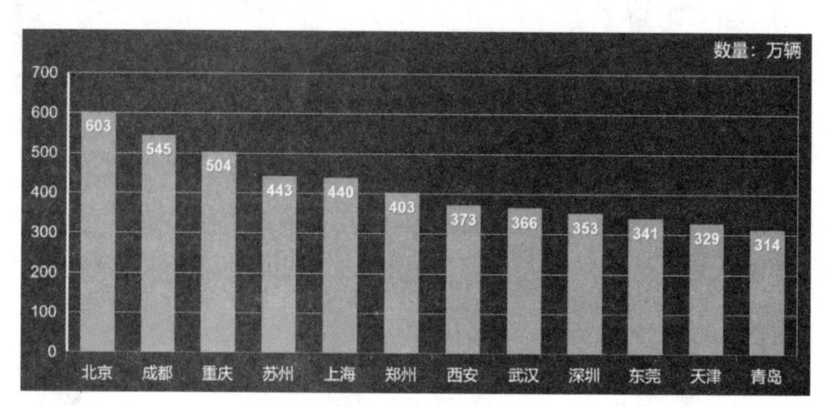

图13-43　插入柱形图的效果

5. 内容页：驾驶员有多少？

内容信息如下。*2021 年，全国机动车驾驶员数量达 4.81 亿人，其中汽车驾驶员达 4.44 亿人。新领证驾驶员 2750 万人，同比增长 23.25%。从性别看，男性驾驶员 3.19 亿人，女性驾驶员 1.62 亿人，男女驾驶员比例为 1.97∶1。*

本例重点展示驾驶员中的男女比例，采用饼图表现的方式较好，制作步骤如下。

（1）按<Enter>键，新建一个幻灯片页面。

（2）单击“插入”选项卡中的“图表”按钮，弹出“插入图表”对话框，选择“饼图”选项（见图 13-44），单击“插入”按钮，即可直接呈现饼图，如图 13-45 所示。

（3）同时会弹出数据表格，编辑并修改数据后，如图 13-46 所示，关闭编辑数据后，饼图效果如图 13-47 所示。

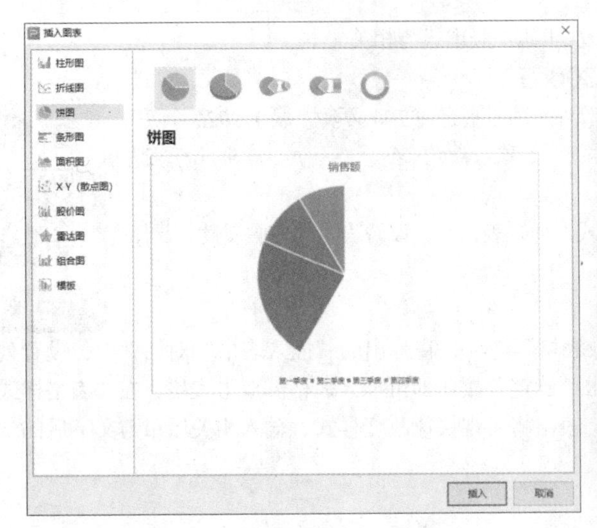

图13-44 “插入图表”对话框

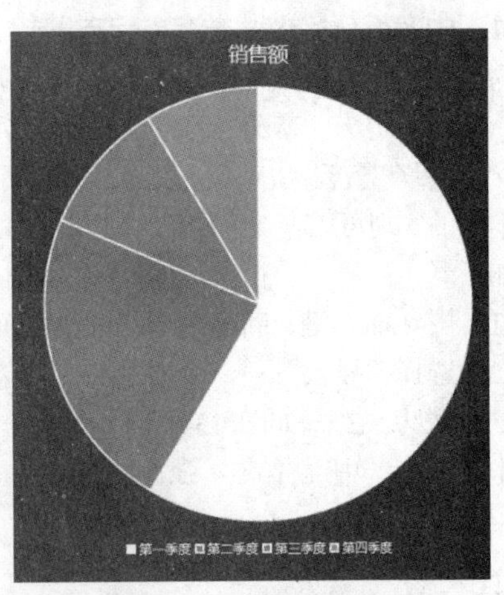

图13-45 插入的默认饼图

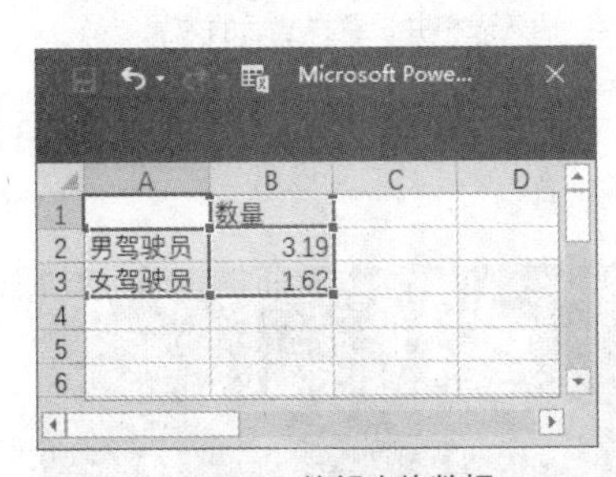

图13-46 编辑表格数据

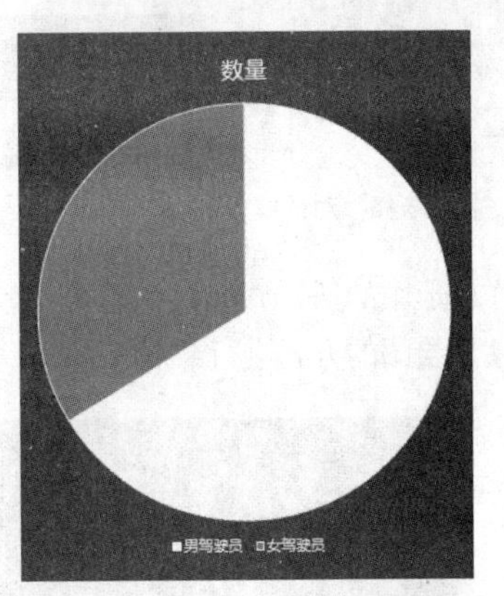

图13-47 修改后的饼图效果

（4）选中插入的饼图，右击，弹出快捷菜单，选择“设置数据系列格式”选项，在“系列选项”栏中设置“第一扇区起始角度”为“330°”，“点分离”为“2%”（见图 13-48），设置后效果如图 13-49 所示。

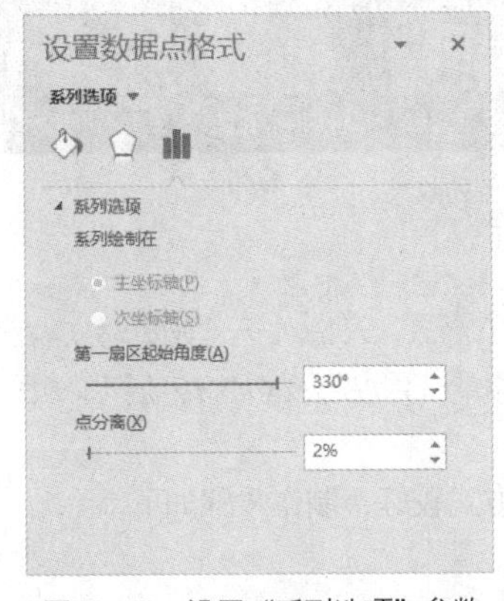

图13-48 设置“系列选项”参数

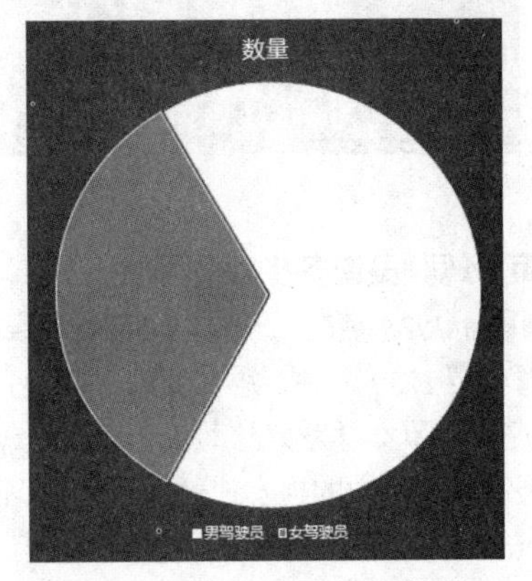

图13-49 设置系列选项后的效果

（5）选中标题，按<Delete>键将其删除，选中图例，将其删除。

（6）选中图表，单击“图表工具 | 设计”选项卡中的“添加图表元素”下拉按钮，选择“数据标签”级联菜单中的“数据标签外”选项，即可显示图表标签，设置数据标签颜色为白色。

（7）双击左侧白色图表标签，在“标签选项”的“标签包括”栏中勾选“类别名称”“值”“百分比”“显示引导线”“图例项标示”复选框，设置分隔符为“（新文本行）”，如图 13-50 所示，对右侧白色标签做同样的设置，页面效果如图 13-51 所示。

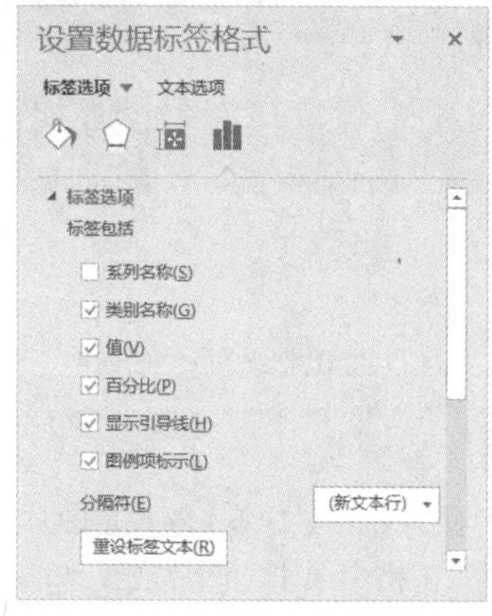

图13-50　设置标签选项

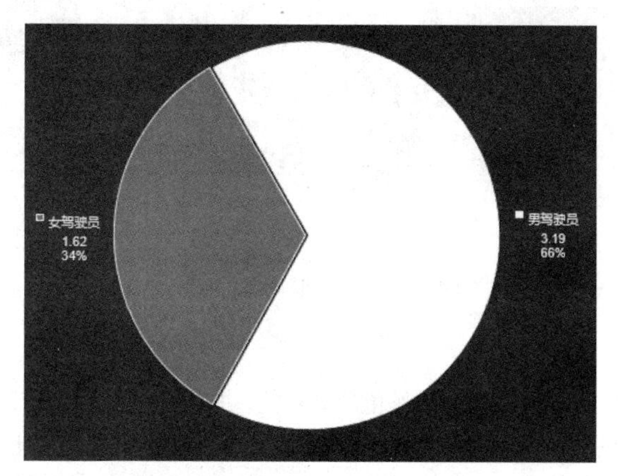

图13-51　设置标签选项后的效果

（8）为了更加直观，设置右侧男驾驶员扇形图表，修改其填充色为深蓝色，选择标签内容，设置文字大小为“18”；切换到“插入”选项卡，单击“图片”下拉按钮，弹出“插入图片”对话框，选择素材文件夹中的“男.png”图片，调整图片的位置，同样的方法插入“女.png”图片，调整图片的位置，以更清晰地表现男驾驶员与女驾驶员，页面效果如图 13-1（e）所示。

13.3　任务小结

本任务通过数据图表类 PPT 的制作，介绍了如何在 PowerPoint 中制作和编辑图表、插入表格等，帮助读者掌握关于数据统计的操作与应用。

13.4　经验技巧

下面介绍几个图表在演示中的使用经验与技巧。

13.4.1　表格的应用技巧

（1）表格式封面设计。

运用表格设计 PPT 的封面页面，效果如图 13-52 所示。

长白山自助游攻略

旅游爱好者

（a）纯文本与边框线条封面设计

（b）线条与背景图片结合文本的封面设计

图13-52　表格式封面设计

（c）线条与小背景图片结合文本的封面设计

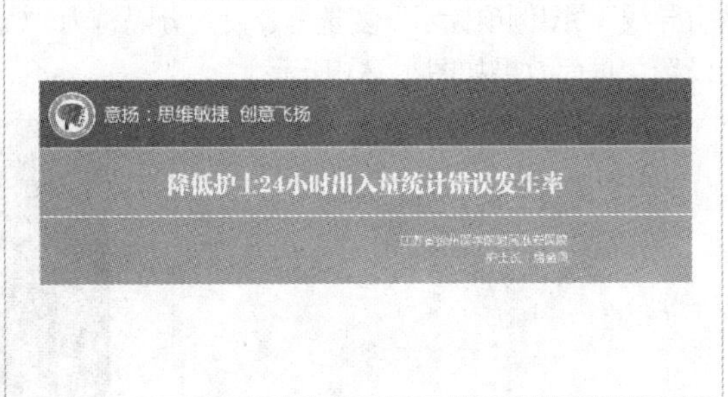

（d）仅使用边框线条的封面设计

图13-52 表格式封面设计（续）

这里主要运用了表格的颜色填充功能，并使用图片作为背景，对于图 13-52（b）的背景图片，需要选择表格，然后右击，选择“设置形状格式”选项，在“设置形状格式”窗格中单击“图片或纹理填充”单选按钮，选择“图片填充”下拉列表中的“本地文件”选项，选择所需图片，最后选择“放置方式”下拉列表中的“平铺”选项。

（2）表格式目录设计。

运用表格设计 PPT 的目录页面，效果如图 13-53 所示。

（a）表格为框架的左右结构的目录设计 1

（b）表格为框架的左右结构的目录设计 2

（c）表格为框架的上下结构的目录设计 1

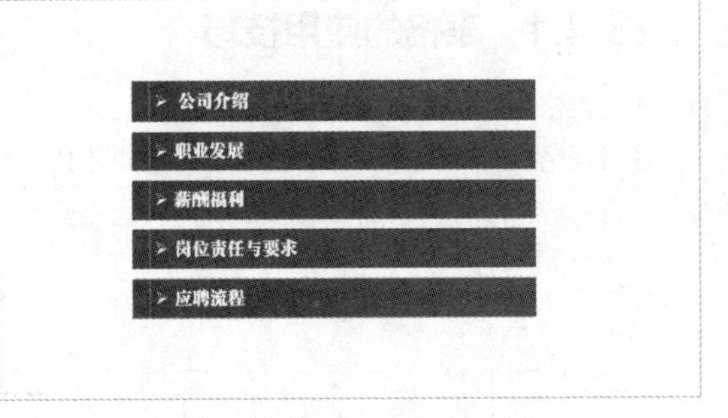

（d）表格为框架的上下结构的目录设计 2

图13-53 表格式目录设计

（3）表格的常规设计。

运用表格可以完成 PPT 的内容页面的常规设计，如图 13-54 所示。

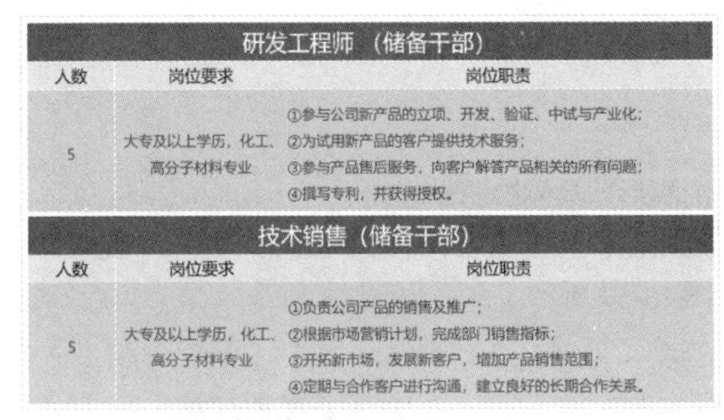

研发工程师（储备干部）		
人数	岗位要求	岗位职责
5	大专及以上学历，化工、高分子材料专业	①参与公司新产品的立项、开发、验证、中试与产业化； ②为试用新产品的客户提供技术服务； ③参与产品售后服务，向客户解答产品相关的所有问题； ④撰写专利，并获得授权。
技术销售（储备干部）		
人数	岗位要求	岗位职责
5	大专及以上学历，化工、高分子材料专业	①负责公司产品的销售及推广； ②根据市场营销计划，完成部门销售指标； ③开拓新市场，发展新客户，增加产品销售范围； ④定期与合作客户进行沟通，建立良好的长期合作关系。

（a）数据的展示 1

研发工程师（储备干部）		
人数	岗位要求	岗位职责
5	大专及以上学历，化工、高分子材料专业	①参与公司新产品的立项、开发、验证、中试与产业化； ②为试用新产品的客户提供技术服务； ③参与产品售后服务，向客户解答产品相关的所有问题； ④撰写专利，并获得授权。
技术销售（储备干部）		
人数	岗位要求	岗位职责
5	大专及以上学历，化工、高分子材料专业	①负责公司产品的销售及推广； ②根据市场营销计划，完成部门销售指标； ③开拓新市场，发展新客户，增加产品销售范围； ④定期与合作客户进行沟通，建立良好的长期合作关系。

（b）数据的展示 2

岗位职责与要求			
岗位名称	人数	岗位要求	岗位职责
研发工程师（储备干部）	5	大专及以上学历，化工、高分子材料专业	①参与公司新产品的立项、开发、验证、中试与产业化； ②为试用新产品的客户提供技术服务； ③参与产品售后服务，向客户解答产品相关的所有问题； ④撰写专利，并获得授权。
技术销售（储备干部）	5	大专及以上学历，化工、高分子材料专业	①负责公司产品的销售及推广； ②根据市场营销计划，完成部门销售指标； ③开拓新市场，发展新客户，增加产品销售范围； ④定期与合作客户进行沟通，建立良好的长期合作关系。

（c）表格的样式设计 1

岗位职责与要求	
研发工程师（储备干部）	技术销售（储备干部）
5名	5名
大专及以上学历，化工、高分子材料专业	大专及以上学历，化工、高分子材料专业
①参与公司新产品的立项、开发、验证、中试与产业化； ②为试用新产品的客户提供技术服务； ③参与产品售后服务，向客户解答产品相关的所有问题； ④撰写专利，并获得授权。	①负责公司产品的销售及推广； ②根据市场营销计划，完成部门销售指标； ③开拓新市场，发展新客户，增加产品销售范围； ④定期与合作客户进行沟通，建立良好的长期合作关系。

（d）表格的样式设计 2

图13–54　表格的常规应用设计

13.4.2　绘制自选图形的技巧

在制作演示文稿的过程中，对于一些具有说明性的图形内容，用户可以在幻灯片中插入自选图形，并根据需要对其进行编辑，从而使幻灯片达到图文并茂的效果。PowerPoint 提供的自选图形包括线条、矩形、基本形状、箭头总汇、公式形状、流程图、星与旗帜和标注等。下面以“易百米快递-创业案例介绍”为例，充分利用自选图形来制作一套模板，页面效果如图 13-55 所示。

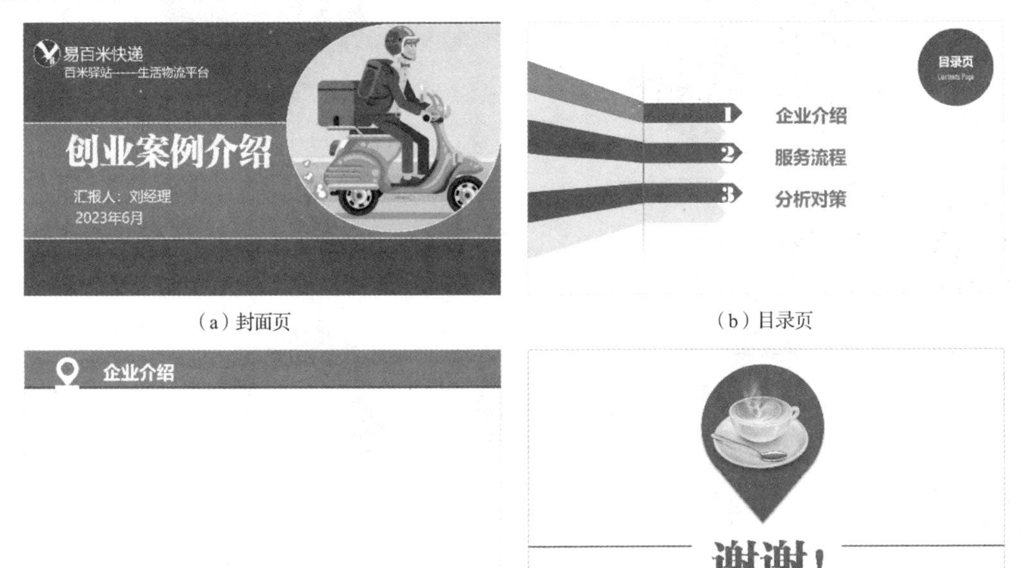

（a）封面页　（b）目录页

（c）内容页　（d）封底页

图13–55　易百米快递–创业案例介绍图形绘制模板

对图 13-55 进行分析，主要使用了自选绘制图形，例如矩形、泪滴形、任意多边形等，还使用了图形绘制的“合并形状”功能。

1．绘制泪滴形

在图 13-55 中的封面页、内容页、封底页都使用了泪滴形，具体绘制方式如下。

切换到“插入”选项卡，单击选项卡中“形状”下拉按钮，选择“基本形状”栏的“泪滴形”选项，如图 13-56 所示，在页面中拖动鼠标绘制一个泪滴形，如图 13-57 所示。

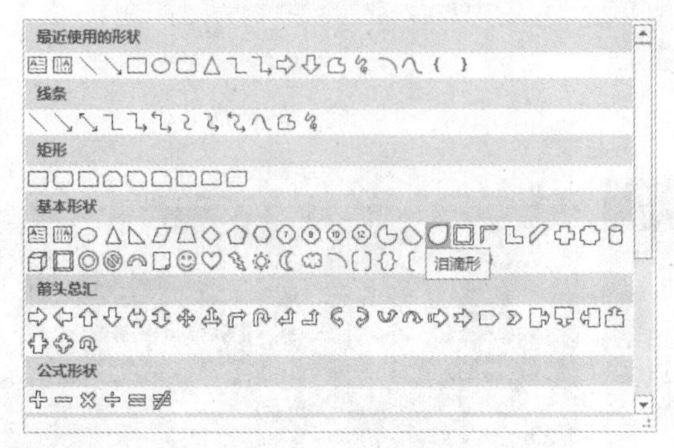

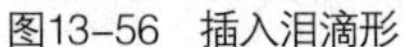

图13-56　插入泪滴形

图13-57　插入泪滴形后的效果

选择绘制的泪滴形，设置图形的格式，给图形进行图片填充（素材文件夹下的“封面图片.jpg”），效果如图 13-58 所示。

封底页中的泪滴形的制作思路：选择绘制的泪滴形，将其旋转至尖角向下（135°），然后插入图片放置在泪滴形中，效果如图 13-59 所示。

图13-58　封面页中的泪滴形效果

图13-59　封底页中的泪滴形效果

2．图形的“合并形状”功能

图 13-55 所示的内容页的空心泪滴形的设计示意如图 13-60 所示。

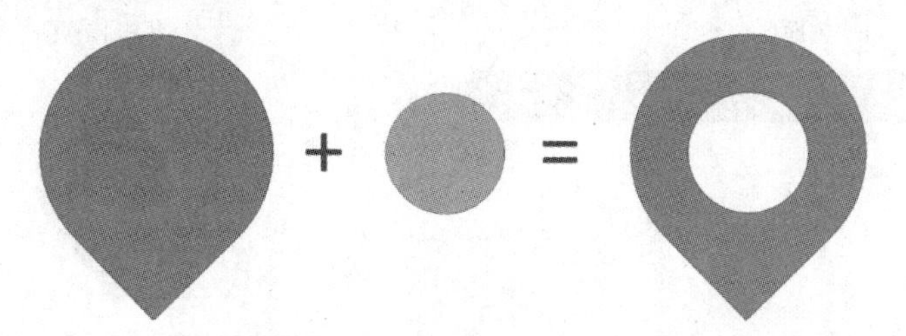

图13-60　空心泪滴形的设计示意

图 13-60 的绘制思路是先绘制一个泪滴形，然后绘制一个圆形，将圆形放置在泪滴形中，再调整位置，使用鼠标先选择泪滴形，最后选择圆形，如图 13-61 所示。

切换到“绘图工具”格式选项卡，单击“插入形状”下的“合并形状”下拉按钮，选择“剪除”选项（见图 13-62）就可以完成空心泪滴形的绘制。

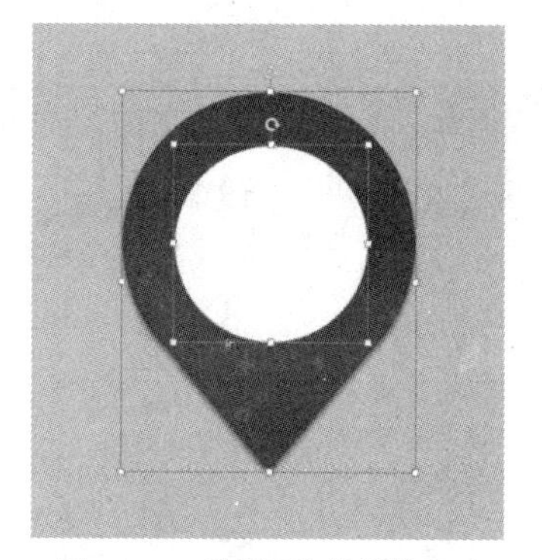

图13-61　选择两个绘制的图形

图13-62　“剪除”选项

此外，还可以练习使用形状结合、形状相交、形状组合等功能。

3. 绘制自选图形

在图 13-55 中的目录页主要使用了图 13-56 中的“任意多边形”（“线条”栏中，倒数第 2 个）图形实现。选择“任意多边形”选项，依次绘制 4 个点，闭合后即可形成四边形，如图 13-63 所示。按照此法即可完成目录页中图形的绘制，如图 13-64 所示。

图13-63　绘制任意多边形

图13-64　绘制的立体图形效果

在幻灯片中绘制图形完成后，大家还可以在所绘制的图形中添加一些文字进行说明，进而诠释幻灯片的含义。

4. 设置叠放次序

在幻灯片中插入多张图片后，用户可以根据排版的需要，对图片的叠放次序进行设置。可以选择相应的对象，右击，在弹出的快捷菜单中选择“置于底层”选项，如果要实现置顶效果就选择“置于顶层”选项。

13.4.3 SmartArt 图形的应用技巧

SmartArt 图形是信息和观点的视觉表现形式，通过不同形式和布局的图形代替枯燥的文字，快速、轻松、有效地传达信息。

微课 13-11

SmartArt 的应用

SmartArt 图形在幻灯片中有两种插入方法，一种是直接在“插入”选项卡中单击“SmartArt”按钮；另一种是先用文字占位符或文本框将文字输入完成，然后再利用转换的方法将文字转换成 SmartArt 图形。

下面以绘制一张循环图为例介绍如何直接插入 SmartArt 图形。

（1）打开需要插入 SmartArt 图形的幻灯片，切换到“插入”选项卡，单击“插图”功能组中的“SmartArt”按钮，如图 13-65 所示。

（2）弹出“选择 SmartArt 图形”对话框，在左侧列表中选择“循环”选项，在中间的列表框中选择一种图形样式，这里选择“基本循环”图形，如图 13-66 所示，完成后单击“确定”按钮，插入“基本循环”图形后效果如图 13-67 所示。

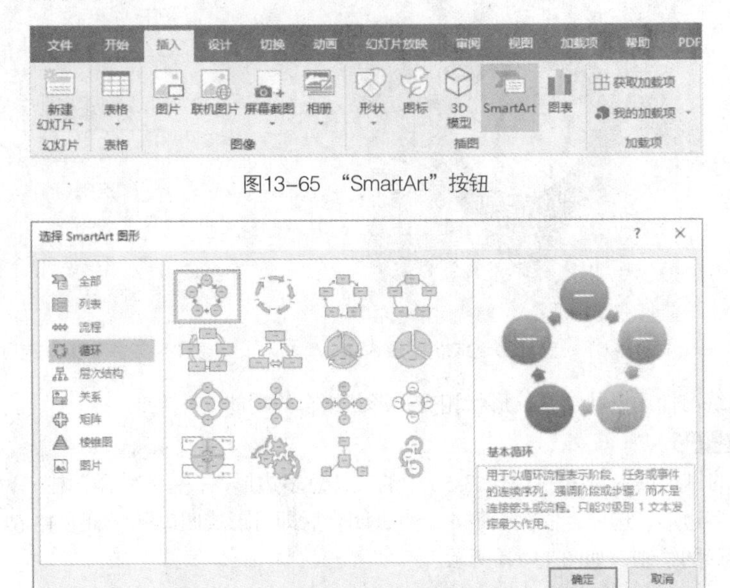

图13-65 “SmartArt”按钮

图13-66 “选择SmartArt图形”对话框

注意：SmartArt 图形包括了“列表”“流程”“循环”“层次结构”“关系”和“棱锥图”等很多分类。

（3）幻灯片中将生成一个结构图，结构图默认由 5 个形状对象组成，大家可以根据实际需要进行调整，如果要删除形状，只需要在选中某个形状后按<Delete>键即可，如果要添加形状，则在某个形状上右击，在弹出的快捷菜单中选择“添加形状”下拉列表中的“在后面添加形状”选项即可。

（4）设置好 SmartArt 图形的结构后，接下来在每个形状对象中输入相应的文字，最终效果如图 13-68 所示。

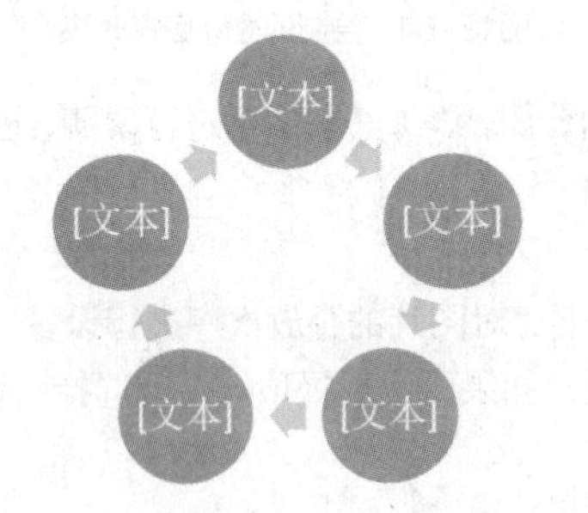

图13-67 插入“基本循环”图形后效果

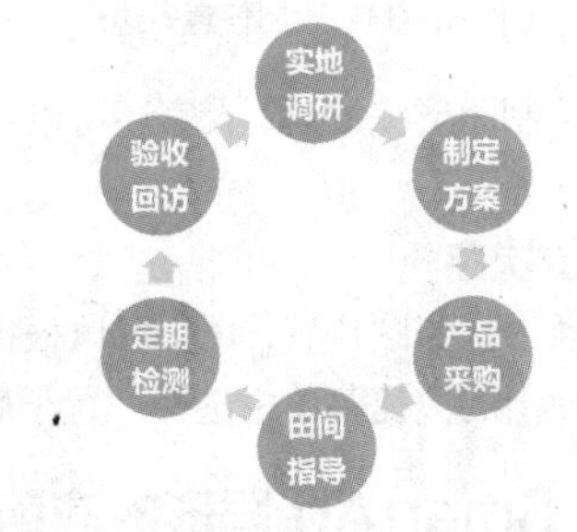

图13-68 修改文本信息后的SmartArt图形

13.5 拓展训练

根据以下两段文字，结合 PPT 的图表制作技巧与方法设计并制作 PPT 演示文稿。

节选如下。

第一段：多点发力 提升师生信息素养

师生信息素养是衡量智慧校园建设成效的一个核心指标。学校以“推进新一代信息技术与教育教学高度融合”为主线，以做好信息化培训与职业技能大赛为抓手，以提升师生“信息意识、信息知识、信息能力、信息道德”为目标，构

建起具有校本特色的"一主两抓四提升"的师生信息化素养提升体系。

第二段：多维服务 赋能发展

学校还依托智慧校园科技云与资源库等优势资源，建成各类省级科技服务平台 14 个，服务区域经济社会发展，助力一二三产转型升级。通过学校省级"面向高效设施农业信息化技术服务平台"，实施数字农业服务乡村振兴行动，带动区域农业增产增收 2.3 亿元，获省政府农业科技推广奖。通过学校"教学具产业数字化公共技术服务平台""教育装备产业集群服务平台"省级平台，实施服务区域教育装备产业转型升级行动，带动企业增收 1.2 亿元。通过省级现代服务业（软件产业）发展专项资金项目"浮动车大数据增值服务平台"，实施云计算服务盐化工等产业装备健康与故障预测行动。通过省重点研发计划（社会发展）立项项目大数据融合技术在白马湖保护中的应用与科技示范，服务智慧生态，助力区域经济绿色发展。

最终效果如图 13-69 所示。

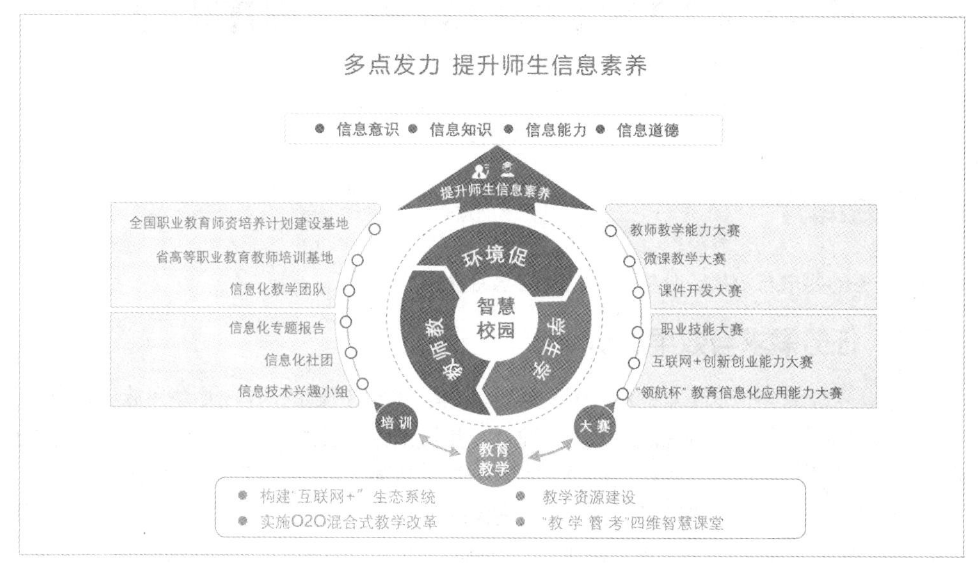

（a）多点发力 提升师生信息素养

（b）多维服务 赋能发展

图13-69　依据文字完成的PPT效果

任务 14

诚信宣传展示动画制作

14.1 任务简介

下面展示任务的要求与效果，分析任务完成的学习目标。

14.1.1 任务需求与效果展示

诚实守信是人类千百年传承下来的优良道德品质。诚信是个人道德的基石，中华民族更是把诚信作为人的立足之本，认为人无信不立。在一般意义上，"诚"即诚实诚恳，主要指主体真诚的内在道德品质；"信"即信用信任，主要指主体"内诚"的外化。"诚"更多地指"内诚于心"，"信"则侧重于"外信于人"。"诚"与"信"组合，就形成了一个内外兼备、具有丰富内涵的词汇，其基本含义是诚实无欺，讲求信用。

本案例利用 PowerPoint 的动画功能，制作一个公益动画片头，效果如图 14-1 所示。

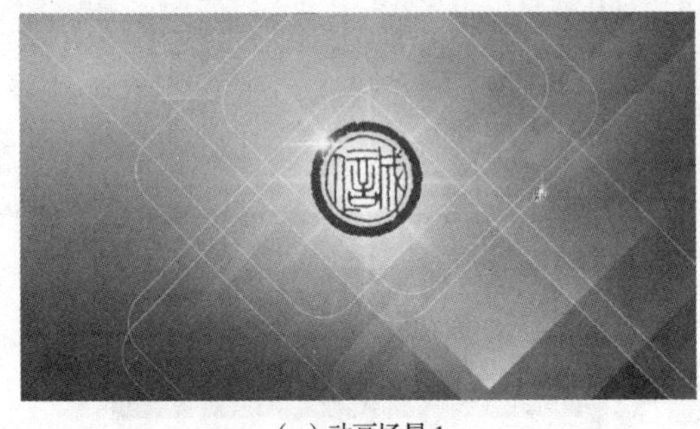

（a）动画场景 1

（b）动画场景 2

图14-1 诚信宣传动画效果图

素养小贴士

社会主义核心价值观——诚信

诚信是公民道德的基石，既是做人做事的道德底线，也是社会运行的基本条件。现代社会不仅是物质丰裕的社会，也应是诚信有序的社会；市场经济不仅是法治经济，也应是信用经济。"人而无信，不知其可也"。失去诚信，个人就会失去立身之本，社会就脱离运行之轨。

14.1.2　任务目标

知识目标：

- 了解动画的概念与作用；
- 了解动画的原理与使用原则。

技能目标：

- 掌握演示文稿中动画的使用；
- 掌握演示文稿中插入音视频多媒体的方法；
- 掌握演示文稿如何导出为视频格式。

素养目标：

- 提升创新意识；
- 提高分析问题、解决问题的能力。

14.2　任务实现

本任务主要使用路径动画、多媒体元素（例如音频以及视频）的输出等。

14.2.1　插入文本、图片、背景音乐相关元素

利用插入文本、图形、图像等元素的方法插入相关元素，具体步骤如下。

（1）在幻灯片编辑区右击，选择“设置背景格式”选项，在“设置背景格式”窗格中单击“填充”栏中的“图片或纹理填充”单选按钮，在“图片填充”下拉列表中选择“本地文件”选项，选择素材文件夹中的“橙色背景.jpg”图片。

（2）切换到“插入”选项卡，单击“图片”下拉按钮，弹出“插入图片”窗口，选择素材文件夹中的“诚信篆刻.png”图片，用同样的方法插入图片“光线.png”，调整两幅图片的位置，效果如图 14-2 所示。

（3）切换到“插入”选项卡，单击“形状”下拉按钮，选择“线条”栏中的“直线”选项，在页面中拖动鼠标绘制一条直线，设置直线颜色为白色，复制直线，调整其位置，效果如图 14-3 所示。

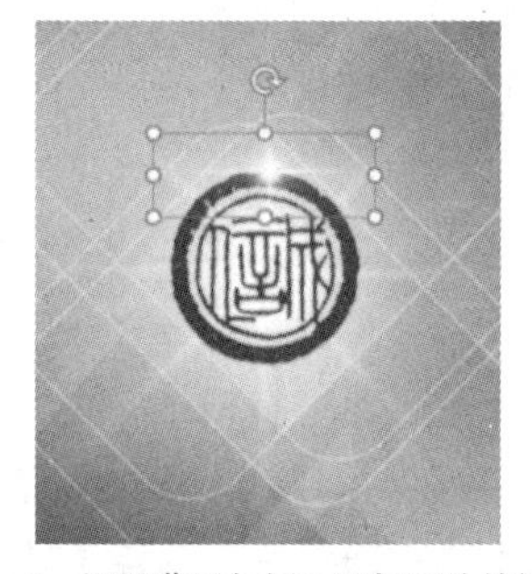

图14–2　设置背景与插入两幅图片的效果

图14–3　插入两条直线效果

（4）在“插入”选项卡中，单击“文本框”下拉按钮，在下拉列表中选择“绘制横排文本框”选项，此时鼠标指针会变成“+”形状，拖动鼠标即可绘制一个横排文本框，在其中输入“内诚于心 外信于人”，设置字体为“幼圆”，字体大小为“53”，文本颜色为白色。

（5）在“插入”选项卡中，单击“音频”下拉按钮（见图 14-4），在下拉列表中选择“PC 上的音频”选项，弹出“插入音频”对话框，选择素材文件夹中的“背景音乐.wav”，调整插入的所有元素的位置后，页面效果如图 14-5 所示。

图14-4 “音频”下拉按钮

图14-5 插入图片、文本、音乐后的效果

（6）双击编辑区的音频按钮，在“音频工具”功能组中，将音频触发方式由默认的“按照单击顺序”修改为“自动”，如图 14-6 所示。

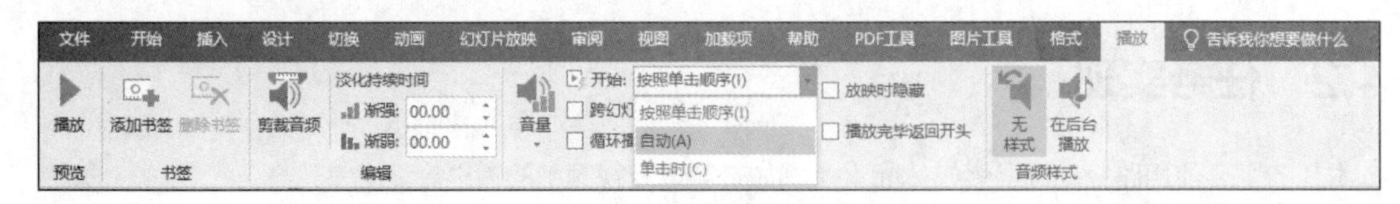

图14-6 设置音频触发方式

14.2.2 动画的构思设计

依据图 14-5 中的图像元素，构思各个元素的入场动画顺序，同时播放背景音乐。动画的构思如图 14-7 所示。

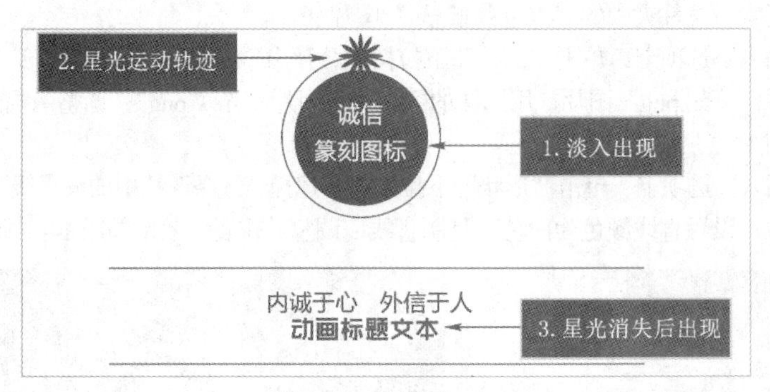

图14-7 动画构思

14.2.3 制作入场动画

依据动画构思，制作各个元素的入场动画，具体步骤如下。

（1）选择图片“诚信篆刻.png”，切换到“动画”选项卡，设置动画为“淡入”，如图 14-8 所示。

图14-8 选择动画形式

（2）选择“星光.png”图片，切换到“动画”选项卡，设置动画为“淡出”。再单击“添加动画”下拉按钮，选择“动作路径”栏中的“形状”选项，如图 14-9 所示。

（3）将路径动画的大小调整到与“诚信篆刻.png”大小一致，将路径动画的起止点调整到“星光.png”的位置，如图 14-10 所示。

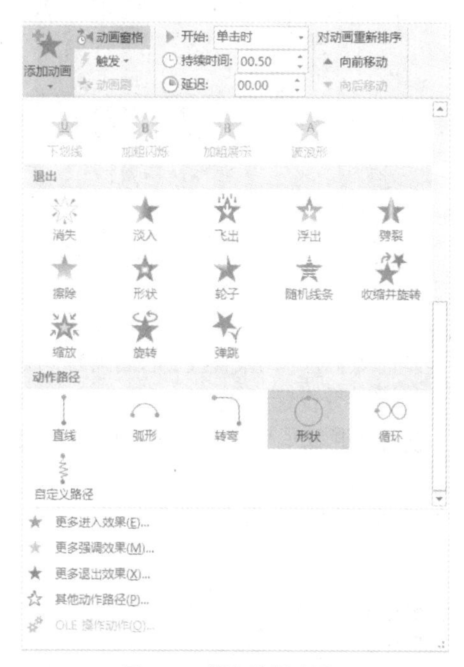

图14-9　添加路径动画

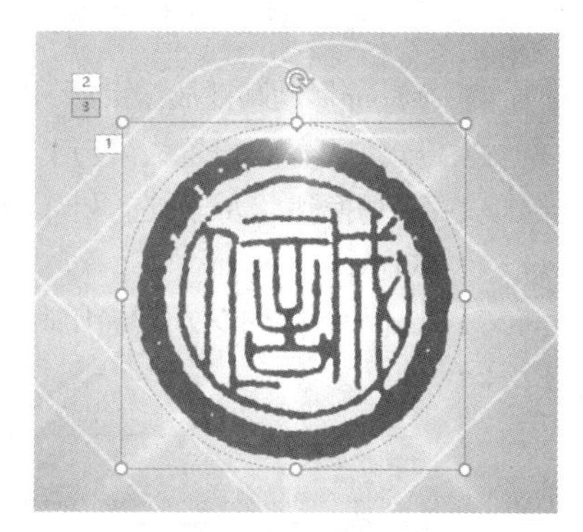

图14-10　调整路径动画

（4）切换到“动画”选项卡，在“高级动画”功能组中单击“动画窗格”按钮。将“诚信篆刻.png”淡入动画触发方式“开始”设置为“与上一动画同时”，将“星光.png”淡出动画和路径动画触发方式“开始”设置为“与上一动画同时”，将“延迟”设置为“00.50 秒”，如图 14-11 所示。“动画窗格”界面如图 14-12 所示。

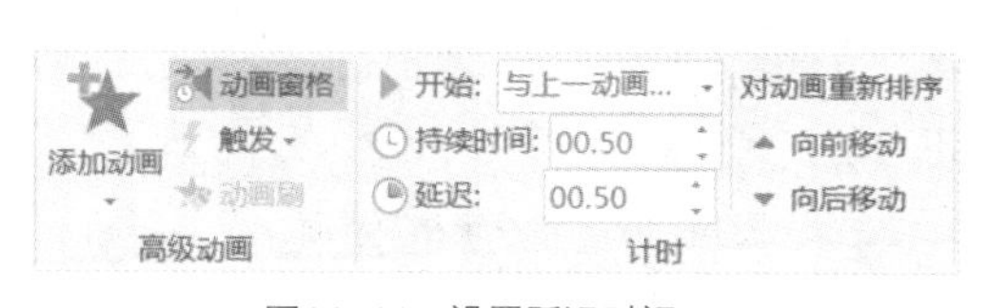

图14-11　设置延迟时间

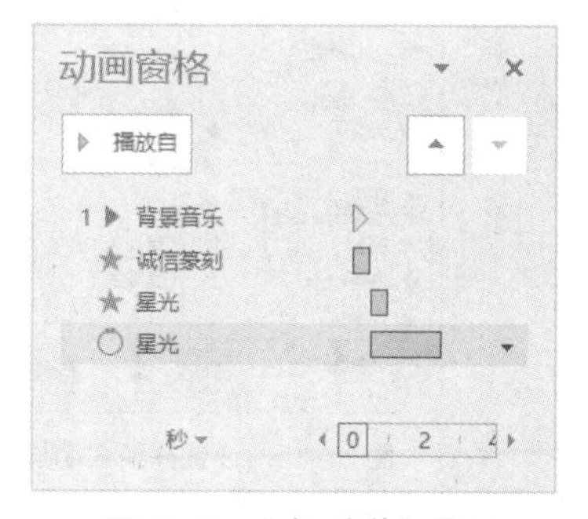

图14-12　“动画窗格”界面

（5）在“星光.png”路径动画结束后让其消失，选择“星光.png”图片，再次单击“添加动画”下拉按钮，选择“退出”栏中的“淡入”。

（6）继续选择“星光.png”图片，再次单击“添加动画”下拉按钮，选择“强调”栏中的“放大/缩小”选项，将效果设置为“巨大”。将退出动画和强调动画的触发方式“开始”设置为“与上一动画同时”，持续时间设置为“02.00”。将延迟时间设置在星光路径动画结束之后，设置延迟时间为“02.50 秒”，如图 14-13 所示，“动画窗格”界面如图 14-14 所示。

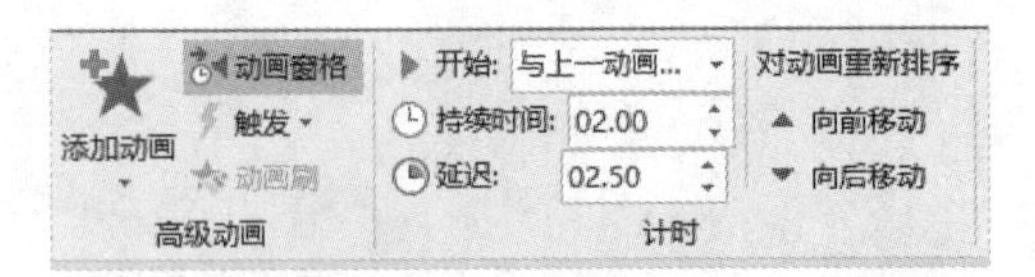

图14–13　设置延迟时间

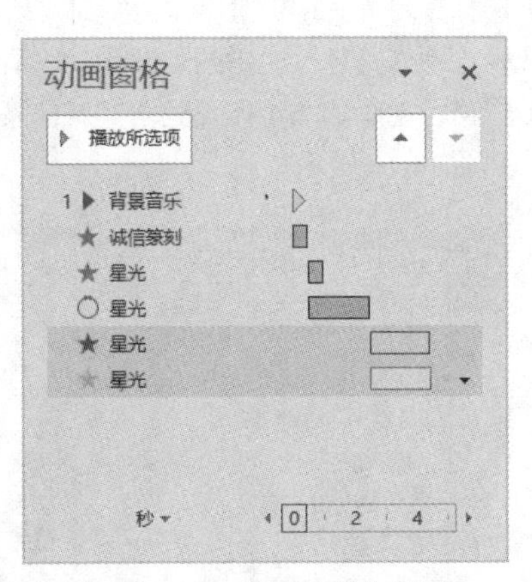

图14–14　“动画窗格”界面

（7）“诚信篆刻.png”动画播放结束后，文字部分出场。设置文字上下两条直线形状动画为“淡入”。将淡入动画的触发方式“开始”设置为“与上一动画同时”，将“延迟”设置为“03.00”。

（8）选择文字，切换到“动画”选项卡，在动画列表框中选择“更多进入效果”选项，将动画设置为“挥鞭式”，如图 14-15 所示。

（9）将文字部分动画的触发方式“开始”设置为“与上一动画同时”，将“延迟”设置为“03.00”，如图 14-16 所示。

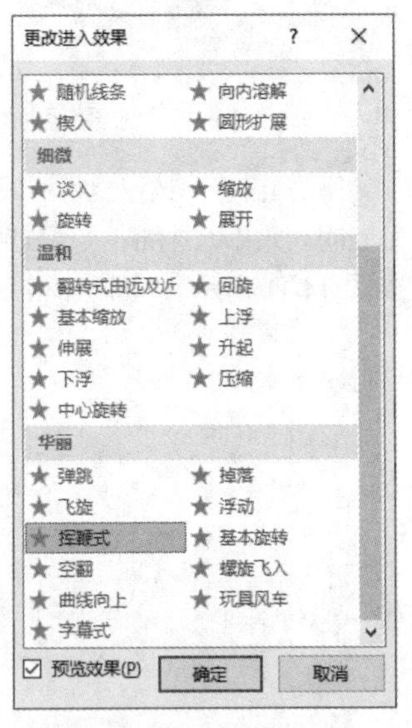

图14–15　设置挥鞭式动画

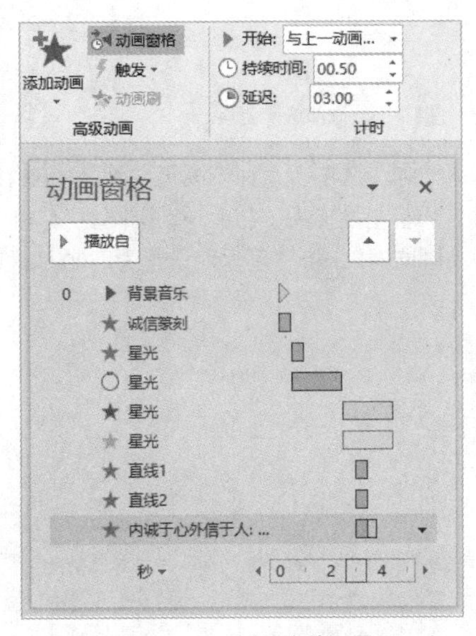

图14–16　“动画窗格”界面

（10）最后，单击“动画”选项卡中的“预览”下拉按钮预览动画效果。

14.2.4　输出片头动画视频

片头制作完成后，可以保存为.pptx 演示文稿文件，用 PowerPoint 打开。也可以保存为.wmv 格式的视频文件，用视频播放器打开。保存为.wmv 格式视频文件具体方法如下。

选择“文件”→“另存为”选项，设置保存类型为“Windows Media 视频（*.wmv）”，填写文件名即可，如图 14-17 所示。

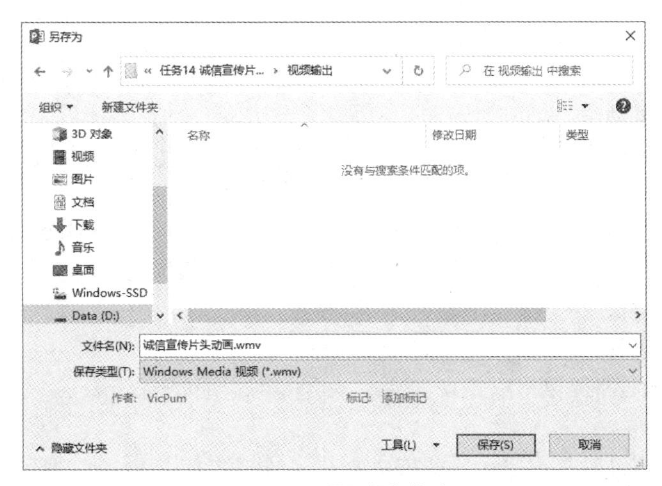

图14–17　设置保存类型

14.3　任务小结

本任务通过动画的制作，介绍了 PPT 中动画的设计原则、动画效果、PPT 片头的输出等。实际操作中要选取恰当的片头动画的制作策略，片头动画中素材要高质量、高分辨率、格式恰当，片头的制作要能举一反三，不断创新。

下面介绍一些关于动画的分类与使用技巧。

1. PPT 动画的分类

在 PowerPoint 中，动画主要分为进入动画、强调动画、退出动画和动作路径动画四类，此外，还有幻灯片切换动画。这些动画满足了用户对幻灯片中的文本、图形、表格等对象添加不同的动画效果的需求。

微课 14-4

PPT 动画的分类

进入动画：进入动画是对象从“无”到“有”。在触发动画之前，被设置进入动画的对象是不出现的，在触发之后，它或它们采用何种方式出现呢？这就是进入动画要解决的问题。比如设置对象动画效果为进入动画中的“擦除”效果，可以实现对象从某一方向一点一点出现的效果。进入动画在 PPT 中一般使用绿色图标标识。

强调动画：“强调”对象从“有”到“有”，前面的“有”是对象的初始状态，后面的“有”是对象的变化状态。这样两个状态上的变化，起到了对对象强调突出的作用。比如设置对象为强调动画中的“放大/缩小”效果，可以实现对象从小到大（或设置从大到小）的变化过程，从而达到强调的效果。PPT 中进入动画一般使用黄色图标标识。

退出动画：退出动画与进入动画正好相反，它可以使对象从“有”到“无”。触发后的动画效果与进入效果正好相反，对象在没有触发动画之前，显示在屏幕上，而当其被触发后，则从屏幕上以某种设定的效果消失。如设置对象动画效果为退出动画中的“切出”效果，则对象在动画触发后会逐渐地从屏幕上某处切出，从而消失在屏幕上。退出动画在 PPT 中一般使用红色图标标识。

动作路径动画：对象沿着某条路径运动的动画。在 PPT 中，将对象动画效果设置成“动作路径”动画效果即可。比如设置对象动画效果为“动作路径”中的“向右”效果，则对象在动画触发后会沿着设定的方向线移动。

微课 14-5

动画的衔接、叠加与组合

2. 动画的衔接、叠加与组合

动画的使用讲究自然、连贯，要想恰当地运用动画，使动画看起来自然、简洁，使动画整体效果赏心悦目，就必须掌握动画的衔接、叠加和组合。

（1）衔接。

动画的衔接是指在一个动画执行完成后紧接着执行其他动画，即设置“从上一项之后开始”。衔接动画可以是同一个对象的不同动作，也可以是不同对象的多个动作。

片头星光图片先淡入，再按照圆形路径旋转，最后淡入消失，就是动画的衔接关系。

（2）叠加。

对动画进行叠加，就是让一个对象同时执行多个动画，即设置“从上一项开始”。叠加可以是一个对象的不同动作，也可以是不同对象的多个动作。几个动作进行叠加之后，效果会变得非常不同。

动画的叠加是富有创造性的过程，它能够衍生出全新的动画类型。两种非常简单的动画进行叠加后产生的效果可能会非常不可思议。

例如：路径+陀螺旋、路径+淡出、路径+擦除、淡出+缩放、缩放+陀螺旋等。

（3）组合。

组合动画让画面变得更加丰富，是让简单的动画从量变到质变的手段。一个对象如果使用浮入动画，看起来非常普通，但是二十几个对象同时浮入时感觉就不同了。

组合动画通常需要对动作的时间、延迟进行精心的调整，另外需要充分利用动作的重复，否则就会事倍功半。

14.4 经验技巧

14.4.1 综合实例：手机划屏动画

手机划屏动画是图片的擦除动画与手的划动动画的组合动画。大家可以首先实现图片的擦除效果，然后制作手的运动动画，具体步骤如下。

1. 图片擦除动画的实现

（1）启动“PowerPoint”软件，新建一个 PPT 文档，命名为“手机划屏动画.pptx”，设置渐变色（浅橙色到白色）作为背景。

（2）选择“插入”→“图片”选项，弹出“插入图片”对话框，依次选择素材文件夹中的“手机.png”“葡萄与葡萄酒.jpg”两幅图片，单击“插入”按钮，完成图片的插入操作，调整其位置后效果如图 14-18 所示。

图14-18 图片的位置与效果

（3）继续选择“插入”→“图片”选项，弹出“插入图片”对话框，选择素材文件夹中的“葡萄酒.jpg”图片，单击“插入”按钮，完成图片的插入操作。调整其位置，使其完全覆盖在“葡萄与葡萄酒.jpg”图片上，效果如图 14-19 所示。

（4）选择图片“葡萄酒.jpg”，然后选择“动画”→“进入”→“擦除”选项，设置其动画的“效果选项”为“自右侧”，同时修改动画的开始方式为“与上一动画同时”，延迟时间为“00.75”，设置如图 14-20

所示。可以单击“预览”下拉按钮预览动画效果，也可以单击“幻灯片放映”→“从当前幻灯片开始”按钮预览动画。

图14-19 图片的位置与效果

图14-20 动画的参数设置

2. 手划屏动画的实现

（1）选择“插入”→“图片”选项，弹出“插入图片”对话框，选择素材文件夹中的“手.png”图片，单击“插入”按钮，完成图片的插入操作，调整其位置后效果如图 14-21 所示。

图14-21 插入手的图片

（2）选择“手”的图片，然后选择“动画”→“进入”→“飞入”选项，实现手的进入动画为自底部飞入。但需要注意，单击“预览”下拉按钮预览动画效果，“葡萄酒”的擦除动画执行后，单击鼠标后手才能自屏幕下方出现，显然，两个动画的衔接不合理。

（3）切换至“动画”选项卡，单击“动画窗格”按钮，弹出“动画窗格”窗格，如图 14-22 所示。在“动画”选项卡中，设置“手”的动画开始方式为“与上一动画同时”，然后在图 14-22 中选择“手”（图片 1）将其拖动到“葡萄酒”（图片 4）上，最后，选择“葡萄酒”（图片 4）的动画，设置开始方式为“上一动画之后”，调整后的动画窗格如图 14-23 所示。

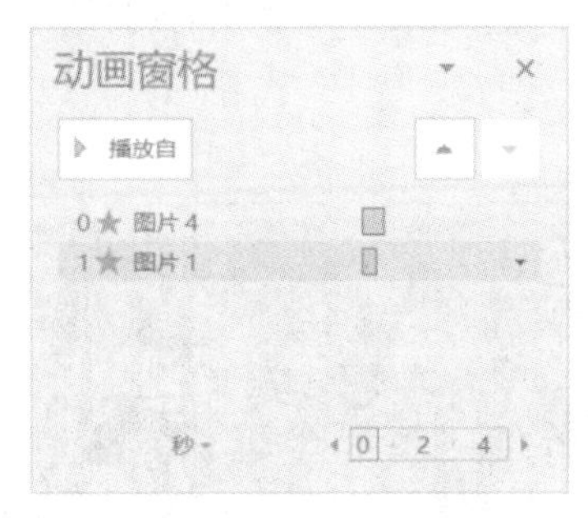

图14-22 调整前的“动画窗格”

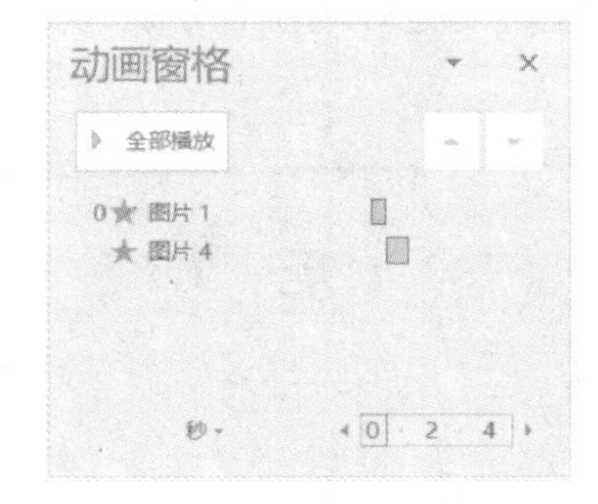

图14-23 前后衔接合理的“动画窗格”

（4）选择“手”的图片，选择“动画”→“添加动画”→“其他动作路径”选项，弹出“更改动作路径”对话框，选择“直线和曲线”中的“向左”选项，设置动画后的效果如图 14-24 所示，其中，绿色三角形表示动画的起始位置，红色箭头表示动画的结束位置，由于动画结束的位置比较靠近画面中间，所以，使用鼠标选择红色三角形向左拖动，如图 14-25 所示。

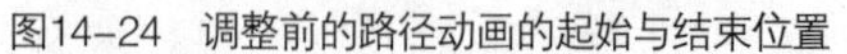

图14-24 调整前的路径动画的起始与结束位置

图14-25 调整后的路径动画的起始与结束位置

注意：当同一对象有多个动画效果时，需要使用“添加动画”功能。

（5）选择“手”的图片的“动作路径”动画，设置开始方式为“与上一动画同时”，设置动画的持续时间为“00.75”，此时“计时”功能组如图 14-26 所示，“动画窗格”窗格如图 14-27 所示。单击“预览”下拉按钮可以预览动画效果。

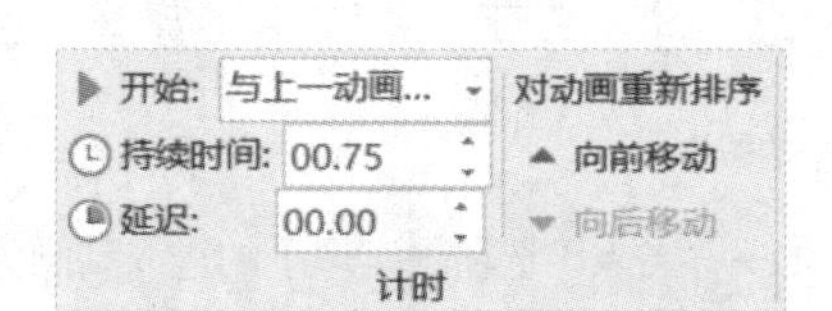

图14-26 动画的“计时”功能组

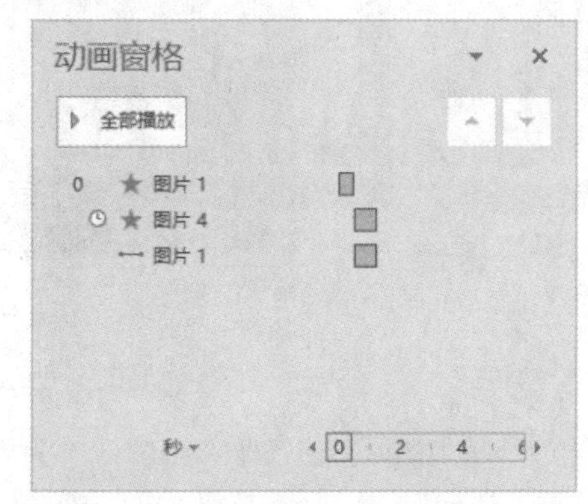

图14-27 调整后的“动画窗格”

注意：手动的横向运动与图片的擦除动画就是两个对象的组合动画。

（6）选择“手”的图片，选择“动画”→“添加动画”→“飞出”选项，设置“飞出”动画的开始方式为“上一动画之后”，再选择“动画”→“添加动画”→“淡出”选项，设置“淡出”动画的开始方式为“与上一动画同时”，此时“动画窗格”窗格如图 14-28 所示。单击“预览”下拉按钮可以预览动画效果，如图 14-29 所示，这样便通过动画叠加的方式，实现了“手”一边飞出，一边淡出的效果。

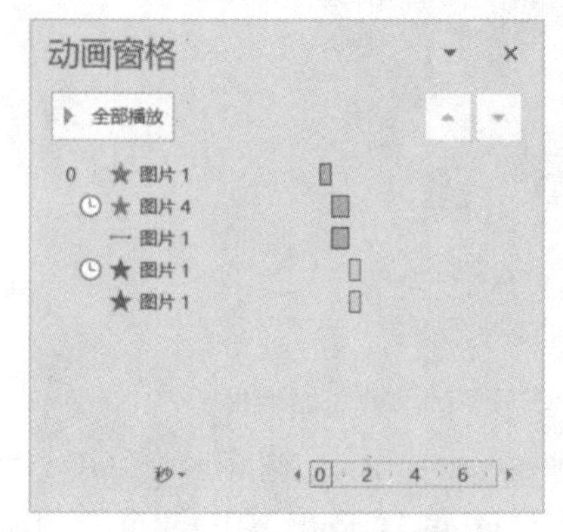

图14-28 整体的“动画窗格”

图14-29 动画效果

3. 划屏动画的前后衔接控制

动画的前后衔接控制也就是动画的时间控制，通常有两种方式。

第一种：通过“单击时”“与上一动画同时”“上一动画之后”控制。

第二种：通过“计时”功能组中的“延迟”时间来控制，它的根本思想是所有动画的开始方式都为“与上一动画同时”，通过“延迟”时间来控制动画的播放时间。

第一种衔接控制方式在后期动画调整时不是很方便，例如添加或者删除元素时；而第二种方式相对比较灵活，建议大家使用第二种方式。

具体的操作方式如下。

（1）在“动画窗格”窗格中选择所有动画效果，设置开始方式为“与上一动画同时”，此时的“动画窗格”如图 14-30 所示。

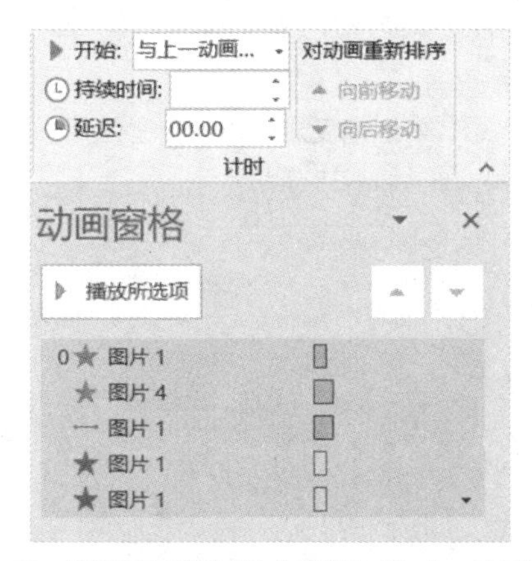

图14-30　设置所有动画开始方式都为“与上一动画同时”

（2）由于图片 4（葡萄酒）的“擦除”动画与图片 1（手）的向左移动动画是同时的，所以选择图 14-30 中的第 2、3 两个动画，设置其“延迟”时间都为“00.50”，“动画窗格”界面如图 14-31 所示。

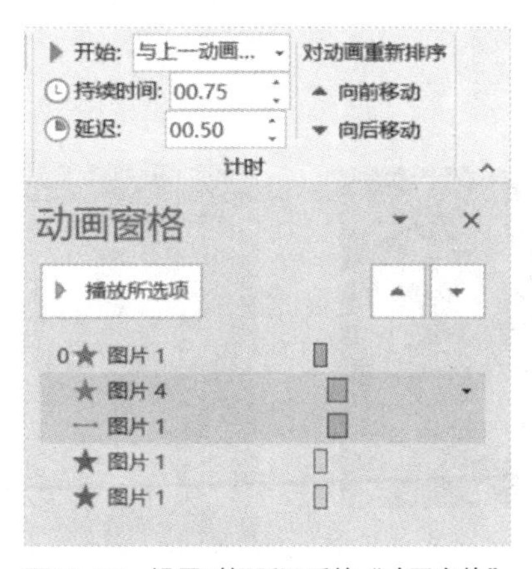

图14-31　设置时间延迟后的“动画窗格”

（3）由于“手”的动画最后为边消失边飞出，所以两者的延迟时间也是相同的，由于手的动画出现在 0.5 秒，划动过程为 0.75 秒，所以“手”的动画消失的“延迟”时间是“01.25”。选择图 14-30 中的第 4、5 两个动画，设置其“延迟”时间都为“01.25”。

4. 其他几幅图片的划屏动画制作

（1）选择“葡萄酒”与“手”两幅图片，按<Ctrl+C>快捷键复制这两幅图片，然后按<Ctrl+V>组合键粘贴两幅图片，使用鼠标将两幅图片与原来的两幅图片对齐。

（2）单独选择刚刚复制的“葡萄酒”图片，然后右击，选择“更改图片”选项，选择素材文件夹中的“红酒葡萄酒.jpg”，打开“动画窗格”窗格，分别设置新图片（复制的“手”）与“红酒葡萄酒.jpg”的延迟时间。

（3）采用同样的方法再次复制图片（“红酒葡萄酒”和复制的“手”），使用素材文件夹中的“红酒.jpg”图片，最后调整不同动画的延迟时间即可。

14.4.2 PPT 中的视频的应用

添加 PC 上的视频就是将计算机中已存在的视频插入演示文稿中，具体方法如下。

（1）打开“视频的使用.pptx”，切换至“插入”选项卡，在“媒体”功能组中单击“视频”下拉按钮，在弹出的下拉列表中选择“PC 上的视频”选项，如图 14-32 所示。

（2）弹出“插入视频文件”对话框，选择素材文件夹中的“视频样例.wmv”视频文件，单击“插入”按钮，如图 14-33 所示。

（3）执行操作后，如图 14-34 所示，可以拖曳进度条至合适位置，按<F5>键后幻灯片播放，单击播放按钮就可以播放视频，如图 14-35 所示。

图14-32 插入视频

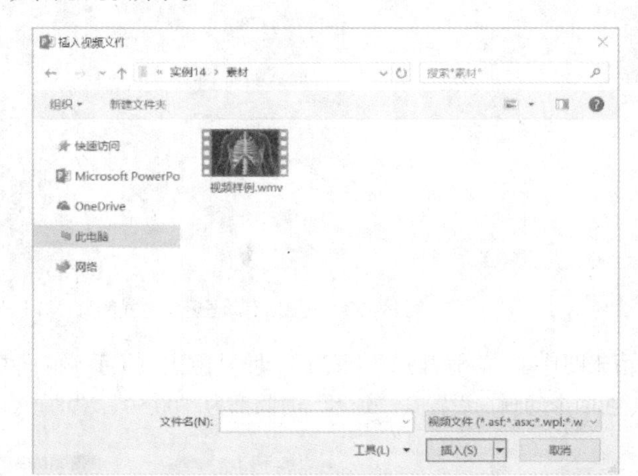

图14-33 “插入视频文件”对话框

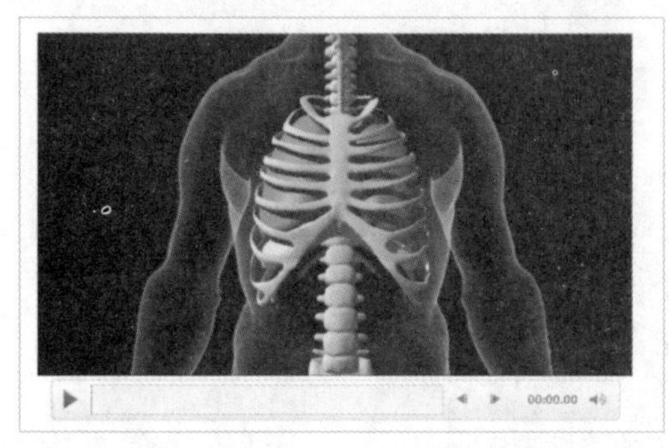

图14-34 插入后的视频

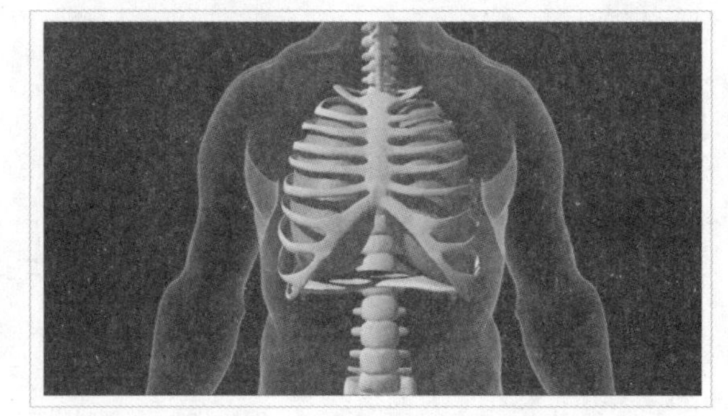

图14-35 PPT预览后视频播放效果

14.5 拓展训练

根据“2021 年度中国汽车数据发布.pptx”中完成的图标内容，设置相关的动画，例如“目录”页中“表针”位置的变化，页面效果如图 14-36 所示。

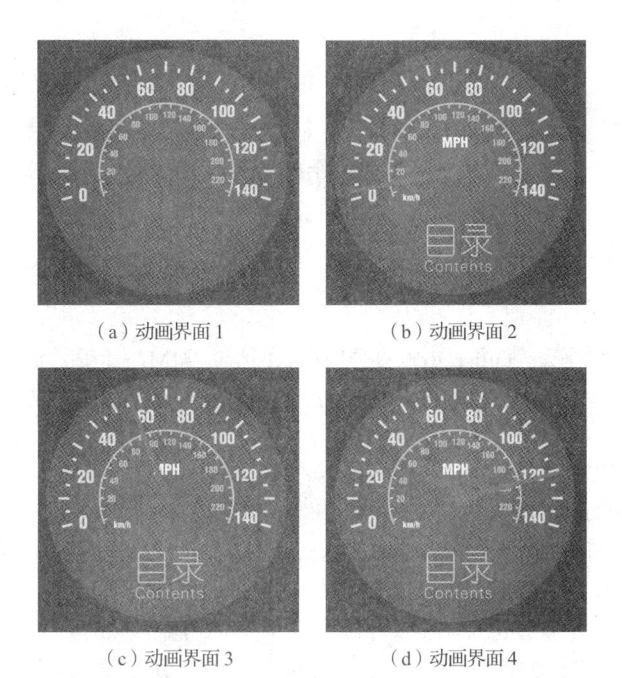

（a）动画界面 1　（b）动画界面 2

（c）动画界面 3　（d）动画界面 4

图14-36　表针的动画效果

参考文献

[1] 耿文红，王敏，姚亭秀．Office 2019 办公应用入门与提高[M]．北京：清华大学出版社，2021.

[2] IT 教育研究工作室．Word Excel PPT Office 2019 办公应用三合一[M]．北京：中国水利水电出版社，2020.

[3] 楚飞．绝了，可以这样搞定 PPT [M]．北京：人民邮电出版社，2014.

[4] 华文科技．新编 Office 2016 应用大全[M]．北京：机械工业出版社，2017.

[5] 温鑫工作室．执行力 PPT 原来可以这样用[M]．北京：清华大学出版社，2014.

[6] 陈魁，吴娜．PPT 演义[M]．北京：电子工业出版社，2014.

[7] 陈婉君．妙哉！PPT 就该这么学[M]．北京：清华大学出版社，2015.

[8] 龙马高新教育．Office 2016 办公应用从入门到精通[M]．北京：北京大学出版社，2016.

[9] 德胜书坊．最新 Office 2016 高效办公三合一：Word/Excel/PPT [M]．北京：中国青年出版社，2017.

[10] 束开俊，徐虹，宋惠茹．Office 2019 高效办公应用实战[M]．北京：北京希望电子出版社，2021.